兽药使用简明手册

张 莹 周盈庭 王元新 主编

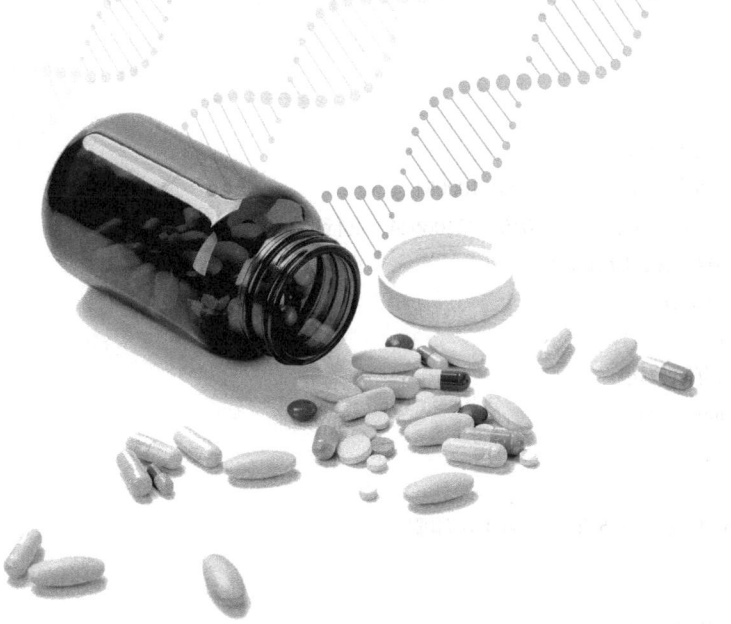

中国农业科学技术出版社

图书在版编目（CIP）数据

兽药使用简明手册 / 张莹，周盈庭，王元新主编. 北京：中国农业科学技术出版社，2025.5. --ISBN 978-7-5116-7270-4

Ⅰ.S859.79-62

中国国家版本馆 CIP 数据核字第 20252DN591 号

责任编辑	张国锋
责任校对	李向荣
责任印制	姜义伟　王思文

出 版 者	中国农业科学技术出版社
	北京市中关村南大街 12 号　　邮编：100081
电　　话	（010）82109705（编辑室）　　（010）82106624（发行部）
	（010）82109709（读者服务部）
网　　址	https://castp.caas.cn
经 销 者	各地新华书店
印 刷 者	北京建宏印刷有限公司
开　　本	170 mm×240 mm　1/16
印　　张	16
字　　数	300 千字
版　　次	2025 年 5 月第 1 版　2025 年 5 月第 1 次印刷
定　　价	58.00 元

◢◣◢◣ 版权所有·翻印必究 ◢◣◢◣

《兽药使用简明手册》
编委会

主　编　张　莹　周盈庭　王元新
副主编　谭斌奎　王　磊　李林峰　邬时会
　　　　王海智　汪审岳
编　委　陈　琳　徐英霞　尹　健　朱信刚
　　　　汤向前　邓灵芝　张璐璐　平　措
　　　　戴伶俐　陈瑞波

前 言

兽药（包括疫苗、药物饲料添加剂等）是指用于预防、治疗、诊断动物疾病或者有目的地调节动物生理机能的物质。科学、高效、安全地使用兽药，不但能及时预防和治疗动物疾病，提高畜禽养殖效益，而且对控制和减少药物残留、预防畜禽产生耐药性、保障动物源性食品安全和公共卫生安全等都具有重要的现实意义。

近年来，随着促生长类药物饲料添加剂的退出、兽用抗菌药物减量使用、饲料禁抗及相关监管法规的密集出台与实施，生产实践中对兽药的临床使用提出了更高的要求。为此，我们组织了长期在养殖生产一线的专家学者编写了这本《兽药使用简明手册》一书。本书从兽药基础知识、临床合理用药、药物残留及控制、临床常用兽药等方面，对畜禽生产、宠物诊疗过程中的兽药使用进行了深入浅出的介绍，内容上以国家批准使用的兽药为基础，突出实用、实效、实际，通俗易懂，可供广大动物诊疗、畜禽养殖、兽药生产与经营等从业人员学习使用，同时也可作为基层动物防疫、检疫工作者、农业院校相关专业师生进行疾病诊疗、疫病防疫、规范用药的参考资料。

感谢北京中惠农科文化发展有限公司为本书做的宣传推广工作！

由于编者的学识水平和经验有限，难免存在疏漏、不足之处，恳请各位同仁、广大读者对不妥之处给予批评指正，以便不断修改完善。

编 者
2024 年 8 月

目 录

第一章 兽药基础知识 ··· 1
 第一节 药物的基本概念 ·· 1
  一、药物与兽药 ·· 1
  二、药物的来源 ·· 1
  三、药物的剂型与制剂 ·· 2
  四、药物的贮藏保管 ·· 7
  五、处方和质量标准 ··· 11
 第二节 药效学与药动学 ··· 19
  一、药效学 ··· 19
  二、药动学 ··· 24
 第三节 临床合理用药 ··· 28
  一、药物的相互作用 ··· 28
  二、影响药物作用的因素 ······································· 37
  三、合理用药原则 ··· 41
  四、合理用药法律法规 ··· 42
 第四节 中兽药与中西兽药的配伍 ··································· 44
  一、中兽药的配伍 ··· 44
  二、中西兽药的配伍 ··· 47
 第五节 兽药残留 ··· 51
  一、兽药残留的基本概念 ······································· 51

二、兽药残留对人类健康的影响 ·············· 55
三、动物性食品中兽药残留的控制 ············ 58

第二章 抗微生物药 ························ 60

第一节 抗生素 ··························· 60
一、青霉素类 ··························· 60
二、头孢菌素类 ························· 65
三、β-内酰胺酶抑制剂 ··················· 69
四、氨基糖苷类 ························· 70
五、四环素类 ··························· 74
六、大环内酯类 ························· 76
七、林可胺类 ··························· 80
八、多肽类 ····························· 82
九、截短侧耳素类 ······················· 83

第二节 磺胺药及抗菌增效剂 ··············· 84
一、磺胺药 ····························· 84
二、抗菌增效剂 ························· 89

第三节 喹诺酮类及其他抗菌药 ············· 90
一、喹诺酮类 ··························· 90
二、其他抗菌药 ························· 94
三、抗真菌药 ··························· 95

第四节 抗病毒药 ························· 98

第三章 消毒防腐药 ························ 99

第一节 环境消毒药 ······················· 99
一、酚类 ······························· 99
二、醛类 ······························ 100
三、碱类 ······························ 102
四、酸类 ······························ 103
五、卤素类 ···························· 103
六、过氧化物类 ························ 105

目录

第二节　皮肤、黏膜消毒防腐药 ·································· 105
　　一、醇类 ·· 105
　　二、表面活性剂 ·· 106
　　三、碘与碘化物 ·· 109
　　四、有机酸类 ·· 111
　　五、氧化物类 ·· 111
　　六、染料类 ··· 113

第四章　抗寄生虫药 ·· 114
第一节　抗蠕虫药 ··· 114
　　一、驱线虫药 ·· 114
　　二、抗绦虫药 ·· 129
　　三、抗吸虫药 ·· 130
　　四、抗血吸虫药 ·· 133

第二节　抗原虫药 ··· 133
　　一、抗球虫药 ·· 133
　　二、抗锥虫药 ·· 141
　　三、抗梨形虫药 ·· 141
　　四、抗滴虫药 ·· 143

第三节　杀虫药 ·· 144
　　一、有机磷化合物 ··· 144
　　二、有机氯化合物 ··· 146
　　三、拟除虫菊酯类化合物 ·· 146
　　四、昆虫生长调节剂 ·· 148
　　五、新烟碱类杀虫剂 ·· 148

第五章　作用于神经系统药物 ·· 149
第一节　中枢兴奋药 ··· 149
第二节　镇静药和抗惊厥药 ·· 151
　　一、镇静药 ··· 151
　　二、抗惊厥药 ·· 154

第三节 解热镇痛抗炎药 …………………………………………… 155
　一、水杨酸类 ……………………………………………………… 155
　二、苯胺类 ………………………………………………………… 156
　三、吡唑酮类 ……………………………………………………… 156
　四、吲哚类 ………………………………………………………… 157
　五、丙酸类 ………………………………………………………… 158
　六、芬那酸类 ……………………………………………………… 159
　七、昔布类 ………………………………………………………… 160

第四节 麻醉药及化学保定药 …………………………………… 164
　一、局部麻醉药 …………………………………………………… 164
　二、全身麻醉药 …………………………………………………… 165
　三、化学保定药 …………………………………………………… 169

第五节 拟胆碱药与抗胆碱药 …………………………………… 170
　一、拟胆碱药 ……………………………………………………… 170
　二、抗胆碱药 ……………………………………………………… 171

第六节 拟肾上腺素药和抗肾上腺素药 ………………………… 172
　一、拟肾上腺素药 ………………………………………………… 172
　二、抗肾上腺素药 ………………………………………………… 174

第六章 作用于消化系统药物 ………………………………………… 176
　第一节 健胃药和助消化药及利胆药 …………………………… 176
　　一、健胃药 ………………………………………………………… 176
　　二、助消化药和利胆药 …………………………………………… 178
　第二节 瘤胃兴奋药和胃肠运动促进药 ………………………… 180
　第三节 制酵药与消沫药 ………………………………………… 181
　　一、制酵药 ………………………………………………………… 181
　　二、消沫药 ………………………………………………………… 182
　第四节 泻药与止泻药 …………………………………………… 182
　　一、泻药 …………………………………………………………… 182
　　二、止泻药 ………………………………………………………… 184

第五节　治疗动物胃肠道溃疡药物和止吐药 ……………… 186
　一、治疗动物胃肠道溃疡药 ……………………………… 186
　二、止吐药 ………………………………………………… 188

第七章　作用于呼吸系统药物 …………………………… 189
第一节　祛痰镇咳药 ………………………………………… 189
第二节　平喘药 ……………………………………………… 191

第八章　作用于血液循环系统药物 ……………………… 192
第一节　强心药 ……………………………………………… 192
第二节　止血药与抗凝血药 ………………………………… 193
　一、止血药 ………………………………………………… 193
　二、抗凝血药 ……………………………………………… 194
第三节　抗贫血药 …………………………………………… 195
第四节　体液补充药与酸碱平衡调节药 …………………… 195
　一、血容量补充药 ………………………………………… 195
　二、水、电解质及酸碱平衡调节药 ……………………… 196

第九章　作用于泌尿生殖系统的药物 …………………… 198
第一节　利尿药与脱水药 …………………………………… 198
　一、利尿血容量补充药 …………………………………… 198
　二、脱水药 ………………………………………………… 199
第二节　作用于生殖系统药物 ……………………………… 200
　一、子宫收缩药 …………………………………………… 200
　二、性激素、促性腺激素及促性腺激素释放激素 ……… 201
　三、前列腺素 ……………………………………………… 204

第十章　影响组织代谢药物 ……………………………… 206
第一节　肾上腺皮质激素类 ………………………………… 206
第二节　维生素 ……………………………………………… 208
　一、脂溶性维生素 ………………………………………… 208
　二、水溶性维生素 ………………………………………… 210
第三节　钙、磷与微量元素 ………………………………… 214

一、钙、磷制剂 ……………………………………………… 214
　　二、微量元素 ………………………………………………… 215
　　三、其他药物 ………………………………………………… 217

第十一章　常用解毒药 …………………………………………… 218
　第一节　金属络合剂 …………………………………………… 218
　　一、氨羧络合剂 ……………………………………………… 218
　　二、巯基络合剂 ……………………………………………… 218
　　三、羟肟酸络合剂 …………………………………………… 220
　第二节　胆碱酯酶复活剂 ……………………………………… 220
　第三节　高铁血红蛋白还原剂 ………………………………… 221
　第四节　氰化物解毒剂 ………………………………………… 221
　第五节　其他解毒剂 …………………………………………… 222

第十二章　药物预混剂 …………………………………………… 223
　第一节　抗菌药物预混剂 ……………………………………… 223
　第二节　其他药物预混剂 ……………………………………… 232

附录一　动物诊疗病历管理规范 ………………………………… 234
附录二　兽医处方格式及应用规范 ……………………………… 238
附录三　允许作治疗用，但不得在动物性食品中检出的兽药 … 241
附录四　食品动物中禁止使用的药品及其他化合物清单 ……… 242
附录五　禁止在饲料和动物饮水中使用的药物品种目录 ……… 243
参考文献 …………………………………………………………… 245

第一章

兽药基础知识

第一节 药物的基本概念

一、药物与兽药

药物是指能够影响生物机体的生理功能和生化过程,用于预防、治疗或诊断疾病的物质。随着科学的发展,药物的概念更加扩大和深入。从理论上说,凡能通过化学反应影响生命活动过程(包括器官功能及细胞代谢)的化学物质都属于药物范畴。

《兽药管理条例》中定义的含义是:兽药,是指用于预防、治疗、诊断动物疾病,或者有目的地调节动物生理机能的物质(含药物饲料添加剂),主要包括:血清制品、疫苗、诊断制品、微生态制剂、中药材、中成药、化学药品、抗生素、生化药品、放射性药品及外用杀虫剂、消毒剂等。

毒物使用合理也可以成为药物,药物使用错误也可以成为毒物。因此,不能抛开剂量和疾病谈药物毒性。例如,中药附子有毒,但是科学炮制后的附子却是一味温里助阳、回阳救逆的好药,临床当中也经常使用。氨基糖苷类药物是抗革兰氏阴性菌比较好的药物,但是具有一定的肾毒性、耳毒性等,需要把握好安全剂量。

二、药物的来源

药物多种多样,按其来源可分为天然药物、合成药物及生物技术药物等三类。

（一）天然药物

天然药物是指未经加工或仅经过简单加工的物质，如植物药、动物药、矿物药和微生物发酵产生的抗生素等。

植物药主要为中草药，是中兽医学的重要组成部分。中草药的成分复杂，除含有水、无机盐、糖类、脂类、蛋白质和维生素等普通成分外，还含有生物碱、苷（配糖体）、黄酮、挥发油等有效成分。中草药中的有效成分通常以中草药为原料，经过提取、分离和纯化制得，有极少数现在已可人工合成。中草药的使用方式有内服、混饲等。随着集约化、规模化养殖业的出现，中草药作为饲料添加剂的使用越来越普遍。

动物药是指来源于动物的药用物质，如鸡内金、蜈蚣等。

矿物药通常包括天然的矿物质和经加工精制而成的物质，前者如芒硝、石膏、硫黄等，后者有氯化钠、硫酸钠、硫酸镁等。

（二）合成药物

合成药物指各种人工合成的化学药物、抗菌药物等。这类药物品种很多，化学结构比较复杂，除少数品种如乙醇、甲醛等可采用化学名称作为药名外，多数不能从药名上知道其化学组成，如普鲁卡因、新斯的明等。

（三）生物技术药物

生物技术药物指通过发酵工程技术、基因工程技术、酶工程技术、细胞工程技术等分子生物学技术生产的药物，如酶制剂、生长激素、干扰素和疫苗等。

三、药物的剂型与制剂

（一）剂型与制剂

药物的原料不能直接用于动物疾病的治疗或预防，必须进行加工制成安全、稳定和便于应用的形式，称为药物剂型，简称剂型，例如粉剂、片剂、注射剂等。剂型是集合名词，其中任何一个具体品种，例如片剂中的土霉素片、注射剂中恩诺沙星注射液等则称为制剂。剂型反映了一个国家的医疗科技水平，药物的有效性首先是本身固有的药理作用，但仅有药理作用而无合理的剂型，必然影响药物疗效的发挥，甚至出现意外。先进合理的剂型有利于药物的贮存、运输和使用，能够提高药物的生物利用度，减少不良反应，发挥最大的疗效。

（二）剂型的分类

1. 液体剂型

（1）注射剂　又叫针剂，是指灌封于特别容器中的灭菌的水溶液、混悬液、乳状液或粉针剂，必须用注射法给药的一种剂型。如硫酸庆大霉素注射液、普鲁卡因青霉素注射液、注射用青霉素钾等。

粉针剂一般应在临用时加适当的注射用水，制成溶液后应用。注射剂作用迅速可靠，不受pH值、酶、食物等影响，无首过效应，可发挥全身或局部靶向作用，适用于不宜内服药物和不能内服的患病动物，但注射剂的研制和生产过程复杂，对安全性及机体适应性要求较高，成本较高。所有注射剂，除应有制剂的一般要求外，还必须符合下列各项质量要求。

① 无菌。注射剂内不应含有任何活的微生物，必须符合《中国兽药典》无菌检查的要求。

② 无热原。注射剂内不应含热原，特别是用量一次超过5毫升以上，供静脉注射或脊椎注射的注射剂，必须是热原检查合格的。

③ 澄明。溶液型注射剂内不得含有可见的异物或混悬物，应符合有关澄明度检查的有关规定。

④ 安全。注射剂必须对机体无毒性反应，刺激性小。

⑤ 等渗。对用量大、供静脉注射的注射剂应具有与血浆相同或略偏高的渗透压。

⑥ pH值。注射剂应具有与血液相等或相近的pH值。

⑦ 稳定。注射剂必须具有必要的物理稳定性和化学稳定性，以确保产品在贮存期内安全、有效。

此外，有些注射剂还应检查是否具有溶血作用、致敏作用和刺激作用等，对不合规格要求的严禁使用。

（2）溶液剂　系指药物溶解于适宜溶剂中制成的澄清液体制剂。溶液剂的溶质一般为非挥发性的低分子化学药物。溶剂多为水，也可为乙醇、植物油或其他液体。供内服或外用。

溶液剂应澄清，不得有沉淀、浑浊、异物等。根据需要，溶液剂中可加入助溶剂、抗氧化剂、矫味剂、着色剂等附加剂。药物制成溶液剂后，以量取替代了称取，使取量更方便、准确，特别是对小剂量药物或毒性较大的药物更适宜，服用方便。某些药物只能以溶液形式存在，如过氧化氢溶液、氨溶液等。

（3）酊剂及醑剂　酊剂系指把生药浸在酒精中或把药物溶解在酒精里而制成的澄清液体制剂，如颠茄酊、橙皮酊、碘酊等。亦可用流浸膏稀释制成，供内服或外用。酊剂的浓度随药材性质而异，除另有规定外，含毒性药的酊剂每 100 毫升相当于原药材 10 克，有效成分明确者，应根据其半成品的含量加以调整，使符合相应品种项下的规定；其他酊剂，每 100 毫升相当于原药材 20 克。酊剂制备简单，易于保存。但溶剂中含有较多乙醇，因此临床应用有一定的局限性，幼龄动物、孕畜等不宜内服使用。

醑剂系指挥发性药物的浓乙醇溶液。凡用于制备芳香水剂的药物一般都可以制成醑剂，供外用或内服，如樟脑醑、芳香氨醑等。由于挥发性药物在乙醇中的溶解度一般均比在水中大，所以醑剂的浓度比芳香水剂大得多，为 5%~20%。醑剂中乙醇的浓度一般为 60%~90%。当醑剂与水性制剂混合或制备过程中与水接触时，可因乙醇浓度降低而发生浑浊。

（4）合剂　一般是指两种或两种以上可溶或不溶性药物制成的液体。可分为溶液型合剂、混悬型合剂、胶体型合剂、乳剂型合剂，如复方甘草合剂、复方龙胆合剂等。

（5）乳剂、搽剂　乳剂是指互不相溶的两相液体，其中一相以小液滴状态分散于另一相液体中形成的非均匀分散的液体制剂。形成液滴的相称为分散相、内相或非连续相，另一相液体则称为分散介质、外相或连续相。

根据连续相和分散相不同分成油包水型乳剂和水包油型乳剂，前者连续相为油脂，分散相为水溶液，后者连续相为水溶液，分散相为油脂。除上述这两类乳剂外还有复合乳剂。

搽剂系指药材提取物、药材细粉或挥发性药物，用乙醇、油或适宜的溶剂制成的澄清或混悬的外用液体制剂。搽剂有镇痛等作用，可分为溶液型、混悬型、乳化型等，如松节油搽剂、樟脑搽剂等。

（6）煎剂及浸剂　为生药（中草药）的水浸出剂。煎剂是加水煎煮，浸剂则是加水浸泡。煎煮及浸泡的时间有一定规定。中药汤剂为煎剂的一种。

（7）流浸膏　流浸膏是将生药的乙醇或水浸出的液体用一定方法浓缩而成。通常每毫升流浸膏相当于原生药 1 克，如甘草流浸膏等。

2. 气体剂型

目前常用的是气雾剂，其是将药物与抛射剂（液化气或压缩气）共同装封于具有阀门系统的耐压容器中，应用时掀按阀门系统，借助抛射剂的压力将药物喷出的一种制剂。供呼吸道吸入给药、皮肤黏膜给药或空间消毒。

气雾剂有如下优点。

（1）奏效快　气雾剂能直达作用（或吸收）部位，局部药物浓度高，奏效迅速。如平喘气雾剂吸入 2 分钟即能起效。

(2) 稳定性好　气雾剂中药物包装在密闭不透明的容器内，能避免与空气、水分和光线接触，不易被污染，提高了药物稳定性。

(3) 给药剂量小，副作用小　气雾剂可以用阀门控制剂量，雾滴细小且分布均匀，使用方便，给药剂量较小，副作用小。喷雾给药可减少局部涂药的疼痛与感染。

气雾剂也有如下缺点。

(1) 生产成本高　气雾剂的包装需耐压容器和阀门系统，制备需冷却和灌装的特殊机械设备，生产成本高，操作麻烦。

(2) 易失效　气雾剂借助抛射剂的蒸气压而工作，可因封装不严密，抛射剂的渗漏而失效。

(3) 易爆　气雾剂具有一定的内压，遇热或受撞击易发生爆炸。

(4) 有副作用　气雾剂的抛射剂有高度挥发性，且具致冷效应，多次使用于受伤皮肤上，会引起不适。

3. 半固体剂型

(1) 软膏剂　指药物与适宜基质均匀混合制成的具有一定稠度的半固体外用制剂。常用基质分为油脂性、水溶性和乳剂型基质，其中用乳剂型基质制成的易于涂布的软膏剂称乳膏剂。因药物在基质中分散状态不同，有溶液型软膏剂和混悬型软膏剂之分。溶液型软膏剂为药物溶解或共溶于基质或基质组分中制成的软膏剂，混悬型软膏剂为药物细粉均匀分散于基质中制成的软膏剂。常用的油脂性基质有凡士林、固体石蜡、液体石蜡、硅油、蜂蜡、硬脂酸、羊毛脂等，如鱼石脂软膏；水溶性基质主要有聚乙二醇。

(2) 糊剂　是一种含粉末成分超过 25% 的软膏剂。分为油脂性糊剂和水溶性凝胶糊剂，前者多用凡士林、羊毛脂、植物油等为基质，与大量水性固体粉末混合制成，如氧化锌糊剂；后者用明胶、淀粉、甘油、羧甲基纤维素等为基质，加一定量固体粉末制成，常用作防护剂。

(3) 舐剂　将药物与适宜的辅料混合，制成的粥状或糊状的内服剂型。常用的辅料有淀粉、米粥、甘草粉、糖浆、蜂蜜等。

(4) 浸膏剂　指原生药材用适宜的溶剂浸出（或煎出）有效成分，浓缩，调整浓度至规定标准而制成的粉状或膏状制剂，有干浸膏和稠浸膏两类。除特别规定外，一般浸膏剂 1 克相当于原生药 2~5 克。主要用作调配处方的原料，如大黄浸膏、甘草浸膏、颠茄浸膏等。可用浸出法或渗漉法制得。

4. 固体剂型

(1) 预混剂　将一种或几种药物与适宜的基质（如碳酸钙、麸皮、玉米粉等）均匀混合制成供添加于饲料的药物添加剂。把它掺入饲料中充分混合，可达到使微量药物成分均匀分散的目的。如硫酸黏菌素预混剂、马度米星预混剂。

（2）**可溶性粉** 是由一种或几种药物与助溶剂、助悬剂等辅料组成的可溶性粉末。投入饮水中使药物溶解，均匀分散，供动物饮用。如盐酸多西环素可溶性粉、延胡索酸泰妙菌素可溶性粉。

（3）**颗粒剂** 将药物与适宜的辅料制成具有一定粒度的干燥颗粒状制剂。颗粒剂可分为可溶性颗粒、混悬颗粒、泡腾颗粒、肠溶颗粒、缓释颗粒和控释颗粒，主要供内服用。如非班太尔（苯硫脲）颗粒。

（4）**片剂** 将一种或多种药物与适量的赋形剂混合后，用压片机压制成扁平或两面稍凸起的小圆形片状制剂，主要供内服，如土霉素片、阿苯达唑片。此外，还有糖衣片、肠溶片和植入片等，但在动物中少用。

（5）**胶囊剂** 指将药物或加有辅料充填于空心硬质胶囊或弹性软质囊材中而制成的制剂，如阿维菌素胶囊、鱼肝油胶丸。一般供内服，也有用于其他部位的，如直肠、阴道等。

上述硬质或软质胶囊壳多以明胶为原料制成，现也用甲基纤维素、海藻酸钙（或钠盐）、聚乙烯醇、变性明胶及其他高分子材料，以改变胶囊剂的溶解性能。

（三）兽药新剂型

1. 缓释、控释制剂

缓释、控释制剂亦称缓控释给药系统，是近年来发展较快的新型给药系统。根据释药规律的不同，又分为缓释制剂和控释制剂，缓释制剂能按要求缓慢地非恒速释放药物，药物的释放速率受到外界因素的影响；控释制剂释放药物是恒速或接近恒速的，血药浓度比缓释制剂更加平稳，药物的释放速率不受环境和酶等外界因素的影响，如阿苯达唑瘤胃控释剂。

2. 经皮给药制剂

经皮给药制剂是指在皮肤表面给药，应用物理或化学方法及手段，促进药物穿过皮肤，药物由皮下毛细血管吸收并进入血液循环从而实现治疗或预防疾病的药物制剂，如左旋咪唑浇淋剂、阿维菌素透皮溶液。经皮给药制剂使药物以恒定的速度持续地通过皮肤进入血液循环，达到全身性治疗效果，但生物利用度较低，一般不超过20%。

3. 脂质体制剂

脂质体（或称类脂小球、液晶微囊）是一种类似微型胶囊的新剂型，脂质体是将药物包封于类脂质双分子中,通过渗透或被巨噬细胞吞噬后,载体被酶类分解而释放药物,从而发挥作用。脂质体的结构类似细胞膜,具有亲脂亲水性,适合作为药物或其他物质的载体。其进入体内主要被网状内皮系统吞噬而激活机体的自身免疫功能,并改变被包封药物在体内的分布动力学特征,使药物主要在肝、脾、肺和骨髓等器官组织中蓄积,从而能提高药物的治疗指数,减少药物的治疗剂量和降低药物的毒副作用。国内兽医实践研制的有阿苯达唑、吡喹酮脂质体等。

4. 微囊化技术制剂

微囊化技术指利用天然或人工合成的高分子材料作为囊材,将固态或液态物质包裹制成半透性或封闭药库(微囊或微球)的技术。例如利用明胶作为囊膜将药物(固态或液态)作囊心物包裹而成为药库型微小胶囊,如维生素A胶囊、维生素D胶囊、维生素E胶囊、恩诺沙星微囊等。微囊的粒径为1~500微米,通常为5~200微米。微球系将药物溶解或分散在高分子材料基质中形成的球状微粒分散系统,常见的微球粒径多为1~40微米,如伊维菌素微球。

四、药物的贮藏保管

药品的贮存保管要做到安全、合理和有效。首先,应将外用药与内服药分开贮存;对化学性质相反的如酸类与碱类、氧化剂与还原剂等药品也要分开贮存。其次,要了解药品本身理化性质和外来因素对药品质量的影响,针对不同类别的药品采取有效的措施和方法进行贮藏保管。

(一)影响药品质量的因素

影响药品质量的因素主要有环境因素、人为因素、药品因素等。

1. 环境因素

空气中的氧易使药物氧化,引起药物变质。例如,麻醉乙醚氧化生成有毒的过氧化物和乙醛;硫酸亚铁氧化变成硫酸铁;酚类及含酚羟基的药物(如苯酚、水杨酸钠、对氨基水杨酸钠)氧化后生成淡红色的醌类化合物;维生素C氧化后变成深黄色。某些碱性药物吸收空气中的二氧化碳而变质,这种现象叫作碳酸化。例如,氨茶碱碳酸化后析出茶碱后分解变色;磺胺类和苯巴比妥类药物的钠盐碳酸化后,难溶于水。粉剂药品能吸收水分、灰尘及空气中有害气体而影响本身质量,如药用炭、白陶土等吸收水分后吸附作用降低等。

上述因素对药品的影响往往不是单独进行的,而是互相促进、互相影响而加速药品变质的,例如日光及高温往往加速药品的氧化过程,故应根据药品的特性，全面考虑可能引起变质的各种因素，选择适当的贮存条件和保管方法，以防止药品变质或延缓其变质的速度。

温度过高或过低，均会使药物的质量发生变化。温度过高，会使药物失效、变形、体积减小、爆炸等。例如，抗生素、维生素 D_3、促皮质素、氯化琥珀胆碱、肾上腺素、催产素、麦角新碱、生物制品等加速变质；栓剂、软膏剂变形；薄荷油、碘酊等加速挥发使体积减小；胶囊等熔化粘连。温度过低也会使某些药品冻结、分层、析出结晶，甚至变质失效。

湿度过大，有些药物容易发生水解、液化或霉变。例如，阿司匹林、青霉素等因吸潮而分解；水合氯醛、溴化钠可逐渐液化；胶囊剂发生软化粘连等。凡含结晶水的药物，在干燥空气中失去结晶水的现象称为风化。药品经风化后在使用中较难掌握正确的剂量，对剧毒药品易超量而引起中毒。

日光中的紫外线常使许多药物发生变色、氧化、还原和分解等化学反应，称光化反应。例如，双氧水遇光分解生成氧和水；麻醉乙醚见光后，加速氧化，产生有毒的过氧化物。

空气中存在霉菌孢子，在药品生产和贮藏过程中，这些孢子若散落在药物的表面，在适宜的条件下，就能长成菌丝，即常见的霉斑。例如，中草药制剂、浸膏、糖浆剂、脏器制剂等在 20～30℃、相对湿度 70% 以上的梅雨季节，在包装封口不严密时，易发生霉变。

2. 人为因素

相对于其他因素来说，人为因素更为重要，药学人员的素质对药品质量的优劣起着关键性的影响。包括：人员配置；药品质量监督管理情况，如药品质量监督管理规章制度建立、实施及监督管理状况；药学人员药品保管养护技能以及对药品质量的重视程度、责任心的强弱，身体条件、精神状态的好坏等。

3. 药品因素

水解是药物降解的主要途径，属于这类降解药物的主要有酯类（包括内酯）、酰胺类（包括内酯类）。青霉素、头孢菌素类药物的分子中存在着不稳定的 β-内酰胺环，在 H^+ 或 OH^- 影响下，很易裂环失效。氧化也是药物变质最常见的反应。药物的氧化作用与化学结构有关，许多具有酚类（如肾上腺素、左旋多巴、吗啡、阿朴吗啡、水杨酸钠等）、烯醇类（维生素 C）、磺胺类（如磺胺嘧啶钠）、吡唑酮类（如氨基比林、安乃近）、噻嗪类（如盐酸氯丙嗪、盐酸异丙嗪）结构的药物较易氧化。药物氧化后，不仅效价损失，而且可能产生颜色或沉淀。有些药物即使被氧化极少量，亦会色泽变深或产生不良气味，严重影响药品的质量。氧化过程一般都比较复杂，有时一个药物，氧化、光化分解、水解等过程同时存在。易氧化的药物要特别注意光、氧、金属离子对它们的影响，以保证产品质量。值得注意的是药品的包装材料对药品质量也有较大的影响。

药品不宜贮藏太长时间。有些药品因理化性质不太稳定，易受外界因素的影响，贮藏一定时间后，会使含量（效价）下降或毒性增加。为了保证用药安全有效，对这些药品规定了有效的期限。即使没有规定有效期的药物，贮存过久，也会使质量发生变化。"有效期"系指药品在规定的贮藏条件下能保证其质量的期限。过了有效期，药品必须按规定做销毁处理，不得继续使用。为了避免药物贮藏过久，对一般药物必须掌握先进先出、易坏先出、包装不好先出的原则，而对具有有效期的药品应特别注意掌握近期先出的原则。

此外，药品的生产工艺、包装所使用的容器和包装方法等，也对药品的质量有很大的影响，应予重视。

（二）各类药品的保管方法

1. 成瘾性麻醉药、毒药和剧药的保管

成瘾性麻醉药系指连续使用以后有成瘾性的药品，如吗啡、盐酸哌替啶等，不包括外科用的乙醚、普鲁卡因等。毒药系指药理作用剧烈，安全范围小，极量与致死量非常接近，容易引起中毒或死亡的药品，如洋地黄毒苷等。剧药系指药理作用剧烈，极量与致死量比较接近，对机体容易引起严重危害的药品，如甲硫酸新斯的明、盐酸普鲁卡因等。由于兽药典收载的剧药很多，为便于管理，从中选出一部分作用强烈的常用品种纳入管理范围，称为限制性剧药（限剧药），如巴比妥、苯巴比妥、异戊巴比妥钠等。对麻醉药、毒药和剧药，必须用专库、专柜、专人加锁保管，并有明显标记。每个品种须单独存放，各品种间留有适当距离。

2. 危险药品的保管

危险药品系指遇光、热、空气等易爆炸、自燃、助燃或有强腐蚀性、刺激性的药品，包括爆炸品（如苦味酸）、易燃液体（如乙醚、乙醇、松节油等）、易燃固体（如硫黄、樟脑等）、腐蚀药品（如盐酸、浓氨溶液、苯酚等）。危险药品应贮藏在危险品仓库内，按危险品的特性分类存放。要间隔一定距离，禁止与其他药品混放。而且要远离火源，配备消防设备。

3. 易受温度影响的药品保管

受热易变质、变形、易燃、易爆、易挥发的药品应在适宜的温度下保存。

如抗生素类药品一般贮藏在干燥阴凉处，不超过20℃；酊剂、软膏和易燃、易爆、易挥发的药品，不超过30℃；血清等生物制品应在2~10℃冷藏下保存。对易燃易爆的药品还必须注意容器密闭。当库内温度太高时，应采取自然通风或机械通风，以降低库温，或者利用地下室、夹墙仓库等作为贮藏场所。夏季可以在仓库向阳面或屋顶面搭盖席棚，并在门窗上安装门帘，以降低温度。当库内温度过低时，会使容器冻裂或药品受冻变质，必须采取增温措施。暖气设备是提高库房温度的理想方法，效果好，安全可靠。

4. 易受湿度影响的药品保管

易受湿度影响的药品应密封于容器内，置于干燥处，注意通风防潮，并定期检查。在梅雨季节，还应采取防霉措施。兽药典中所指的干燥处系指相对湿度为40%~70%的空气流通环境。当库内湿度过大时应采用通风降湿或吸湿剂吸潮。通风降湿又分为自然通风和设置排风扇通风两种。常用的吸潮剂有生石灰、无水氯化钙、硅酸、炉灰、木炭等。当库内湿度过小时，为防止某些药品风化，应把药品密闭在玻璃瓶或铁桶中，使药品与外界空气隔绝，并注意避热保存。

5. 易受光线影响的药品保管

遇光易变质的药品应装在棕色瓶内，或在普通容器外面包上不透明的黑纸。

6. 易过期失效药品的保管

有失效期的药品应定期检查，以防止过期失效，药品卡片和标签上均应有特殊标记，注明有效日期，或专柜保存，以便查找。

（三）兽药的有效期

兽药的有效期是指兽药在规定的贮藏条件下能够保持质量的期限。一般稳定性比较好的药品，在贮藏过程中，药效降低较慢，毒性也较低。但有一些稳定性较差的药品，在贮藏过程中，药效可能降低，毒性可能增高，有的甚至不能再供药用。

计算有效期，应从药品出厂日期或按出厂日期批号的下个月1日算起。药品标签所列的有效期，应为有效期年月。有效期制剂的生产应采用新原料，正常生产的制剂，一般从原料厂调运到制剂厂，应不超过6个月。制剂的有效期，除部分包装严密、较为稳定的（如软膏、熔封安瓿等）外，一般不应超过原料有效期的规定。

兽药的有效期，应该根据药品稳定性的不同，通过留样观察试验而加以制订。兽药产品的有效期，可通过稳定性试验或加速试验，先订出暂行期限，经留样观察，积累充分数据后再行修订。

药品生产、供应、使用单位对有效期的药品，应严格按照规定的贮藏条件进行保管，要做到近期先出、近期先用。调拨有效期的药品要迅速运转。

五、处方和质量标准

（一）处方

广义地讲，凡是制备任何药剂的书面文件均可称为处方。处方有法定处方、验方、生产处方和执业兽医师处方等几种。根据兽药典、兽药规范所载的处方，具有法律约束力。

执业兽医师处方是执业兽医师对患畜诊断后给药剂人员开写药名、用量、配法及用法的书面文件，它是鉴定药效和毒性的依据，一般应保存一定时间以备查考。

1. 处方内容

兽医师处方内容分六部分。

（1）前记　包括日期、编号、动物主人/饲养单位、地址以及患病动物的种属、性别、年龄、特征等。

（2）处方头　均以 Rp 起头，有"取下列药品"的意义。

（3）正文　包括药名、规格、数量。药名用中文、拉丁文或英文书写。每药一行，逐行书写。同一处方各药物成分，一般按主药、佐药、矫味药、赋形药或稀释剂依序书写。数量用公制，一律用阿拉伯数字，小数点应对齐。成分的量，固体通常用克（g）或毫克（mg），液体用毫升（mL）表示。

（4）配制法　兽医师对药剂人员指出的药物调配方法。

（5）服用法　指出给药方法、次数及各次剂量。

（6）兽医师签名。

2. 动物诊疗病历管理规范与处方格式

为加强动物诊疗活动管理，根据《中华人民共和国动物防疫法》《动物诊疗机构管理办法》《执业兽医和乡村兽医管理办法》，农业农村部制定了《动物诊疗病历管理规范》，并对 2016 年出台的《兽医处方格式及应用规范》进行了修订，2023 年 12 月 12 日公布后，自 2024 年 5 月 1 日起执行，同时废止了 2016 年 10 月 8 日公布的《兽医处方格式及应用规范》。

（1）动物诊疗病历管理规范　为规范动物诊疗病历管理，依据《中华人民共和国动物防疫法》《动物诊疗机构管理办法》《执业兽医和乡村兽医管理办法》等有关规定，农业农村部制定了《动物诊疗病历管理规范》（附录一）。

①门（急）诊病例样式。

门（急）诊病历样式

XXXXXXX门（急）诊病历（个体动物）	
普通□　　急诊□	
基本信息	动物主人/饲养单位 _____　病历号_____ 联系方式 _____　动物种类 _____　动物性别 _____ 体重 _____　毛色 _____　年（日）龄 _____
门诊记录	就诊时间： （在此填写主诉、现病史、既往史、检查结果、诊断及治疗意见、医嘱等内容）
执业兽医师 _____	

注1："XXXXXXX门（急）诊病历"中，"XXXXXXX"为从事动物诊疗活动的单位名称。
注2：处方、检查报告、影像学检查资料、病理资料、知情同意书等需要附页。

第一章 兽药基础知识

XXXXXXX门（急）诊病历（群体动物）
普通□　　急诊□

基本信息	动物主人/饲养单位 _____　病历号 _____ 联系方式 _____　动物种类 _____ 患病动物数量 _____　同群动物数量 _____　年（日）龄 _____
门诊记录	就诊时间： （在此填写主诉、现病史、既往史、检查结果、诊断及治疗意见、医嘱等内容）

执业兽医师 _____

注1："XXXXXXX门（急）诊病历"中，"XXXXXXX"为从事动物诊疗活动的单位名称。
注2：处方、检查报告、影像学检查资料、病理资料、知情同意书等需要附页。

② 住院病历样式。

住院病历样式

	<p align="center">XXXXXXX住院病历 入院记录（个体动物）</p>
基本信息	动物主人/饲养单位 _____ 病历号 _____ 联系方式 _____ 动物种类 _____ 动物性别 _____ 体重 _____ 毛色 _____ 年（日）龄 _____
入院记录	入院时间： （在此填写主诉、现病史、既往史、检查结果、入院诊断等内容） 执业兽医师 _____

注1："XXXXXXX住院病历"中，"XXXXXXX"为从事动物诊疗活动的单位名称。

注2：病程记录、检查报告、影像学检查资料、病理资料、知情同意书等需要附页。病程记录样式见后页。

XXXXXXX住院病历 入院记录（群体动物）	
基本信息	动物主人/饲养单位 ＿＿＿＿＿＿ 病历号 ＿＿＿＿ 联系方式 ＿＿＿＿ 动物种类 ＿＿＿＿ 患病动物数量 ＿＿＿ 同群动物数量 ＿＿＿ 年（日）龄 ＿＿＿
入院记录	入院时间： （在此填写主诉、现病史、既往史、检查结果、入院及诊断等内容）
执业兽医师 ＿＿＿＿＿＿	

注1："XXXXXXX住院病历"中，"XXXXXXX"为从事动物诊疗活动的单位名称。

注2：病程记录、检查报告、影像学检查资料、病理资料、知情同意书等需要附页。病程记录样式见后页。

XXXXXXX住院病历 病程记录（个体动物）	
基本信息	动物主人/饲养单位 ＿＿＿＿＿＿ 病历号＿＿＿＿＿ 联系方式 ＿＿＿＿ 动物种类＿＿＿ 动物性别＿＿＿ 体重＿＿＿ 毛色＿＿＿ 年（日）龄＿＿＿
记录时间	
记录内容	（在此记录患病动物住院期间每日的病情变化情况、重要的检查结果、诊断意见、所采取的诊疗措施及效果、医嘱以及出院情况等内容，出院情况可单独记录。）
执业兽医师 ＿＿＿＿＿＿	

注："XXXXXXX住院病历"中，"XXXXXXX"为从事动物诊疗活动的单位名称。

XXXXXXX住院病历 病程记录（群体动物）	
基本信息	动物主人/饲养单位 _____ 病历号 _____ 联系方式 _____ 动物种类 _____ 患病动物数量 _____ 同群动物数量 _____ 年（日）龄 _____
记录时间	
记录内容	（在此记录患病动物住院期间每日的病情变化情况、重要的检查结果、诊断意见、所采取的诊疗措施及效果、医嘱以及出院情况等内容，出院情况可单独记录。）

执业兽医师 _____

注："XXXXXXX住院病历"中，"XXXXXXX"为从事动物诊疗活动的单位名称。

（2）兽医处方格式及应用规范　为规范兽医处方管理，依据《中华人民共和国动物防疫法》《执业兽医和乡村兽医管理办法》《动物诊疗机构管理办法》《兽用处方药和非处方药管理办法》等有关规定，农业农村部制定了《兽医处方格式及应用规范》（附录二）。

兽医处方笺样式：

兽医处方笺样式1（个体动物）

```
                    XXXXXX处方笺
动物主人/饲养单位_____病历号_____       第
动物种类_____动物性别_____动物毛色_____       一
体重_____年（日）龄_____开具日期_____       联
                                                          
 诊断：    Rp:                                           从事动物诊疗活动的单位留存
                                                          
                                                          
                                                          
                                                          
                                                          
执业兽医师_____发药人_____
```

注："xxxxxx处方笺"中，"xxxxxx"为从事动物诊疗活动的单位名称。

兽医处方笺样式2（群体体动物）

```
                    XXXXXX处方笺
动物主人/饲养单位_____病历号_____       第
动物种类_____患病动物数量_____同群动物数量_____       一
年（日）龄_____开具日期_____                    联
                                                          
 诊断：    Rp:                                           从事动物诊疗活动的单位留存
                                                          
                                                          
                                                          
                                                          
                                                          
执业兽医师_____发药人_____
```

注："xxxxxx处方笺"中，"xxxxxx"为从事动物诊疗活动的单位名称。

（二）兽药的质量标准

兽药的质量标准是国家为了安全有效使用兽药而制定的控制兽药质量规格和检验方法的规定，是兽药生产、经营、销售和使用的质量依据，亦是检验和监督管理部门共同遵循的法定技术依据。一般应包括以下内容：兽药名称、结构式及分子式、纯度、含量限度、处方、理化性状、稳定性、鉴别项目及方法、含量（效价）测定的方法、检查项目及方法、作用与用途、用法与用量、注意事项和制剂的规格、贮藏、有效期等。其中，性状记载药品的外观色泽、溶解度、晶型、熔点、相对密度、折射率、紫外吸收系数等，可帮助初步判断是否为该检品；鉴别主要从化学反应考虑，帮助鉴别检品是否与品名相符；检查指杂质检查，规定一定限量，超过者即不合格；含量测定主要确定药品中有效成分的含量范围，测定方法要力求简便快速。

我国的兽药质量标准共分为两大类。一是国家标准，即《中华人民共和国兽药典》和《中华人民共和国兽药规范》（分别简称《中国兽药典》及《中国兽药规范》）。《中国兽药典》是国家对兽药质量管理的技术规范，现行版本系 2020 年版。二是专业标准，由中国兽药监察所制定、修订，农业农村部审批发布，如每年出版的《兽药质量标准》《进口兽药质量标准》等。

第二节 药效学与药动学

一、药效学

药物效应动力学简称药效学，是研究药物对机体的作用及其规律、阐明药物防治疾病机制的学科。药物在治疗疾病的同时，也会产生不利于机体的反应，包括副作用、毒性反应、变态反应、继发性反应、后遗效应、致畸作用等。

（一）药物的基本作用

药物的基本作用是指药物对机体（包括病原体）的影响。药物对机体的作用主要是引起生理机能的加强（兴奋）或减弱（抑制），即药物作用的两种基本形式。有些药物可使动物的生理机能加强，如尼可刹米能兴奋呼吸中枢，可用于麻醉药过量或严重疾病引起的呼吸抑制的解救。而另外一些药物可使动物的生理机能减弱，如咳必清具有轻度抑制咳嗽中枢作用，可用于剧烈干咳的对症治疗；又如平喘药氨茶碱可松弛支气管平滑肌，从而用于治疗支气管性喘气。药物对病原体的作用，主要是通过干扰其代谢而抑制其生长繁殖，如四环素、红霉素通过抑制细菌蛋白质的合成而产生抗菌作用。此外，补充机体维生素、氨基酸、微量元素等的不足，或增强机体的抗病力等都属药物的作用。

药物作用的类型包括：

1. 局部作用和吸收作用

根据药物作用部位的不同，在用药局部呈现作用的称为局部作用，如普鲁卡因的局部麻醉作用。而在药物吸收进入血液循环后呈现作用的，则称为吸收作用或全身作用，如肌内注射安乃近后所产生的解热镇痛作用。

2. 直接作用和间接作用

从药物作用的顺序来看，药物进入机体后首先发生原发作用，称为直接作用；由于药物直接作用所产生的继发性作用，称为间接作用。例如，强心苷能直接作用于心脏，加强心肌的收缩力（直接作用）；由于心脏机能活动加强，血液循环改善，肾血流量增加，从而间接产生利尿作用（间接作用）。

3. 药物作用的选择性

药物进入机体后对各组织器官的作用并不一样，在适当剂量时对某一或某些组织或器官的作用强，而对其他组织或器官作用弱或没有作用，此即药物作用的选择性。例如，苯巴比妥可选择性地抑制中枢神经系统，而对泌尿系统无作用；麦角新碱可选择性兴奋子宫平滑肌，而对支气管平滑肌没有作用。药物作用的选择性是相对的，一种药物往往同时对几个组织或器官都有作用，只是其作用强度不同而已。例如，异丙肾上腺素既可加强心肌收缩力，使心率加快，又可松弛骨骼肌、血管平滑肌、支气管平滑肌。有些药物的选择作用与剂量密切相关，小剂量时只作用于个别器官，大剂量时则引起较多的器官发生反应。如中枢兴奋药尼可刹米小剂量时可选择性兴奋延髓呼吸中枢，使呼吸加深加快，但大剂量时可兴奋包括延髓在内的整个中枢神经系统，引起惊厥，甚至死亡，故使用的剂量必须注意准确把握。选择性高的药物，往往不良反应较少，疗效较好，可有针对性地选用来治疗某些疾病。如化学治疗药可选择性地抑制或杀灭入侵动物体内的病原体（如细菌或寄生虫），而对动物机体没有明显的作用，故可用来治疗相应的感染性疾病。而选择性低的药物，往往不良反应多，毒性较大。如消毒药选择性很低，可直接影响一切活组织中的原生质，亦称为原生质毒或原浆毒，只能用于体表环境或器具的消毒，不能在体内应用。

（二）药物作用的两重性

药物的作用都是一分为二的，用药之后既可产生防治疾病的有益作用，亦会产生与防治疾病无关，甚至对机体有毒性的作用，前者称为治疗作用，后者则称为不良反应。

1. 治疗作用

分为对因治疗作用和对症治疗作用，前者旨在消除疾病的病因（治本），后者则是改善或减轻症状（治标）。例如，使用抗生素、氟喹诺酮类抗菌药、抗寄生虫药等杀灭、抑制入侵动物机体的细菌、支原体和寄生虫及补充氨基酸、维生素等治疗某些代谢病等，都属于对因治疗；解热镇痛药解热镇痛、止咳药减轻咳嗽、利尿药促进排尿等，则都属于对症治疗。对症治疗不能消除病因，但在某些危重症状，如休克、心力衰竭、窒息、惊厥等出现时，却是有效的暂时治疗措施。对散养动物的疾病，通常采取对因、对症结合的综合性疗法。根据病情轻、重、缓、急决定治疗方法。"急则治其标，缓则治其本"，即对急性、危重病例，应首先用药控制某些严重症状以解除急危症，再进行对因疗法；而对慢性病例，则应找出病因，对因治疗进行根治。对集约化饲养动物的感染性疾病，如细菌性、支原体性传染病或寄生虫病等，应着重对因治疗，以消除入侵机体的病原体；而对某些暂无有效对因治疗药物的疾病，如某些病毒病、中毒病等，则可进行对症治疗，以降低死亡率，减少经济损失。

2. 不良反应

大多数药物都或多或少地有一些不良反应，包括副作用、毒性作用、过敏反应、继发性反应等。

药物在治疗剂量时出现的与治疗目的无关的作用，称为副作用。它属于药物本身的固有属性，一般反应较轻，常可预知并可设法消除或纠正。一种药物的作用往往有多种，当用其某一作用为治疗目的时，其他作用就成为副作用；若改变用途，副作用亦可变为治疗作用。如阿托品解除肠道平滑肌痉挛时，会出现腺体分泌减少、口腔干燥的副作用；若用阿托品防治腺体分泌过多症（如预防反刍动物静脉注射水合氯醛引起的支气管腺体分泌）时，这一副作用就成为治疗作用，而其解除胃肠平滑肌痉挛等作用就是副作用。

毒性作用是指药物对机体的损害作用，通常是由使用不当，如剂量过大或使用时间过长引起，故应特别注意避免。毒性作用往往是药理作用的延伸，如回苏灵对延髓呼吸中枢有强烈的兴奋作用，但过量时则可引起惊厥毒性。药物作用不仅有种属差异，而且还存在个体差异。

过敏反应是某些动物个体对某种药物表现出的特殊不良反应，用药后动物表现出诸如皮疹、皮炎、发热、哮喘及过敏性休克等异常免疫反应，一般只发生于少数个体。

因药物治疗作用的结果而间接带来的不良反应，称为继发性反应。例如，长期应用广谱抗生素，抑制了胃肠道内许多敏感菌株，而某些抗药性菌株和真菌却大量繁殖，使肠道正常的菌群平衡被破坏，引起消化紊乱、继发性肠炎或真菌病等新的疾病，这一继发性反应亦称为"二重感染"。

此外，药物在动物可食用组织或动物性产品如肉、蛋、奶中的残留，可引起人中毒、过敏等不良反应，间接危害人类健康。包括中国在内的许多国家现已对一些药物制定了允许残留量和休药期的规定，使用时应引起注意。俗话说："是药三分毒"，真正完全无毒性的药物是很少的，中药、营养性添加剂如维生素、微量元素等亦不例外，使用过多或滥用，都可引起不良后果。故兽医临床用药，既要考虑治疗效果，又要保证用药安全，决不可滥用。

（三）药物联用与禁忌

临床上同时使用两种以上的药物治疗疾病，称为联合用药，其目的是提高疗效，消除或减轻某些毒副作用，适当联合应用抗菌药也可减少耐药性的产生。但是，同时使用两种以上药物，在体内的器官、组织中（如胃肠道、肝）或作用部位（如细胞膜、受体部位），药物均可发生相互作用，使药效或不良反应增强或减弱。

1. 协同作用

可细分为相加和增强两种。两药并用疗效相当于两药总和，称相加作用；如果比相加作用还大的则称为增强作用。例如：镇痛药被血清蛋白结合使其疗效降低，胆碱能解除这种结合，两药并用其镇痛作用增强；5-羟色胺与肾上腺素并用为增强作用，与去甲肾上腺素并用则为相加作用；汞撒利与氨茶碱并用时，利尿作用仅是相加或稍低，与氯化铵并用则可产生明显增强作用。

2. 拮抗作用

（1）独立性拮抗 即两种药物具有独立的对抗作用。例如，肾上腺素可以拮抗卡巴胆碱的子宫收缩作用。

（2）对消性拮抗 即两者结合成一种无作用的化合物。例如，钙离子与枸橼酸钠结合而拮抗其凝血作用；含有巯基的药物与汞、砷等离子结合成为无毒性的化合物而排出体外。

（3）竞争性拮抗 即两药竞争性地与受体结合。例如，阿托品与乙酰胆碱就是竞争性拮抗，这种拮抗作用是可逆的，与药物的剂量和浓度有很大关系。

（4）非竞争性拮抗 两药联用后，量-效曲线仍在同一起点，但最大效能却减弱了。例如，烷基三甲基胺与双苄胺、5-羟色胺与麦角酰二乙胺等。

3. 配伍禁忌

体内配伍禁忌指有些药物配在一起时，可能产生变色、沉淀与结块，甚至失效或产生毒副作用，因而不宜配合应用的情况。按药物配伍后产生变化的性质，主要分物理性配伍禁忌和化学性配伍禁忌，有时将处方中药物药理作用间存在拮抗的也称为药理性配伍禁忌。

（1）**物理性配伍禁忌** 某些药物相互配合在一起时，由于物理性质的改变而产生沉淀、分离、液化或潮解等变化，从而影响临床治疗效果。如活性炭是具有强大表面活性的物质，与小剂量抗生素配合，抗生素被活性炭吸附，在消化道内不能再充分释放出来，动物机体吸收减少，血药浓度降低，生物利用度下降，临床治疗效果就差。磺胺类钠盐、氨茶碱等碱性注射液不能与酸性药物同用，同用则可产生沉淀；糖皮质激素与氨茶碱或其他碱性药物如碳酸氢钠合用可降低疗效。

（2）**化学性配伍禁忌** 某些药物配伍在一起时，能发生中和、分解、沉淀或生成毒物等化学变化。如氯化钙注射液与碳酸氢钠注射液配伍时，会产生碳酸钙沉淀。但是，还有一些药物在配伍时产生的分解、聚合、加成、取代等反应并不出现外观变化，却使疗效降低或丧失。如人工盐与胃蛋白酶同用，人工盐组分中所含的碳酸氢钠可抑制胃蛋白酶的活性，从而使胃蛋白酶失活。

（3）**药理性配伍禁忌** 亦称疗效性配伍禁忌，是指处方中某些成分的药理作用间存在着拮抗，从而降低治疗效果或产生严重的副作用及毒性。如在一般情况下，泻药和止泻药、毛果芸香碱和阿托品的同时使用都属药理性配伍禁忌。青霉素与四环素类、磺胺类合并用药是药理性配伍禁忌的典型。普鲁卡因水解后产生的对氨苯甲酸可拮抗磺胺的抗菌作用，故忌与磺胺药同用。

（四）药物的量效关系和构效关系

1. 量效关系

在一定的剂量范围内，药物的效应随着剂量或浓度的增加而增强，定量的分析和阐明药物剂量与效应之间的规律。

药物剂量的大小关系到进入体内的血药浓度高低和药效的强弱。药物剂量过小，不会产生任何效应，称为无效量，随着药物剂量的增加，药物效应也会相应增强，能引起药物效应的最小剂量，称为最小有效量，能对50%动物有效的剂量称为半数有效量，用ED_{50}表示，出现最大效应的剂量，称为极量。若再增加药物剂量，效应不再加强，反而会出现毒性作用，药物效应发生了质的变化。动物出现中毒的最低剂量称为最小中毒量，引起动物死亡的剂量，称为致死量，引起50%动物死亡的剂量称为半数致死量，用LD_{50}表示。

药物量效关系的几个概念：

治疗量：药物的最小有效量到药物极量之间的剂量范围。

药物安全范围：药物的最小有效量到最小中毒量之间的范围称为安全范围。

治疗指数：药物的半数致死量与药物半数有效量之间的比值。

治疗指数是评价药物安全性的重要指标，药物的半数有效量 ED_{50} 越小；LD_{50} 越大，说明药物越安全。如果药物的量效曲线与其剂量毒性曲线不平行，则治疗指数的数值不能完全反映药物安全性，故实际试验中常用药物的治疗指数和药物的安全范围表示药物的安全性。

2. 构效关系

药物构效关系是指特异性的化学结构与药物效应有密切关系，结构类似的化合物能与同一受体或酶结合，产生相似（拟似药）或相反的作用（拮抗药）。

另外，许多化学结构完全相同的药物还存在光学异构体，具有不同的药理作用，多数药物的左旋体有药理活性，而右旋体无作用或作用较弱，如左旋咪唑有抗线虫作用，其右旋体无作用。

肾上腺素、去甲肾上腺素、异丙肾上腺素和普萘洛尔均有类似苯乙胺的基本结构，但前三者能与肾上腺素受体结合，产生拟肾上腺素样作用，而普萘洛尔竞争肾上腺素受体，产生抗肾上腺素作用。

二、药动学

（一）药物的体内过程

药物进入机体后，一方面作用于机体引起某些组织器官机能的改变，另一方面药物在机体的影响下发生一系列的转运和转化。这两个方面在体内同时进行，并且相互联系。药物自给药部位吸收（静脉注射除外）进入血循环，然后随血液循环分布到全身，在肝脏等器官发生化学变化（生物转化），最后通过肾脏等多种途径排出体外（排泄）。药物的体内过程就是药物在体内的吸收、分布、代谢和排泄过程，这是一个动态的变化过程，即药物在体内的量或浓度随着时间的变化而变化。了解药物的体内过程，对认识药物的作用、特点，以及合理用药有着重要实际意义。

（二）药物的吸收

药物从用药部位进入血液循环的过程，称为吸收。除静脉注射时药物直接进入血液循环立即产生药效外，其他给药途径都要经过生物膜的转运过程才能吸收。一般而言，药物经不同途径吸收快慢的顺序为：气雾吸入>注射（腹腔注射、肌内注射或皮下注射）>内服>皮肤给药。

1. 气雾给药的吸收

脂溶性药物能以简单扩散的方式从呼吸道吸收，气体、挥发性液体、分散于空气中的微滴或固体颗粒均可由肺泡吸收。肺泡表面积大，并有丰富的毛细血管，故气雾给药时，药物既可直接到达鼻腔黏膜、气管、支气管或肺部产生局部作用，亦可通过肺泡快速吸收产生全身作用，即具有"速效定位"的特点。气雾给药既适用于呼吸系统疾病，亦适用于全身感染的治疗。气雾给药时，雾粒大小与药物的滞留与吸收及用药效果有直接关系。雾化微粒通过呼吸系统（鼻腔、咽喉、气管、支气管、肺泡）的滞留和吸收，受三个物理过程的影响。第一个过程是同呼吸道壁的惰性碰撞，主要滞留大粒子，直径大于25微米的微粒能滞留于鼻腔、咽喉和气管之内；第二个过程是沉降，微粒直径在10~25微米的主要沉降于肺泡内；第三个过程是扩散，如果微粒直径小于0.5微米，会明显表现出扩散作用。但直径在0.1~0.001微米的粒子，往往不会沉降，大部分被呼出。哺乳动物呼吸器官能滞留和吸收被吸入气雾剂的35%，家禽为20%~23%。

2. 注射给药的吸收

静脉注射时，药物直接进入血液循环，迅速呈现作用，故无吸收过程。腹腔注射时，药物可通过腹腔大量的毛细血管迅速被吸收。皮下注射或肌内注射时，药物可通过局部毛细血管和淋巴管吸收，吸收方式主要是扩散（脂溶性药物）或滤过（非脂溶性或水溶性的小分子）。吸收速度与水溶性有关，水溶液吸收快，乳剂次之，油剂较慢。

3. 内服给药的吸收

胃肠道黏膜属类脂质膜，内服药物多以被动转运方式通过胃肠道黏膜被吸收。相对分子质量小、脂溶性高的药物或非解离型的药物容易吸收，而解离型药物则难以吸收。整个消化道均具吸收能力，胃和小肠是药物吸收的主要部位。胃与小肠相比，吸收面积小，药物在胃内的滞留时间短，故药物被吸收的量较小；小肠吸收面积大，有丰富的绒毛，血流量大，是吸收药物的最主要器官。药物的解离度是影响药物吸收的主要因素之一。例如，在酸性胃液中，弱酸性药物以非离子型存在，可在胃内被吸收；而弱碱性药物部分解离成离子，在胃中难以被吸收。各种动物胃内的pH值差异很大，马为1.1~6.8；牛与羊瘤胃为5.5~6.5，真胃为3；犬、猫、猪为1~2。故弱酸性药物或中性药物在猪、犬、猫胃中容易被完全吸收，在反刍动物的胃中较少被吸收。在小肠弱碱性环境中，弱碱性药物多以非离子型存在，故容易被吸收；而酸性药物大部分解离成离子则难以被吸收。剂型不同，吸收速率亦有差异。一般来说，溶液剂吸收较快，散剂吸收较慢，片剂、丸剂的吸收就更慢。此外，药物溶解的程度和速度，胃内容物的组分和充盈度，胃排空和肠蠕动的速度等都可影响药物的吸收。

4. 皮肤给药的吸收

动物的皮肤自外向内分为表皮、真皮及皮下组织三层。药物的透皮吸收首先要通过表皮的角质层屏障。角质细胞膜是含有类脂质的半透性膜，是药物吸收的主要通道，吸收的主要方式是被动扩散。表皮下的真皮是由疏松结缔组织构成的，内有丰富的血管、淋巴管等，对药物穿透的阻力小，透入真皮的药物易被血管及淋巴管吸收。完整的皮肤药物透皮吸收率较低，常需借助透皮促进剂（如氮酮、二甲亚砜等）、某些赋形剂（如聚乙二醇、丙二醇等）或透皮操作（如清洗、按压、摩擦等）来促进吸收。在温暖的环境中皮肤的血管扩张，比在寒冷环境中的皮肤吸收药物多。一般而言，动物耳后、肢间、腹下等皮肤软薄的部位比其他硬而厚的区域容易透皮吸收。当皮肤的表皮损伤时，药物的吸收量可增大几倍至十几倍。药物本身的理化特性、药物与皮肤接触的面积与时间亦对药物透皮吸收具有影响。低相对分子质量的水溶性或脂溶性较高的药物对表皮的透入性最大。难溶或不溶的药物需溶解于赋形剂中才能被吸收。药物在皮肤上接触与停留的有效时间越长，则吸收量越多。

（三）药物的分布

药物随血液循环转运到全身各种组织器官的过程，称为药物的分布。药物在体内的分布一般是不均匀的，如碘主要分布于甲状腺中，全身麻醉药分布于中枢神经系统较多等。药物的分布既与药物的疗效密切相关，也与药物的储存及不良反应等有关。例如，新型抗菌药恩诺沙星在动物肺组织中的浓度高于血浆数倍，故非常适合治疗畜禽的呼吸系统感染；许多脂溶性高的药物在脂肪组织中分布很多，脂肪组织仅是一个储存库，这些药物并不在此产生作用；又如汞、锑、砷等在肝和肾分布较多，当用量过大而引起中毒时，肝脏、肾脏就会受到损害。但药物的分布与其作用并不成正比，强心苷在横纹肌和肝脏分布较多，但却选择性地作用于心肌细胞。多数有机药物进入血液循环后，一部分与血浆蛋白结合，一部分为游离型，只有游离型药物才能向组织分布，具有药理作用。药物在到达作用部位时，需通过不同的屏障，如血脑屏障和胎盘屏障等。脂溶性药物如乙醚、硫喷妥钠等，易通过血脑屏障进入脑脊液，而水溶性药物则难以通过；高脂溶性非离子型药物（如巴比妥类），易通过胎盘进入胎儿体内，故对妊娠动物用药时还需考虑药物对胎儿的影响。

（四）药物的代谢（生物转化）

药物进入机体后，除极少数以原形状态从动物体内排出外，大多数都要在体内发生化学变化，这一过程称为药物代谢或生物转化。药物代谢的主要器官是肝脏，代谢转化的方式有氧化、还原、水解和结合等。多数药物经过代谢后，其药理作用或毒性减弱，但亦有一些药理作用或毒性增强。例如，非那西汀代谢产生扑热息痛，呈现明显的解热镇痛作用；对硫磷在体内氧化为对氧磷，毒性增强。一般来说，代谢使药物的极性或水溶性提高，易于从体内排出。当肝功能不全时，药物的代谢就会受到影响，容易中毒。故对患肝病的动物，应注意选择药物和掌握适当的剂量。药物在体内的生物转化是在两类酶系统的催化下完成，即肝脏微粒体混合功能氧化酶系统和非微粒体药物代谢酶系统。前者简称为肝药酶或药酶，主要存在于肝细胞的滑面内质网上，除催化氧化、还原反应外，还参与某些药物的水解和结合反应；后者所催化的反应主要在肝脏进行，也可在血浆、消化道及肾等器官进行，除催化葡萄糖醛酸结合反应外，亦可催化其他结合反应及部分药物的氧化、还原、水解等反应。许多化学物质可以影响肝药酶的活性，直接影响药物的代谢。现已发现有些药物可抑制肝药酶的活性，可使其他药物的代谢受阻、血药浓度升高、药效或毒性增强。例如，泰妙菌素可抑制盐霉素的代谢，联用时可导致中毒，引起鸡生长迟缓，甚至死亡；环丙沙星可严重抑制茶碱的代谢，联用时可引起茶碱的严重不良反应，甚至死亡。而另一些药物则可增强肝药酶的活性，使其他药物代谢加快，药效减低或失效。如苯巴比妥可使多西环素的代谢加速，联用时使后者的抗菌作用减弱。这些药物因能影响药酶的活性，故联合用药时应予以注意。

（五）药物的排泄

排泄是药物或其代谢物从体内排出的过程。药物主要通过肾从尿中排泄，还可经粪便、胆汁、乳汁、汗液及肺的呼出气体等途径从体内排出。肾是大多数药物排泄的主要器官，故肾功能不全时，肾脏排泄药物的能力降低，需酌情降低用药剂量或适当延长给药间隔时间。

1. 肾脏排泄

除与血浆蛋白结合的药物外，游离的药物及其代谢物，均能通过肾小球滤过进入肾小管。多数药物在肝转化为极性大的水溶性的代谢产物，在肾小管不易被吸收，因而易于排泄。尿液的 pH 值是影响药物排泄速率的重要因素，在酸性尿液中一般碱性药物排泄较多，而在碱性尿液中酸性药物易于排出。这一规律可用于某些药物中毒的治疗。例如，乙酰水杨酸为弱酸，同服碳酸氢钠使尿液碱化，其排泄可增加 3~5 倍。故在阿司匹林过量中毒时，给予碳酸氢钠可有一定的解毒效果。而内服氯化铵等酸性药可使尿液酸化，可用来促进碱性药物的排泄。

2. 粪便及胆汁排泄

内服后未被吸收的药物多随粪便排泄，被吸收的药物亦可从粪便中排泄。有些药物经肝代谢随着胆汁进入肠腔，再部分地被重新吸收（如洋地黄），形成"肝肠循环"而使药物排泄减慢，作用时间延长。

3. 其他排泄途径

药物还可部分地经乳汁、汗液、唾液及肺呼出的气体排泄。有的药物如青霉素可部分地从奶牛乳腺中排出，故奶牛泌乳期应禁用青霉素，以免引起人的过敏反应。

第三节　临床合理用药

一、药物的相互作用

药物相互作用指同时或相隔一定时间使用两种或两种以上药物时，药物与药物之间可能发生的相互影响。包括改变了药物原有理化性质、体内过程（吸收、分布、生物转化、排泄）或组织对药物的敏感性，从而改变药物彼此的药理效应和毒性作用。按其作用环节，分体外相互作用、体内相互作用。体内相互作用又涉及药效学相互作用、药动学（吸收、分布、代谢、排泄）相互作用。按最终效应结果，药物相互作用主要有两种：有益和有害。有益的相互作用产生药效相加和协同作用。不良药物相互作用会导致拮抗作用，导致药效降低、毒性反应或非预期的药理活性。

（一）体外药物的相互作用

1. 配伍禁忌

体外药物的相互作用发生在制剂用于动物机体之前，药物制剂与制剂之间、制剂与容器之间发生直接的物理或化学反应，即两种以上药物混合使用或药物制成制剂时，可能发生体外的相互作用，出现使药物中和、水解、破坏失效等理化反应，这时可能发生混浊、沉淀、产生气体及变色等外观异常的现象，被称为配伍禁忌。例如，在静滴的葡萄糖注射液中加入磺胺嘧啶钠注射液，最初并没有肉眼可见的变化。但过几分钟即可见液体中有微细的磺胺嘧啶结晶析出，这是磺胺嘧啶钠在 pH 值降低时必然出现的结果。又如外科手术时，将肌松药琥珀胆碱与麻醉药硫喷妥钠混合，虽然看不到外观变化，但琥珀胆碱在碱性溶液中可水解失效。所以临床在混合使用 2 种以上药物时必须十分慎重，避免配伍禁忌。

此外，药物制成剂型或复方制剂时也可发生配伍禁忌，如把氨苄西林制成水溶性粉剂时，加入含水葡萄糖作赋形剂可使氨苄西林氧化失效；又如曾在临床发现某些四环素片剂无效，原因是改变了赋形剂而引起的，原先用乳糖，后改用碳酸钙，这样就使四环素片的实际含量减少而失效。

2. 常见体外配伍禁忌

（1）注射液与输液（注射液）配伍禁忌　注射液加入输液（或其他注射液）时，可能会出现沉淀、浑浊或变色，有时液体外观无任何变化，但药物作用已改变，尤其易发生于难溶性或稳定性较差的药物制剂，因它们在制备时，加入了多种多样的助溶类、稳定类或其他类辅料。

具体变化的原因，包括以下几个方面。

① 溶剂性质的改变。输液用 5%葡萄糖或生理盐水为水溶液，如加入非水性药物或含乙醇、丙二醇、甘油等助溶剂和稳定剂的针剂药物时，由于溶剂性质的改变，可使药物结晶析出而发生沉淀。例如，氯霉素针剂加入 5%葡萄糖或生理盐水中，氯霉素针剂中含乙醇和甘油，则析出结晶。

② 药物酸碱度的影响。针剂药物均有一定的酸碱度，配伍失当则会发生沉淀、分解。如葡萄糖溶液为偏酸性，与硫喷妥钠、促肾上腺皮质激素等偏碱性药物接触，则发生浑浊。

③ 离子作用。青霉素类、巴比妥类、磺胺类等药物，水溶性小，临床上常用这些药物与阳性金属离子结合的钠盐、钾盐或钙盐等，以加大其水溶性，但当这些制剂与其他盐类、酸碱度较低或具有较大缓冲容量的弱酸性溶液配伍时，就会发生沉淀或结晶析出，因此最好不用生理盐水稀释以上药物。与此相反，去甲肾上腺素、氨茶碱、氯丙嗪、链霉素、四环素类药物则常与阴离子的酸类结合成盐，以加大其溶解度，临床上若与较强的碱性或具有较大缓冲容量的弱碱性溶液配伍时，也可发生沉淀或结晶析出。

④ 缓冲容量。两种药液混合后的酸碱度是受药液成分缓冲能力决定的，针剂药物配伍时，酸碱度的变化在缓冲容量范围内则不受影响，否则会促进沉淀，如 5%硫喷妥钠溶液 10 毫升，加到生理盐水或林格氏液 500 毫升中，不会发生变化，而加入 5%葡萄糖溶液或含有葡萄糖的液体中，就会发生沉淀或结晶析出。

⑤ 盐析作用。胶体溶液中加入盐类使胶体析出沉淀。例如，两性霉素 B 只能用 5%葡萄糖溶液稀释后静滴，而不能加入含有大量电解质的液体中。

防止该类配伍禁忌，临床用药应注意以下几点。

① 两种药物混合时，一次只加一种药物到输液瓶中，待混合均匀后液体外观无异常改变再加入另一种药物。

② 两种浓度不同的药物配伍时，应先加浓度高的药液到输液瓶中，后加浓度低的药物，以减少发生反应的速度。

③ 有色药液应最后加入输液中，以避免输液瓶中有细小沉淀不易被发现。

④ 配伍的药液，应在病情允许的基础上尽快应用，以减少药物相互发生不良反应的时间。

⑤ 根据药物性质选择溶媒，避免发生理化反应。

（2）药物与注射器配伍禁忌 目前临床上使用的一次性注射器多以聚乙烯为主要原料加工制成，聚乙烯为高分子聚合物，不溶于水，具亲脂性。如果用此类注射器吸取非水溶性溶媒制成的注射剂，易产生溶出微粒，故以注射用油为溶媒的药物，如碘化钾注射液、己烯雌酚注射液、维生素 A 注射液、维生素 D 注射液、维生素 E 注射液等；以乙醇为溶媒的注射液，如氢化可的松注射液、氢化泼尼松龙注射液等；以聚乙二醇为溶媒的药物（如噻替哌注射液）及以丙二醇为溶媒的药物（如安定注射液）等应用玻璃注射器，不宜采用一次性注射器。

此外，药物与玻璃瓶的相互作用以及输液管道中醋酸纤维滤过器与药物的相互作用均有一定的配伍影响。集约化养殖实践中，输水管道也系有机高分子聚合物制成，同样对部分药物存在吸附现象。

（3）内服制剂配伍禁忌 动物口服剂型较多，传统剂型片剂、胶囊剂，受限于仅适合个体给药，应用日渐减少。为适应动物群体化养殖模式，兽药往往制成溶液剂、可溶性粉剂、可溶性颗粒剂、散剂或预混剂等，借饮水或拌料，满足群体给药的需要。

兽药溶液剂、可溶性粉剂、可溶性颗粒剂等多通过饮水给药，药物水溶液相互作用类似于注射液与输液（注射液）之间相互作用。养殖临床实践中，往往将不同来源及不同配方的可溶性粉剂、颗粒剂混合在一起饮水给药，同样存在着配伍禁忌，可产生沉淀、变色、产气等禁忌，降低疗效，甚至有些可溶性粉与稀释用水之间也发生配伍沉淀。如用含矿物质较多的井水，直接稀释四环素类药物如盐酸土霉素、盐酸强力霉素可溶性粉剂，会在极短时间内导致变色沉淀等。可溶性粉剂、可溶性颗粒剂药物水溶液药物之间的相互作用类似于注射液与输液（注射液）之间的相互作用。

预混剂、散剂通过拌料给药，药物间相互作用相对较少，但仍需注意药物之间酸碱性、金属离子等对药物吸收的影响。如四环素类药物与饲料中二价金属离子形成络合物，降低吸收。

3. 兽医临床常见的西药配伍禁忌

（1）抗生素类药物　临床常见注射用抗生素有青霉素、硫酸链霉素、硫酸卡那霉素、硫酸庆大霉素等，其中青霉素 G 钾和青霉素 G 钠不宜与四环素、土霉素、卡那霉素、庆大霉素、磺胺嘧啶钠、碳酸氢钠、维生素 C、维生素 B_1、去甲肾上腺、阿托品、氯丙嗪等混合使用，青霉素 G 钾比青霉素 G 钠的刺激性强，钾盐静脉注射时浓度过高或过快，可致高血钾症而使心脏骤停等；氨苄青霉素不可与卡那霉素、庆大霉素、氯霉素、盐酸氯丙嗪、碳酸氢钠、维生素 C、维生素 B_1、葡萄糖生理盐水配伍使用；头孢菌素忌与氨基苷类抗生素如硫酸链霉素、硫酸卡那霉素、硫酸庆大霉素联合使用，不可与生理盐水或复方氯化钠注射液配伍；磺胺嘧啶钠注射液遇 pH 值较低的酸性溶液易析出沉淀，除可与生理盐水、复方氯化钠注射液、硫酸镁注射液配伍外，与多种药物均为配伍禁忌。

（2）盐代谢平衡药物　不同浓度的葡萄糖注射液可使新霉素变色、影响其抗菌活性，因此不宜与新霉素混合使用。60 克/升右旋糖酐除可与地塞米松磷酸钠注射液配伍外，与多种药物均为配伍禁忌。氯化钙注射液静脉滴注时必须缓慢，免血钙骤升，导致心率失常；本品对组织有强烈的刺激性，注射时严防漏到血管外，以免引起局部肿胀或坏死，若不慎漏出应立即用注射器吸漏出液，再在漏出局部注入 250 克/升硫酸钠溶液 10~25 毫升以便形成无刺激的硫酸钙，严重时应进行局部切开处理；本品忌与强心苷、肾上腺素、硫酸链霉素、硫酸卡那霉素、磺胺嘧啶钠、地塞米松磷酸钠、硫酸镁注射液合用；另外，氯化钙葡萄糖注射液与葡萄糖酸钙注射液不是同一种药，不可混淆。葡萄糖酸钙注射液静脉注射速度也应缓慢，忌与强心苷、肾上腺素、碳酸氢钠、辅酶 A、硫酸镁注射液并用。碳酸氢钠注射液为碱性药物，忌与酸性药物配合使用；碳酸氢根离子与钙离子、镁离子等形成不溶性盐而沉淀，故本品不要与含钙、镁离子的注射液混合使用；对患有心脏衰弱、急慢性肾功能不全、缺钾并伴有二氧化碳潴留的病畜应慎用；临床不宜与碳酸氢钠注射液配伍的药物有氢化可的松、维生素 K_3、硫酸阿托品、硫酸镁、盐酸氯丙嗪、青霉素 G 钾、青霉素 G 钠、复方氯化钠、维生素 C、肾上腺素、三磷酸腺苷、辅酶 A、细胞色素 C 注射液等；一般情况下，50 克/升碳酸氢钠只与地塞米松磷酸钠注射液配伍。氯化钾注射液在动物尿量很少或尿闭未得到改善时严禁使用；晚期慢性肾功能不全、急性肾功能不全病畜应慎用；用本品在静脉滴注的浓度不宜过高、速度不宜过快，否则会抑制心肌收缩，甚至导致心脏骤停；本品在临床上除不与肾上腺素、磺胺嘧啶钠注射液配伍外，可与多种药物混合使用。

（3）维生素类药物　维生素 B_1 不宜与氨苄青霉素、头孢菌素、邻氯霉素、氯霉素等抗生素配伍；维生素 B_1 在临床上未见与任何药物配伍禁忌的报道，维生素 K 不宜与巴比妥类药物、碳酸氢钠、青霉素 G 钠、盐酸普鲁卡因、盐酸氯丙嗪注射液配伍使用，维生素 C 注射液在碱性溶液中易被氧化失效，故不宜与碱性较强的注射液混合使用，另外不宜与钙剂、氨茶碱、氨苄青霉素、头孢菌素、四环素、卡那霉素等混合注射。

（4）能量性药物　这类药物临床常见的包括三磷酸腺苷、辅酶 A、细胞色素 C、肌苷等注射液，其中不宜与三磷酸腺苷、肌苷注射液配伍的药物有碳酸氢钠、氨茶碱注射液等；宜与细胞色素 C 注射液配伍的药物有碳酸氢钠、氨茶碱、青霉素 G 钠、青霉素 G 钾、硫酸卡那霉素等；不宜与辅酶 A 注射液配伍的药物有青霉素 G 钠、青霉素 G 钾、硫酸卡那霉素、碳酸氢钠、氨茶碱、葡萄糖酸钙、氢化可的松、地塞米松磷酸钠、止血敏、盐酸土霉素、盐酸四环素、盐酸普鲁卡因注射液等。

（5）肾上腺皮质激素类药物　临床常用的有氢化可的松注射液、地塞米松磷酸钠注射液，这类药物如果长期大量使用会出现下列严重的不良反应。

（6）强心剂　临床常用的有安钠加、洋地黄毒苷、肾上腺素注射液等。洋地黄毒苷注射液性质不稳定，易被酸、碱水解，故单独使用为好。肾上腺素注射液作用强、快，剂量过大可导致心率失常，重者可发生心室颤动，用时要严格控制剂量；病畜使用过氟烷、水合氯醛和酒石酸锑钾时，心脏有器质性病变的动物不可使用本品；同时本品禁止与洋地黄、钙剂等配合使用，以免发生心跳停止。不宜与安钠加注射液配伍的药物有硫酸卡那霉素、盐酸土霉素、盐酸四环素、盐酸氯丙嗪注射液等。

（7）其他药物　不宜与止血敏注射液配伍的药物有盐酸氯丙嗪、维生素 K、氢化可的松、地塞米松磷酸钠、辅酶 A；200 毫升/升甘露醇注射液不可与高渗生理盐水配伍使用，因氯化钠等能促进甘露醇的排出，用本品治疗严重脑水肿时应每隔 6~12 小时注射 1 次，用量不可过大以免脑组织严重脱水，静脉注射时避免药物漏出血管外；盐酸氢丙嗪、盐酸普鲁卡因、硫酸阿托品注射液等药物在临床上一般应单独使用。

（二）体内药物的相互作用

1. 药动学的相互作用

在体内的吸收、分布、生物转化和排泄过程中，均可能发生药动学的相互作用。

（1）药物在消化道的相互作用　内服药物胃肠道吸收是一个复杂过程，既取决于药物的理化性质，又与机体的生理、生化等因素有关。成年反刍动物由于存在瘤胃发酵、反刍过程，影响吸收因素更多，故不建议口服给药。

① 酸碱度的变化。多数药物属于弱酸性或弱碱性，通过生物膜难易程度与其解离度相关，而药物解离度大小取决于其所处环境的 pH 值，当生物膜两侧的 pH 值不等时，药物跨膜转运的规律是：弱酸性药物在酸性环境下不易解离，而是跨膜由酸入碱，达到跨膜平衡时，碱侧药物浓度高于酸侧；而弱碱性药物则相反，在碱性环境下不易解离，跨膜由碱入酸，达到跨膜平衡时，酸侧药物浓度高于碱侧，根据这种跨膜转运规律，弱酸性药物易在胃中吸收，而弱碱性药物易在肠中吸收。当弱酸性药物与弱碱性药物同时服用时，可升高胃内 pH 值，对弱酸性药物胃内吸收率产生一定的干扰。因此，一般情况下，弱酸性药物最好不要与弱碱性药物同时服用。常用的弱酸性药物有水杨酸类、巴比妥类、磺胺类、呋喃妥因类、双香豆素、丙磺舒、苯妥英钠、维生素 C、对氨基水杨酸钠等；弱碱性药物有氨茶碱、麻黄碱、利血平、阿托品、地巴唑、咖啡因、异丙嗪、氯丙嗪、苯海拉明、氯苯那敏、长春新碱、甲氧苄氨嘧啶、四环素、红霉素、异烟肼及抗酸药等。

② 胃肠道排空速度的改变。药物在胃肠中吸收速度取决于进入小肠的速度。影响胃排空或肠蠕动的药物，可对其他药物的吸收程度或吸收速率产生影响。例如，普鲁本辛可延缓对乙酰氨基酚（扑热息痛）等药物的吸收，对难溶性药物如地高辛，则可增加其吸收程度；甲氧氯普胺增加胃排空速度，缩短阿司匹林和对乙酰氨基酚等药物达到血峰值所需的时间。抗组胺药、神经节阻断药（美卡拉明、六甲溴铵等）、氯丙嗪及丙米嗪等，可不同程度地延缓胃排空速度。影响药物吸收速率，食物也可影响胃的排空速度，干扰某些药物如四环素、红霉素、林可霉素等的吸收。为了获得最大的吸收速率和利用率，上述药物最好在饲前 1 小时或饲后 2 小时服用。

③ 肠蠕动度。肠蠕动减慢时，药物在肠内停留时间虽有延长，但由于药物与肠内容物不能充分混合以及消化液分泌减少，药物的吸收量不一定增多，如抗胆碱药与抗凝血药一同服用时，前者使肠蠕动减慢，导致后者的吸收减少而蓄积在肠腔内，一旦停用抗胆碱药，肠道功能恢复可导致抗凝血药吸收过

量，难溶解或释放速度较慢的制剂如地高辛等，与溴丙胺太林（普鲁本辛）合用时，由于肠蠕动减慢，肠内容物转运时间延长，有助于地高辛的溶解和释放，增加该药的吸收和利用；与泻药并用时，因肠蠕动过快，则减少吸收。苯巴比妥可刺激胆汁分泌，使肠蠕动加快，可导致灰黄霉素在小肠上段停留时间缩短，吸收减少。

④ 胃肠道血液灌注量的改变。服用某些心血管活性药物，可能会改变其他药物的吸收。

⑤ 肠道内环境的改变。肠腔内细菌能通过各种生物化学反应使许多药物发生变化。如果广谱抗生素抑制肠细菌群的正常生长繁殖，可使药物的生物转化改变，影响药物的吸收。肠道菌群对维生素 K 的生物合成具有重要作用，口服新霉素可抑制肠内细菌群，使维生素 K 合成减少，从而使凝血机制发生障碍；如果与口服抗凝药合用，可使抗凝作用增强而发生出血倾向。

⑥ 改变肠黏膜的转运功能。药物的被动转运和主动转运均需要肠黏膜上的载体作用。秋水仙碱、新霉素、对氨基水杨酸钠等药物，会损害肠黏膜吸收功能或妨碍主动转运，导致营养吸收障碍综合征，因而可影响许多药物及维生素和一些营养物质的吸收。甲基多巴、氟尿嘧啶、巯嘌呤等药物，由于其化学结构与天然代谢物相似，需要通过相应的主动转运机制，常常引起吸收部位的竞争性抑制。氯丙嗪和左旋多巴可能也是通过主动转运酶系统的相互作用干扰而降低了吸收率。叶酸主要通过空肠的主动转运吸收，苯妥英钠和其他抗惊厥药可干扰叶酸的这一转运过程，长期用药可引起叶酸缺乏症。

⑦ 饲草饲料的影响。饲草饲料也影响药物吸收，喂食草料后投药可使许多药物吸收减少，有时进食草料使药物吸收减缓，但也有一些药物与饲草饲料一起服用可改善药物本身的吸收，血药浓度增加，生物利用度也得到提高。若为了使一个特定剂量的药物产生最大的血药浓度，并在服药间隔期能维持治疗所需的有效浓度，至少应于喂食草料前 1 小时灌服。

⑧ 其他。药物溶于不易吸收液体中，如液状石蜡影响维生素 K 和维生素 A、维生素 D 的吸收。庚巴比妥影响双香豆素的吸收。别嘌醇影响华法林的吸收。单胺氧化酶抑制剂可防止酪胺在肠壁被破坏，使酪胺呈游离态易被吸收，造成高血压危象（氧化脱氨基作用）。口服避孕药与维生素 C 同时服用时，由于硫酸盐化作用，使得炔雌醇的血浆浓度明显升高。吸烟可影响胰岛素、普萘洛尔和茶碱制剂的吸收。

（2）药物分布的相互作用　药物联用后，其转运过程中在分布环节上的相互作用表现为相互竞争血浆蛋白结合部位，改变药物在与受体结合部位离子型药物的比例，或者改变药物在肝组织的血流量，从而影响药物的消除。

① 竞争蛋白结合部位。药物被吸收后，随血液分布到全身的各个组织，其中许多药物将与血浆蛋白特别是白蛋白结合。有一部分与血浆蛋白发生可逆性结合，称为结合型。另一部分则为离子型，人的血浆蛋白由20种不同氨基酸组成。精氨酸、谷氨酸、酪氨酸的酸性基团与碱性药物相结合，而酸性药物与血浆蛋白的结合要强得多。药物一旦与血浆白蛋白结合就不呈现药理活性，只有未结合的游离型药物才具有药理活性。不同的药物有不同的血浆蛋白结合率，每个蛋白分子的结合量是有限的。因此，多种药物联用时，药物可在蛋白结合部位发生竞争性相互置换现象，结果是与蛋白结合力较高的药物将亲和力较低的药物从血浆蛋白结合部位上置换出来，使其游离型药物比例增多，作用于靶位受体的游离型药物浓度提高，药理作用增强。例如，阿司匹林、吲哚美辛、氯贝丁酯、保泰松、水合氯醛及磺胺等，都有蛋白置换作用，增加与其联用的一些药物的游离型比例，加强这些药物的药理作用和毒性。蛋白结合率高的药物对置换相互作用较敏感。

在组织间液中，药物也能结合在蛋白质上。有些药物如地高辛还结合于心肌组织等，当给予奎尼丁时，组织结合的地高辛下降，加之肾排泄减少，会引起血压浓度明显升高。药物与血浆蛋白的结合是可逆的，结合和非结合的药物达到一种平衡。游离药物被代谢后，结合的药物变成游离的药物，发挥其正常的药理作用，根据浓度及亲和力，如果一个药物的结合率从99%降到95%，其游离的、有活性的药物浓度从1%增加到4%，有可能导致严重的并发症。但是，只有当药物大部分分布在血浆中而不是组织中，这种置换作用才可能显著增加游离药物浓度，所以只有低分布容积的药物才受影响。这样的药物包括甲苯磺丁脲、苯妥英、华法林及甲氨蝶呤等。例如，当用华法林治疗的患畜给予水合氯醛时，由于其代谢产物三氯乙醇大量置换华法林，增加了抗凝作用。但是由于血流通过肝脏时游离的华法林分子被代谢，药物总量迅速减少。这种作用是短暂的，可观察到抗凝作用轻度增加，华法林需要量可减少1/3。在通常情况下，无须改变剂量，因为在5天内可达到新的平衡。在体外试验中发现许多常用药物可被其他药物置换，但在体内这种作用往往被有效地缓冲，因此一般情况下，无重要临床意义。碱性或酸性药物可与血浆蛋白高度结合，但有临床重要性的置换作用较少，其原因可能是酸性药物的结合部位不同，而碱性药物的分布容积大，只有小部分在血浆中。

② 改变肝组织的血流量。一些作用于心血管系统的药物能改变肝组织的血流量，从而影响其他药物在肝组织的分布。例如，静脉滴注异丙肾上腺素增

加肝血流量，使利多卡因在肝脏的分布和代谢增加，其在血中浓度降低；反之，去甲肾上腺素减少肝血流量，减少利多卡因在肝的分布和代谢，增加其血浓度。普萘洛尔减少肝血流量也同样增加利多卡因血浓度。

(3) 药物在代谢过程中的相互作用

① 酶诱导和酶抑制。有些药物可刺激肝脏产生代谢酶，结果使血中药物浓度下降、药效降低，最大的药酶诱导作用多发生在用药后2~3周。这种酶诱导作用，使某些药物发生耐受现象，欲维持疗效必须增加用药量。酶诱导作用的程度取决于药物及其剂量，可能需要数日或数周时间方产生或明显，而停药后数日或数周后可逐渐消失。酶诱导是一种较常见的药物相互作用机制，并且不限于药物甚至某些杀虫药以及环境污染等均可发生酶诱导作用，加速某些药物代谢。相反，某些药物可抑制肝脏微粒体酶活性，使药物代谢变慢，称为酶抑制作用。药物代谢变慢等于增加药物用量，可以引起药物蓄积中毒和不良反应。药物通过竞争酶结合点亦可抑制其他药物代谢。酶抑制的产生比酶诱导快，5个半衰期之后即可达到新的稳态浓度。有些药物呈现双相效应，即先呈现酶抑制作用，后呈现酶诱导作用，这是临床用药中值得注意的特殊现象。

② 首过消除。指某些药物在通过肠黏膜和肝脏时，部分可被代谢灭活而使进入全身循环的药量减少，又称首过效应。如氯丙嗪、维拉帕米等通过胃肠及肝脏后只有30%到达体循环。某些合并用药对首过效应有明显的影响，有的可增加药物生物利用度，有的则增加肝血流使药物代谢增加。

(4) 药物在排出部位的相互作用　除吸入麻醉药外，大多数药物在尿及胆汁中排出。肾是排泄药物的主要器官，肾小管细胞具有重吸收药物的主动和被动转运系统。干扰肾小管内尿液的酸碱度、主动转运系统和肾血流量的药物可影响其他药物的排泄，从而改变治疗药物的浓度。

① 尿液pH值的影响。改变尿液的酸碱度可直接影响某些药物的排泄，增加药物离子化的pH值改变使药物排泄较快，相反可使药物重吸收增加，排泄减慢。例如，应用苯丙胺治疗期间，如果同时服用碳酸氢钠，药物作用时间延长；如果与氯化铵合用，则缩短其作用时间。乌洛托品在酸性尿中转变，放出甲醛而具有杀菌作用，如在碱性尿中则很难出现治疗作用。应用庆大霉素治疗尿路感染时，如加用碳酸氢钠使尿液维持在pH值7.5~8，疗效较好，用药量也可减少，但在尿液pH值<6时，庆大霉素在尿路中的抗菌作用则较前降低至数1/10。但是，由于几乎所有的药物在肝脏代谢为无活性的化合物，很少以原型从尿中排出，所以实际上只有少数药物受尿液pH值改变的影响。在服药过量的情况下，有意改变尿液pH值，可增加某些药物如苯巴比妥、水杨酸

等的排出。此外酸化尿液后易于识别和鉴定成瘾性药物或运动员服用兴奋剂。能改变尿液 pH 值的药物包括：酸化尿液的有氯化铵、盐酸精氨酸、盐酸赖氨酸、维生素 C、阿司匹林二硫丙醇、苯乙双胍；碱化尿液的有抗酸药、碳酸钙、碳酸氢钠、噻嗪类、利尿药、汞微利、谷氨酸钠。

改变尿液 pH 值对药物排泄的影响如下。

酸性尿：酸性药物排泄量降低，包括巴比妥类、呋喃妥因、保泰松、磺胺类、香豆素类、对氨基水杨酸、水杨酸类、萘啶酸、链霉素等。

碱性尿：碱性药物排泄降低，包括吗啡、可待因、喉替啶、抗组胺药、美卡拉明、氨茶碱、氯喹、奎尼丁、奎宁等。这些药物在酸性药中排泄增加。

② 肾小管主动分泌的改变。作用于肾小管同一主动转运系统的药物，可产生相互竞争，使其中一种治疗药不能被分泌到肾小管腔，减少该药的排泄。如丙磺舒竞争性地占据酸性转运系统，使头孢菌素类、氨茶砜、吲哚美辛、青霉素和对氨基水杨酸等药物的肾排泄减少，血药浓度提高，某些药物可出现毒性。阿司匹林减少甲氨蝶呤的排泄，使甲氨蝶呤血药浓度提高，可产生严重毒性。保泰松和双香豆素都能抑制醋磺己脲、格列本脲、甲苯磺丁脲的排泄，使降糖作用增强，导致低血糖；呋塞米和依他尼酸均能抑制尿酸的排泄，造成尿酸在体内蓄积，引起痛风。

③ 肾血流改变。前列腺素等可部分控制肾血流，如吲哚美辛等药物抑制前列腺素的合成使肾血流减少，肾对某些药物的分泌就会减少，而使血药浓度升高，甚至发生中毒。

④ 胆汁排出及肝-肠代谢。一些药物从胆汁中排出，其中有的结合物可被肠道细菌群代谢为母体化合物，从肠道重新被吸收。这种再循环过程延长了药物在体内的存留时间。如果肠道细菌群被抗生素杀灭，某些药物就不再有肝肠循环。例如，口服四环素或新霉素可引起口服避孕药的避孕失败。

（5）药物与其他因素的相互作用　兽医临床上，现已明确药物相互作用及其机制的临床意义，也常受到多种因素的影响，既包括药物代谢速率和代谢途径的种属差异，也包括病理状态、年龄、性别、遗传因素、环境因素和营养状况、给药方法、剂量、途径和用药时间等的个体差异，都不同程度地影响药物的临床治疗效果。

二、影响药物作用的因素

药物的作用是药物与机体相互作用过程的综合表现，许多因素都可能干扰或影响这个过程，使药物的效应发生变化。这些因素包括药物方面、动物方面、饲养管理和环境方面的因素。

（一）药物方面的影响因素

1. 药物的化学结构与理化性质

药物的化学结构与药理作用关系密切。药物的化学性质包括药物的稳定性、酸碱性和解离度等，以及某些物理性状如溶解度（脂溶性、水溶性）、挥发性和吸附力等，都能影响药物的作用。

一般地说，水溶性药物容易吸收，但硫酸镁虽易溶于水，内服却难以吸收。难溶性的硫酸钡在医学上内服作为钡餐造影，而可溶性的钡盐，如氯化钡却是对中枢、平滑肌毒性有很强的毒物。

酸性药物易丢失 H^+，变成带负电的阴离子；碱性药物易接受 H^+，变成带正电的阳离子。其解离度的高低，还受体液 pH 值的影响，从而影响药物在体内的吸收和转运。解离高的药物一般脂溶性较低，不易穿透类脂质屏障。

有些药物是通过其物理性状而发挥作用的，如药用炭吸附力的大小决定于其表面积的大小，而表面积的大小与颗粒的大小成反比：颗粒越细，表面面积越大，其吸附力越强。灰黄霉素口服吸收量与颗粒大小有关，细微颗粒（0.7微米）的吸收量比大颗粒（10微米）高2倍。

2. 剂量

药物的作用或效应在一定剂量范围内随着剂量的增加而增强，药物的剂量是决定药效的重要因素。临床用药时，除根据兽药典、兽药规范等决定用药剂量外，还要根据药物的理化性质、毒副作用和病情发展的需要适当调整剂量，才能更好地发挥药物的治疗作用。

3. 剂型

把药物制成便于应用的各种形态，称为剂型。剂型对药物作用的影响，在传统的剂型如水溶液、散剂、片剂、注射剂等，主要表现为吸收快慢、多少的不同，从而影响药物的生物利用度。

药剂是药物投入体内发挥药效作用的第一个过程。不同的制剂直接影响药物的生物利用度，对药效的发挥关系重大。不同质量的药物制剂，乃至同一药厂不同批号的制剂，都会影响药物的吸收以及血中药物浓度，进而影响药物作用的快慢和强弱。

一般地说，气体剂型吸收最快，如吸入性麻醉药和气雾剂吸入后从肺泡吸收，就比液体剂型来得快；液体剂型次之；固体剂型吸收最慢，因其必须经过崩解和再溶解的过程才能被吸收。酒精属于脂溶性的、不易解离的药物，易在胃中吸收，又是许多药物良好的溶媒，因此由它制成的酊剂，广泛用于临床。

在兽医实践中，既要求选用吸收快并能在血中迅速建立有效浓度的速效制剂，也要求能长时间维持血药浓度而又能减少给药次数的长效制剂，以及各种类型的缓释剂型。如置于瘤胃的弹丸和驱避蝇、蚤、虱等的项圈都是通过缓释发挥作用的例子。同时，还要根据集约化饲养大群畜禽防治工作的需要，改革和创制新剂型，如气雾剂、涂皮剂等，都有节时省工的特点，易为群众所接受，值得重视。

4. 给药方案

给药方案包括给药剂量、途径、时间间隔和疗程。给药途径不同主要影响生物利用度和药效出现的快慢，静注几乎可立即出现药物作用，依次为肌内注射、皮下注射和内服。

大多数药物治疗疾病时必须重复给药，确定给药的时间间隔主要根据药物的半衰期。有些药物给药一次即可奏效，如解热镇痛药、抗寄生虫药等，但大多数药物必须按规定的剂量和时间间隔连续给予一定的时间，才能达到治疗效果，称为疗程。抗菌药物更要求有充足的疗程才能保证稳定的疗效，并避免产生耐药性，绝不可给药 1~2 次出现药效就立即停药。例如，抗生素一般要求 2~3 天为一疗程，磺胺药则要求 3~5 天为一疗程。

（二）动物方面的因素

1. 种属差异

动物品种繁多，解剖、生理特点各异，不同种属动物对同一药物的药动学和药效学往往有很大的差异。在大多数情况下表现为量的差异，即作用的强弱和维持时间的长短不同，例如对赛拉嗪，牛最敏感，而猪最不敏感，临床化学保定使用剂量是牛的 20~30 倍。又如链霉素等 15 种抗菌药在马、牛、羊、猪的半衰期也表现出很大差异。有少数动物因缺乏某种药物代谢酶，因而对某些药物特别敏感，如猫缺乏葡萄糖醛酸酶活性，故对水杨酸盐特别敏感，作用时间很长。药物对不同种属动物的作用除表现量的差异外，少数药物还可表现质的差异，如吗啡对人、犬、大鼠、小鼠表现为抑制，但对猫、马和虎则表现兴奋。

2. 生理因素

不同年龄、性别、怀孕或哺乳期动物对同一药物的反应往往有一定差异，这与机体器官组织的功能状态，尤其与肝药物代谢酶系统有密切的关系。

幼龄、老龄动物及母畜一般对药物比较敏感。这除体重因素外，幼畜药酶活性较低，或肝脏、肾脏功能发育不健全。老龄动物则因机能衰退，对药物转化能力弱，因此均比较容易中毒。

怀孕母畜对某些药物亦比较敏感，怀孕初期易致胎畜畸形，怀孕后期要避免应用拟胆碱药和能导致骨盆器官充血的峻泻药，以免引起流产。泌乳期间应考虑药物是否经乳汁排出并引起幼畜中毒问题。

体重不同的同种家畜对相同剂量的药物的反应程度是不同的，要想得到相等的血液或组织中的药物浓度就必须按体重计算剂量。脂溶性药物易贮积在脂肪组织中，对多脂肪肥胖的动物适当增加剂量是必要的。

3. 病理状态

药物的药理效应一般都是在健康动物试验中观察得到的，动物在病理状态下对药物的反应性存在一定程度的差异。不少药物对疾病动物的作用较显著，甚至要在病理状态下才呈现药物的作用。

4. 个体差异

在年龄、性别和体重等因素基本相同的情况下，同种动物中个别个体对药物有特殊的敏感性，称为个体差异。个体差异的原因复杂多样，其中很多与遗传因素有关。个体差异包括量的差异和质的差异。

（1）量的差异　同种动物在条件基本相同的情况下，有少数个体对药物特别敏感，称高敏性，另有少数个体则特别不敏感，称耐受性，这种个体差异，在最敏感和最不敏感之间约差10倍。例如硫酸钠对个别马匹必须用800~1 000克才能引起下泻作用。

（2）质的差异　由于个别个体体质特殊，对药物呈现与众不同的反应，是质的差异。

① 特异质。这是体质的特殊。一般给马注射吗啡后，产生痛觉减轻，中枢抑制，并能很快安静下来；但临床上偶见个别马匹在给吗啡之后，反而兴奋不安；也有出现荨麻疹、瘙痒等特异质反应的。

② 变态反应。这是免疫反应异常的一种表现，例如应用青霉素引起的过敏反应。

（三）饲养管理和环境因素

药物的作用是通过动物机体来表现的，因此机体的功能状态与药物的作用有密切的关系，饲养方面要注意饲料营养全面，根据动物不同生长时期的需要合理调配日粮的成分，以免出现营养不良或营养过剩。管理方面应考虑动物群体的大小，防止密度过大，房舍的建设要注意通风、采光和动物活动的空间，要为动物的健康生长创造较好的条件。

三、合理用药原则

合理用药必须理论联系实际，不断总结临床用药的实际经验，在充分考虑影响药物作用各种因素的基础上，正确选择药物，制订对动物和病情都合适的给药方案。这里仅讨论几个应该重点考虑的原则。

（一）正确诊断

任何药物合理应用的先决条件都是正确的诊断，没有对动物发病过程的认识，药物治疗便是无的放矢，不但没有好处，反而可能延误诊断，耽误疾病的治疗。在明确诊断的基础上，正确选择有效药物。

（二）用药要有明确的指征

每种疾病都有特定的发病过程和症状，要针对患病畜禽的具体病情，选用药效可靠、安全、方便、价廉易得的药物制剂。反对滥用药物，尤其不能滥用抗菌药物。将肾上腺皮质激素当作一般的解热镇痛药或者消炎药使用都属于不合理使用。不明原因的发热、病毒性感染，随意使用抗菌药也属于不合理使用。

（三）熟悉所用药物在靶动物的药动学特征

根据药物的作用和在动物的药动学特点，制订科学的给药方案。药物治疗的错误包括用错药物，但更多的是剂量的错误。在给动物用药时，要充分利用药动学知识制订给药方案，在取得最佳药效的同时尽量减少毒副作用，避免动物性食品中的兽药残留超标。

只有熟悉药物在靶动物的药动学特征及其影响因素，才能做到正确选药并制订合理的给药方案，达到预期的治疗效果。

例如，阿莫西林与氨苄西林的体外抗菌活性很相似，阿莫西林在犬体内的口服生物利用度比后者约高1倍，血清浓度高1.5~3倍，治疗犬全身性感染时，阿莫西林的疗效比氨苄西林好，胃肠道感染时则宜选择氨苄西林，因其吸收不良，在胃肠道有较高的药物浓度。

（四）预期药物的疗效和不良反应

根据疾病的病理生理学过程和药物的药理作用特点以及它们之间的相互关系，药物的效应是可以预期的。几乎所有的药物不仅有治疗作用，也存在不良反应，临床用药必须记住疾病的复杂性和治疗的复杂性，对治疗过程做好详细的用药计划，认真观察将出现的药效和毒副作用，随时调整用药方案。

（五）避免使用多种药物或固定剂量的联合用药

在确定诊断以后，兽医师的任务就是选择最有效、安全的药物进行治疗，一般情况下不应同时使用多种药物（尤其抗菌药物），因为多种药物治疗极大地增加了药物相互作用的概率，也给患病动物增加了危险。除具有确实的协同作用的联合用药外，要慎重使用固定剂量的联合用药（如某些复方制剂），因为它使兽医师失去了根据动物病情需要去调整药物剂量的机会。

例如，抗微生物药物联合用药的指征：用一种药物不能控制的严重感染或混合感染；病因不明的严重感染，先进行联合用药，确诊后，调整用药；长期用药治疗容易出现耐药性的细菌感染；联合用药使毒性较大的抗生素减小使用剂量，减轻毒性反应。

（六）正确处理对因治疗与对症治疗的关系

一般用药时要首先考虑对因治疗，但也要重视对症治疗，两者巧妙地结合将能取得更好的疗效。传统中医讲究治病必求其本，急则治其标，缓则治其本，标本兼治。

（七）避免动物性产品中的兽药残留

食品动物用药后，药物的原形或其代谢产物和有关杂质可能蓄积、残存在动物的组织、器官或食用产品（如肉、蛋、乳）中，这样便造成了兽药在动物性食品中的残留（简称兽药残留）。使用兽药必须遵守《中国兽药典》的有关规定，严格执行休药期（停止给药后到允许食品动物屠宰上市的时间），以保证动物性产品兽药残留不超标。严禁非法使用违禁药。

四、合理用药法律法规

为促进畜牧业健康发展，保证动物源性食品安全，我国一直十分重视兽药行政管理、技术支撑和执法监督体系建设。目前，我国基本形成了以《兽药管理条例》为核心、配套规章制度较为完善的兽药监管法规体系，建立了以《中国兽药典》为基础、注册标准为主体、企业标准为补充，内容完整、层次分明的兽药标准体系。2004年4月9日国务院令第404号公布的《兽药管理条例》，对兽药的研制、生产、经营、进出口、使用、监督管理等方面规定了总的指导原则，2014年7月29日国务院令第653号部分修订、2016年2月6日国务院令第666号部分修订、2020年3月27日国务院令第726号部分修订。

在兽药使用方面，为加强兽药使用监督指导，促进兽医临床安全、合理用药，保障动物源性食品安全，国家根据兽药的安全性和使用风险程度，对兽药实行兽用处方药和非处方药分类管理制度。兽用处方药指凭执业兽医处方方可购买和使用的兽药；兽用非处方药指由国务院兽医行政管理部门公布的、不需要凭执业兽医处方就可以自行购买并按照说明书使用的兽药。

农业农村部陆续编制了《兽用处方药和非处方药管理办法》（农业部令2013年第2号）、兽药处方药品种目录（第一批）（农业部公告第1997号）、兽药处方药品种目录（第二批）（农业部公告第2471号）、兽药处方药品种目录（第三批）（农业农村部公告第245号）、乡村兽医基本用药目录（农业部公告第2069号）等相关制度。

为维护我国动物源性食品安全和公共卫生安全，农业农村部决定停止生产、进口、经营、使用部分药物饲料添加剂，并对相关管理政策作出调整（农业农村部公告第194号）。退出除中药外的所有促生长类药物饲料添加剂品种，兽药生产企业停止生产、进口兽药代理商停止进口相应兽药产品。饲料生产企业停止生产含有促生长类药物饲料添加剂（中药类除外）的商品饲料。改变抗球虫和中药类药物饲料添加剂管理方式，不再核发"兽药添字"批准文号，改为"兽药字"批准文号，可在商品饲料和养殖过程中使用。农业农村部公告第246号对相关兽药产品质量标准进行了修订，变更了批准文号。

为保障动物产品质量安全、保证动物源性食品安全、维护公共卫生安全和生态安全，农业农村部决定在食品动物中停止使用洛美沙星、培氟沙星、氧氟沙星、诺氟沙星4种兽药，撤销相关兽药产品批准文号（农业部部公告第2292号）、停止硫酸黏菌素用于动物促生长（农业部公告第2428号）、禁止非泼罗尼及相关制剂用于食品动物（农业部公告第2583号）、停止在食品动物中使用喹乙醇、氨苯胂酸、洛克沙胂3种兽药（农业部公告第2638号）、修订了食品动物中禁止使用的药品及其他化合物清单（农业农村部公告第250号）。

2019年9月6日，中华人民共和国农业农村部、国家卫生健康委员会、国家市场监督管理总局发布了《食品安全国家标准 食品中兽药最大残留限量》（GB 31650—2019），本标准于2020年4月1日实施，替代农业部公告第235号《动物性食品中兽药最高残留限量》相关部分。该标准规定了动物性食品中阿苯达唑等104种（类）兽药的最大残留限量；规定了醋酸等154种允许用于食品动物，但不需要制定残留限量的兽药；规定了氯丙嗪等9种允许作治疗用，但不得在动物性食品中检出的兽药。该标准适用于与最大残留限量相关的动物性食品。该标准的技术要求包括：已批准动物性食品中最大残留限量规定的兽药；允许用于食品动物，但不需要制定残留限量的兽药；允许作治疗用，但不得在动物性食品中检出的兽药。之后，农业农村部、国家卫生健康委员会、国家市场监督管理总局又联合下发了公告第 594 号，规定了《食品安全国家标准　食品中 41 种兽药最大残留限量》（GB 31650.1—2022）及 21 项兽药残留检测方法食品安全国家标准，自 2023 年 2 月 1 日起实施。

此外，农业农村部于 2011 年 2 月 9 日发布第 1540 号公告，废止了兽用盐酸麻黄碱注射液和复方甘草合剂的质量标准，注销了上述产品批准文号，并要求对凡含有麻黄碱类物质（包括麻黄素、伪麻黄素、消旋麻黄素、甲基麻黄素、麻黄浸膏、麻黄浸膏粉）的新兽药及进口兽药注册申请一律不予受理。同时，还加强了对氯胺酮生产、经营、使用管理（农办医〔2005〕22 号），规范了麻醉药品的供应、使用、管理办法（〔80〕农业（牧）字第 34 号、〔80〕卫药字第 36 号、〔80〕国药供字第 545 号）和兽用安钠咖的管理。

第四节　中兽药与中西兽药的配伍

一、中兽药的配伍

（一）七情

在使用两味以上药物时，就必须有所选择，这就提出了药物配伍关系的问题。前人总结的"七情"，即单行、相须、相使、相畏、相杀、相恶和相反，除单行外，其余六个方面都是谈配伍关系的。若病情较为复杂，单味药难以实现既分清主次，又全面兼顾的治疗要求时，便需同时使用两种以上的药物，药物与药物之间就会发生某些相互作用，如有的能增进或降低原有药效，有的能抑制或消除毒性和烈性，有的则能产生毒性或副作用。

1. 单行

就是指用单味药治病。病情比较单纯，选用一种针对性强的药物即能获得疗效，如清金散单用一味黄芩治轻度的肺热咳血，现代单用鹤草芽驱除绦虫，以及许多行之有效的"单方"等。它符合简便廉验的要求，便于使用和推广。

2. 相须

即性能功效相类似的药物配合应用，可以增强其原有疗效。如石膏与知母配合，能明显地增强清热泻火的治疗效果；大黄与芒硝配合，能明显地增强攻下泻热的治疗效果。

3. 相使

即在性能功效方面有某种共性的药物配合应用，而以一种药物为主，另一种药物为辅，能提高主药物的疗效。如补气利水的黄芪与利水健脾的茯苓配合时，茯苓能提高黄芪补气利水的治疗效果；清热泻火的黄芩与攻下泻热的大黄配合时，大黄能提高黄芩清热泻火的治疗效果。

4. 相畏

即一种药物的毒性反应或副作用，能被另一种药物减轻或消除。如生半夏和生南星的毒性能被生姜减轻和消除，所以说生半夏和生南星畏生姜。

5. 相杀

即一种药物能减轻或消除另一种药物的毒性或副作用。如生姜能减轻或消除生半夏和生南星的毒性或副作用，所以说生姜杀生半夏和生南星的毒。由此可知，相畏、相杀实际上是同一配伍关系的两种提法，是药物间相互对待而言的。

6. 相恶

即两种药物合用，一种药物与另一药物相作用而致原有功效降低，甚至丧失药效。如人参恶莱菔子，因莱菔子能削弱人参的补气作用。

7. 相反

即两种药物合用，能产生毒性反应或副作用。如"十八反""十九畏"中的若干药物。

（二）中兽药配伍关系的复杂性

中兽药配伍关系非常复杂，主要表现在以下几个方面。

1. 配伍效应的多样性

如，桂枝汤由桂枝、芍药、甘草、大枣、生姜组成，是临床上常用的解表剂，可用于外感风寒表虚证的治疗。方中桂枝辛温，辛能散邪，温从阳而扶卫，解肌发表而祛在表之风寒，为君药；芍药酸甘而凉，酸能敛汗，寒走阴而益营，为臣药。桂枝、芍药等量配伍，既营卫同治，邪正兼顾，相辅相成；又散中有收，汗中寓补，相反相成。生姜辛温，助桂枝散表邪，兼和胃止呕；大枣甘平，协芍药补营阴，兼健脾益气。生姜、大枣相配，补脾和胃化气生津，益营助卫，共为佐药。炙甘草调和药性，合桂枝辛甘化阳以实卫，合芍药酸甘化阴以益营，功兼佐使之用。桂枝汤临床常用于治疗感冒、流行性感冒、原因不明的低热、产后或病后低热、妊娠呕吐、多形红斑、冻疮、荨麻疹等属于营卫不和者。

在治疗流感病毒性肺炎，芍药作用较强，大枣次之，两药有协同作用；但在吞噬功能作用方面，大枣有较强的促进作用，芍药能拮抗大枣的促吞噬作用。

2. 主辅药的可变性

方剂学中将药物分为君、臣、佐、使，在一个方剂中，这些关系是固定不变的。现代研究表明，这种固定关系可能存在一定的片面性。例如，桂枝汤在抑制肺炎方面，芍药是主药，大枣应是臣药；在促吞噬方面，大枣应是主药，甘草应是臣药，芍药则拮抗大枣的作用。

再如，芍药甘草汤治疗神经肌肉疼痛有效，由于芍药主要作用于中枢，甘草主要作用于末梢，所以对于中枢性疼痛，芍药应是主药，甘草为辅药；对于末梢性疼痛，甘草应为主药，芍药为辅药。

3. 同类药的拮抗性

同类药或性能功效有某些相似的药物配伍后，一般认为会出现协同效应，即相须或相使作用，但是有时会出现拮抗即相恶效应。

例如：在抑制金黄色葡萄球菌试验中，如用黄连、黄芩、黄柏、大黄四味药中的二三味药配伍，凡有黄芩者效果均差，其中黄芩配伍大黄者效果最差，而不包括黄芩的配伍均有显著增强作用。

（三）中药配伍变化

1. 药物成分的变化

配伍变化可产生沉淀、生成新的成分、增溶或减溶、被吸附等。药物成分在量和质方面，配伍后均可能发生变化，造成药效及毒副作用的变化。

2. 药理作用的相互影响

如芍药对中枢性疼痛，对中枢及脊髓性反射兴奋均有抑制作用，甘草有镇静和对神经末梢的抑制作用，芍药甘草汤则对中枢性及末梢性的肌肉痉挛、疼痛均有治疗作用。

3. 药动学之间的相互影响

如甘草（含甘草酸）可减少肾上腺皮质激素在肝脏的分解代谢，使体内保持较长时间的较高激素浓度，两药合用时激素的某些作用可得到超常发挥。

（四）中药配伍禁忌

历来以"十八反"和"十九畏"作为基础。

1. "十八反"

十八反，中药配伍禁忌的一种说法。两种药物同用，发生剧烈的毒性反应或副作用，称相反。据文献记载有十八种药物相反：甘草反大戟、芫花、甘遂、海藻；乌头反贝母、瓜蒌、半夏、白蔹、白芨；藜芦反人参、丹参、沙参、苦参、玄参、细辛、芍药（玄参系《本草纲目》增入，所以实有十九种药）。《珍珠囊补遗药性赋》："十八反歌：本草明言十八反，半蒌贝蔹芨攻乌，藻戟遂芫俱战草，诸参辛芍叛藜芦。”此为古人经验，尚待进一步研究。

2. “十九畏”

十九畏，中药间配伍禁忌的一种说法。当一种药物受到另一种药物的抑制，而出现毒性或功效降低，甚至完全丧失，称为相畏。据文献记载有十九种药物相畏：硫黄畏朴硝，水银畏砒霜，狼毒畏密陀僧，巴豆畏牵牛，丁香畏郁金、牙硝畏三棱，川乌、草乌畏犀角，人参畏五灵脂，肉桂畏赤石脂。《珍珠囊补遗药性赋》：“十九畏歌：硫黄原是火中精，补硝一见便相争，水银莫与砒霜见，狼毒最怕密陀僧，巴豆性烈最为上，偏与牵牛不顺情，丁香莫与郁金见，牙硝难合京三棱，川乌草乌不顺犀，人参最怕五灵脂，官桂善能调冷气，若逢石脂便相欺，大凡修合看顺逆，炮爁炙煿莫相依。”此为古人经验，其实质尚待进一步研究。

配伍之所以有禁忌，是因为某些药物本身就有毒性，如大毒类中草药有马钱子、巴豆、川乌、草乌、巴豆霜、闹羊花、天仙子、红粉、斑蝥等；有毒类中草药有甘遂、洋金花、罂粟壳、芫花、蟾酥、全蝎、炙草乌、土荆皮、山豆根、雄黄、苍耳子、两头尖、轻粉、附子、蜈蚣、硫黄、蓖麻子、牵牛子、千金子、天南星、白果、炙川乌、干漆、千金子霜、水蛭、京大戟、木鳖子、仙茅、白附子、朱砂、华山参、苦楝皮、金钱白花蛇、常山、商陆、蕲蛇等；小毒类如吴茱萸、鸦胆子、南鹤虱、土鳖虫、蛇床子、川楝子、蒺藜、重楼、艾叶、贯众、北豆根、九里香、红大戟、苦木、苦杏仁、急性子等。其次，某些药物合用后有副作用，如大戟、芫花、甘遂、乌头等本身毒性较强，加上不适当配伍更使毒副作用增加。另外，有些药物配伍后妨害治疗，反药配伍对方剂的功效、对病症的疗效均可形成干扰。

从配伍禁忌类型，可分为禁用或慎用两大类。禁用，是指必须严格禁止使用；慎用，是指在一定条件下可谨慎使用，但必须观察病情变化及用药后反应。使用禁忌分为使用对象禁忌、患者证候禁忌和使用方法禁忌等。

二、中西兽药的配伍

中西药物联用可溯至阿司匹林白虎汤治疗“温瘟”。随着现代中药药理学研究的深入，中西药物联用在兽医临床上也已普遍。中西药物合理并用甚至组方合用，大多可提高疗效，降低化学药物的用量和毒副作用，扩大适应证范围，缩短疗程和促进体质恢复、并能发挥单独使用中药或单独使用西药所不能取得的治疗作用和治疗效果，显示了极大的优越性。

（一）联合用药后直接产生的物理、化学配伍禁忌

酸性较强的中药，如山楂、五味子、山茱萸、乌梅等不可与磺胺类药物联用。因磺胺类药物在酸性条件下不仅加速乙酰化的形成，且溶解度明显降低，易出现结晶尿和血尿；也不能与一些碱性较强的药物如氨茶碱、复方氢氧化铝（胃舒平）、乳酸钠、碳酸氢钠等联用，因与碱性药物发生中和反应后，会降低或失去疗效。碱性较强的中药，如瓦楞子、海螺蛸、朱砂等也不宜与一些酸性药物如胃蛋白酶合剂、阿司匹林等联用。

含钙、镁、铁等金属离子的中药如石膏、牡蛎、龙骨、海螺蛸、石决明等及其中成药，不能与四环素类抗生素、喹诺酮类抗菌药物联用。因金属离子可与此类药物结合成络合物，而不易被胃肠道吸收。含鞣质较多的中药及其中成药如五倍子、诃子、石榴皮等不能与胃蛋白酶合剂、淀粉酶、多酶片等联用，因其中含有蛋白质，结构中的肽键或胺键与鞣质结合发生化学反应，形成氢键络合物而改变其性质，不易被胃肠道吸收，从而引起消化不良、纳呆等症状。

含蒽醌类的中药如大黄、虎杖、何首乌等不宜与碱性药物联用，因蒽醌苷在碱性溶液中易氧化失效。

（二）联合用药后产生的药理性配伍禁忌

具有较强抗菌作用的药物如金银花、连翘、黄芩、鱼腥草等及其中成药不宜与菌类制剂乳酶生、促菌生等联用，因抗菌药物在抗菌同时抑制或降低菌类制剂的活性。

含颠茄类生物碱的中药及其制剂如曼陀罗、洋金花、天仙子、颠茄合剂等和含有钙离子的中药，如石膏、牡蛎、龙骨等均不宜与强心苷类药物联用，因颠茄类生物碱可松弛平滑肌，降低胃肠道蠕动，与此同时也就增加了强心苷类药物的吸收和蓄积，故增加了毒性；另外，高钙状态易导致洋地黄中毒。

含雄黄的中成药与胃蛋白酶、多酶、淀粉酶、硫酸镁、菠萝蛋白酶、硫酸锌、硫酸亚铁、硝酸盐类等西药合用，可因雄黄中所含的硫化砷与某些酶活性中心的必需基因巯基结合使酶失活，使药降效或失效；硫化砷被硝酸盐、硫酸盐类药物氧化而使毒性增加。

乌梅、山楂、五味子、蒲公英等含有机酸的中药与磺胺类药物合用，会使磺胺药在尿中结晶，发生尿闭、血尿等不良反应。

（三）联合用药后产生的体内相互作用

对于中西药不良相互作用可能的机制，根据药物所含的化学成分在体外的理化反应以及药理作用、药代动力学特点及研究结果，分析中西药联用对于药物的吸收、分布、代谢、排泄以及疗效、成分变化等方面的影响。可概括为以

下几点。

1. 形成难溶物，减少吸收

如含鞣质的中药与四环素类抗生素及其他抗生素、生物碱、含金属离子的药物联用生成难溶的鞣酸盐沉淀，影响吸收，使药效降低。

2. 影响药物分布，使血药浓度升高

小檗碱与硫喷妥钠竞争血浆蛋白结合部位，使其游离药物浓度增高、药效（或毒性）增强。

3. 改变酶活性，影响药物代谢

药物在体内的代谢主要靠酶完成，药酶的活性对药效有着重要的影响。药酶活性高则代谢加快，体内药物浓度降低；反之，则代谢减慢，体内药物浓度升高。如果联用药物对药酶活性有诱导或抑制作用，就会影响另一种药物的代谢水平，改变药物疗效，甚或引发中毒。如甘草与氨茶碱合用，可使氨茶碱在肝脏的代谢加快，消除半衰期缩短 1/2，曲线下面积减少，清除速率增加，体内平均驻留时间缩短，有效血浆浓度的时间范围明显缩小，在 1 小时后，浓度降低近 50%。

4. 影响药物排泄

黄芩煎煮液能显著降低左氧氟沙星的尿药排出总量和排泄分数。用高液相色谱法测定呼吸系统感染静脉滴注氨苄西林和双黄连粉针后尿中氨苄西林和绿原酸含量，发现两种药物在合用后的消除半衰期明显延长而排出分数降低。

5. 用药重复累加或协同，使药效或毒性增强

联用的中西药功效相似或相同，若将这两类药物同用，势必会造成药理作用累加，药效或毒性增强或诱发并发症。蟾酥含有洋地黄类成分，蟾毒配基属天然强心苷类，与地高辛具有相似的苷结构，因此蟾毒具有地高辛样免疫活性。同用救心丸、六神丸（均含有蟾酥）后血中地高辛血药浓度均有升高。地高辛与六神丸同用，引起强心苷中毒 1 例。四季青与氯丙嗪合用，使原已患慢性肝炎患者肝功能异常加重，两者对肝脏均有一定损害，合用后增强肝脏损害作用。

6. pH 值变化，单用中西药的酸碱环境改变

一些西药的溶解和吸收均需一定的 pH 值，若将其与偏酸性或偏碱性的中药联用，可能会使得 pH 值发生变化，从而影响机体对西药的吸收，使原有功效增强或减弱，导致西药增效/增毒、减效/失效，同时也可能影响联用中药的疗效。如含大量有机酸的中药若与碱性西药（抗酸药、氨茶碱）同服，可发生酸碱中和，导致碱性药失效，中药疗效降低；与氨基糖苷类抗生素合用，可减少抗生素的吸收，降低抗菌活性，影响疗效；与红霉素合用，明显降低后者的杀菌能力，甚至破坏红霉素的化学结构，降低其生物利用度；与四环素类抗生素合用，可促进其吸收，提高抗菌作用。

7. 生成毒性物质，导致药源性疾病

有些中药与西药联用，可生成有毒物质，特别是某些矿物类中药更是如此。如苏合香丸与10%溴化钾溶液、普茶洛尔片合用，引起腹痛、腹泻及赤铜样大便、肠炎。苏合香丸中的朱砂为硫化汞，可与溴化钾在肠内生成有刺激性的溴化汞，从而出现上述症状。朱砂安神丸与三溴合剂合用，引起腹痛、腹泻，朱砂与三溴合剂中的溴化物生成溴化汞，刺激胃肠蠕动增加。

8. 破坏成分或药物的体内环境，导致失效或降效

中西药合用使得所含有效成分被破坏而失效。如黄连、黄芩、金银花、大黄等具抑菌作用的中药与乳酶生合用，可使后者所含的活肠链球菌灭活而失效。灯盏花乙素口服后主要以其苷元的形式被吸收，而灯盏花乙素苷元在体内是由肠内微生物水解灯盏花乙素而来。因此，肠内微生物直接影响灯盏花乙素的体内吸收、代谢过程。由于抗生素类药物抑制细菌增殖，能引起肠内菌群的改变，因此与含有灯盏花乙素的制剂并用，可能抑制灯盏花乙素药效的正常发挥。一项研究阿莫西林对灯盏花乙素血药浓度的影响试验发现，与灯盏花乙素单独给药组相比，阿莫西林和灯盏花乙素合并给药组的血药浓度、曲线下面积明显降低，相对生物利用度仅为52.2%。说明抗生素阿莫西林抑制了微生物水解灯盏花乙素，导致其血药浓度降低。同样，黄芩苷口服后也主要以其苷元的形式被吸收，而黄芩苷元在体内是由肠内微生物水解黄芩苷而来。一项研究左氧氟沙星对黄芩苷在大鼠体内血药浓度的影响试验发现：左氧氟沙星和黄芩苷合并给药时，黄芩苷的最大血药浓度明显低于黄芩苷单独用药组，且没有由肝肠循环引起的第2个血药浓度高峰，说明左氧氟沙星抑制了微生物水解黄芩苷的活性，阻断了肝肠循环。

（四）兽医临床常见的几种中西药注射剂的配伍禁忌

1. 双黄连粉针

与硫酸阿米卡星注射液配伍出现浑浊与沉淀，与氨苄西林钠注射液配伍溶液颜色加深，pH值下降，与青霉素、地塞米松配伍后不溶性微粒分别增加2倍、94倍。

2. 穿琥宁注射液

与卡那霉素、庆大霉素、阿米卡星（丁胺卡那霉素）等药物配伍可有沉淀产生，因为穿琥宁注射液是二萜类酯化合物，其水溶液易水解氧化，尤其在酸性条件下不稳定，酸后易产生沉淀。

3. 葛根素注射液

与辅酶A、三磷酸腺苷配伍，pH值有显著改变，故不宜配伍应用。

4. 刺五加注射液

与双嘧达莫、维拉帕米注射液配伍后可有沉淀产生。

5. 清开灵注射液

在pH值6.8~7.5时稳定，而在酸性环境中不稳定，在pH值5.34时澄清度下降，如与维生素C、丁胺卡那霉素等酸性药物配伍时可立即产生沉淀。

第五节　兽药残留

随着我国人民生活水平的提高，肉、蛋、乳等动物性食品在人每日的食物总量中的百分率（即食物系数）逐步上升。人民对动物性食品的需求量日趋增长，对产品的安全性也有了新的要求。从1998年开始在猪肉中出现的盐酸克伦特罗，到三聚氰胺奶、多宝鱼、红心鸭蛋等事件，再到2005年8月，福建、江西、安徽等出口鳗鱼产品先后被检出禁用药物孔雀石绿等，以及2012年速生鸡被曝光，起因仍然是鸡肉原料违禁药物使用问题，等等。为保障人类及其子孙后代的健康，保护环境卫生以及保障我国的正常出口贸易，控制兽药在动物源性食品中的残留问题已成为当务之急。

一、兽药残留的基本概念

（一）兽药残留的定义

1. 兽药残留

兽药残留是"兽药在动物源性食品中的残留"的简称，是指食品动物在应用兽药后，兽药的原形及其代谢物、与兽药有关的杂质等有可能蓄积或残存在动物的细胞、组织或器官内，或进入动物性产品乳和蛋中。动物源性食品中除兽药残留外，还可能发生农药残留、意外污染物或环境污染物等其他化学物残留。

2. 最大残留限量

最大残留限量指对食品动物用药后，允许存在于食物表面或内部的该兽药残留的最高量/浓度（以鲜重计，表示为皮克/千克）。

3. 食品动物

食品动物是指各种供人食用或其产品供人食用的动物。

4. 休药期

休药期是指从停止给药到许可屠宰或食品动物的乳、蛋等产品许可上市的间隔。

（二）兽药残留的来源

在食品动物体内或动物性食品中发现的残留，大都是由用药错误造成的，其原因主要如下。

1. 不正确地应用药物

如用药品种、剂量、给药途径、用药部位和用药动物的种类等不符合药物说明，这些因素有可能延长药物残留在体内的时间，从而需要增加休药期的天数。

（1）使用违禁或淘汰药物　有些药物容易残留在动物可食组织中，而且残留期长、对人体危害大，因而我国规定禁止用于食品动物。但有些饲养者将其作为饲料添加剂长期使用，往往造成残留，如使用β-兴奋剂（如瘦肉精）、类固醇激素（如己烯雌酚）、镇静剂（如氯丙嗪）等违禁药品。也有一些养殖场户以未经批准的药物作为添加剂饲喂动物。

（2）不遵守休药期规定　休药期的长短与药物在动物体内的消除率和残留量有关，而且与动物种类、用药剂量和给药途径有关。国家对有些兽药特别是药物饲料添加剂都规定了休药期，但是部分养殖户使用含药物添加剂的饲料时很少按规定施行休药期。

（3）滥用药物　在养殖过程中，存在长期和随意使用药物添加剂的现象。此外，还大量存在不符合用药剂量、给药途径、用药部位和用药动物种类等用药规定以及重复使用几种商品名不同但成分相同药物的现象。这些都能造成药物在体内过量积累，导致兽药残留。

任意以抗生素药渣喂猪或其他食品动物等滥用抗生素，是出现抗生素残留的主要原因。

2. 违背有关标签的规定

《兽药管理条例》明确规定，标签必须写明兽药的主要成分及其含量等。可是有些兽药企业为了逃避报批，在产品中添加一些化学物质，但不在标签中说明，从而造成用户盲目用药。这些违规做法均可造成兽药残留超标。

3. 屠宰前用药

屠宰前使用兽药用来掩饰有病畜禽临床症状，以逃避宰前检验，这也能造成肉食畜产品中的兽药残留。此外，在休药期结束前屠宰动物也出现兽药残留量超标。

此外，饲料粉碎设备受污染或将盛过抗菌药物的容器用于贮藏饲料；经常接触甚至饮用粪尿池中含有抗生素等药物的废水和排放的污水，均可引起兽药残留现象。

（三）兽药残留的种类

动物用药后，其体内可能存在两类残留：第一类是以游离或结合形式存在的原药及其主要代谢物。但这些物质可能具有毒性作用，而且被人摄入后在体内可生成高度活化的中间产物，因而对消费者具有潜在的危害性。第二类是共价结合代谢物，因其从机体排出相对较慢，它们的存在对于靶动物有潜在的毒性作用，而对于消费者，由于结合残留在人体内不可能再活化，其生物利用度和含量均低，可能只显示很低的毒性。

常见的兽药残留主要包括以下几类。

1. 抗生素类

这类药物包括四环素、土霉素、金霉素等，过量使用可能导致耐药菌株的产生，对人体健康构成威胁。

2. 磺胺类

磺胺类药物通过不同的给药途径进入动物体内，在动物源食品中磺胺类药物残留量超标的现象较为严重，常见于猪、禽、牛等动物。

3. 激素和 β-兴奋剂类

这些药物包括性激素类、皮质激素类和盐酸克仑特罗等，过量的残留可能对人类健康造成伤害，尤其是盐酸克仑特罗（瘦肉精），其高剂量摄入可能导致中毒，现已禁用于食品动物。

4. 其他兽药

例如，呋喃唑酮和硝呋烯腙，这些药物已被禁用，因为它们应在动物源食品中实现零残留。

（四）影响食品动物组织中药物残留的因素

经内服或注射给药的动物，其组织中存在的药物及其代谢物或降解产物的兽药残留，随药物种类、剂量、给药途径、药物及其代谢物特性的不同而异。在有些情况下，饲料也会影响动物组织中的药物残留。药物休药期的执行情况是影响组织残留的最重要因素。

屠宰后胴体加工过程也是影响药物残留检出率的因素之一。烹调和贮藏温度亦影响残留药物在组织中的稳定性。

对于大多数抗微生物药来说，药物从动物体内消除属一级动力学，这表示药物残留量越多，它们从食用组织中消除所需的时间就越长。如果药物添加剂是亲脂性的，那么它们会蓄积在脂肪组织中，而且其消除速度明显比亲水性药物慢。

（五）与兽药残留有关的术语

1. 药物添加剂

药物添加剂的全称是饲料药物添加剂，《中国兽药典》所称的预混剂是其中最主要的一种，系指原料药物与适宜的辅料均匀混合制成的粉末状或颗粒状的制剂。预混剂通过饲料以一定药物浓度给药。兽药原料不允许直接加入动物饲料，必须制成预混剂后才可加入饲料，防治疾病。我国从2020年起，已禁止所有抗菌药物添加剂用于畜禽的促生长。

2. 无意残留

无意残留是指在饲料或食物中发生的某一种或几种非用于控制传染性疾病或改善生产性能，或提高产量的药物或化学物的残留。例如在生长、生产、加工或贮存等过程中，带入饲料或食品中的化学物残留。无意残留也包括因环境污染而产生的药物或化学物的残留。然而，有意或直接应用的添加剂是指为防治疾病或以促进畜禽生长为目的，将药物或化学物加入日粮中，所以无意残留与实际应用的药物或化学物（指药物添加剂）的残留不同，但无意残留又无法与实际应用的药物或化学物的残留相区分。

3. 靶动物

检测某种药物的安全性和临床疗效，必须在药物说明书中规定的动物种类中进行，这些动物称为靶动物。如治疗牛酮血病的药物必须用牛进行药效试验，并作为安全评价，而不是用大鼠或其他动物，此时牛即为靶动物。食品动物用药的安全性试验和组织中药物残留的研究，也必须在靶动物上进行。

4. 未观察到作用的剂量

大多数毒物都有其无作用剂量或最大无不良作用剂量。无作用剂量是指在一定期间内对机体不产生有害作用的最大剂量。若稍超过最大无作用剂量，则化学物质可使机体呈现一定的生物学变化。这种剂量称为阈剂量或阈值。由此可见，阈剂量是指使机体产生超出维持其稳定状态能力的生物学变化的最低剂量，若低于此剂量，机体就不会出现任何损害。严格来说，无作用剂量一词不够确切，因为只是人们没有观察到损害作用，并非绝对无作用，所以后改称为未观察到作用的剂量。目前无作用剂量等名词仍有人在应用。

实验动物无作用剂量是指长期饲喂某种受试物而对实验动物不引起有害作用的最大剂量，其单位以每天每千克体重实验动物应用受试物的毫克数计，即毫克/（千克·天）。

在制定一种药物或化学物的最大残留限量或最大残留浓度时，必须通过试验获得该药物或化学物质对最敏感的哺乳动物的无作用剂量（或浓度），既不影响动物的生理功能和生长速度，不改变器官质量和体重，也不影响细胞结构和细胞酶活性的剂量（或浓度）。一般来说，一种新的药物在准许投放市场之前，务必以其饲喂最敏感的动物2年，并证实对实验动物确实无不良作用。

5. 安全系数

由于人和实验动物对某些化学物质的敏感性有较大的差异，为安全性考虑，由动物数值换算成人的数值（如以实验动物的无作用剂量来推算人体每日允许摄入量）时，一般要缩小为原来的1/100，这就是安全系数。它是根据种间毒性相差约10倍，同种动物敏感程度的个体差异相差约10倍（10×10=100）而制定的。实际应用中，可根据不同的化学物质选择不同的安全系数。对致畸物，安全系数则至少为1/1 000。

6. 日许量

每日允许摄入量，简称日许量（ADI），是指人终生每日摄入某种药物或化学物质，对健康不产生可觉察有害作用的剂量。日许量以相当于人体每日每千克体重摄入的毫克数表示：毫克/（千克·天）。

ADI的计算公式为：ADI＝实验动物无作用剂量/安全系数

二、兽药残留对人类健康的影响

兽药残留对人类健康的危害作用，一般来说，并不表现为急性毒性作用。倘若人体经常摄入超过最高残留限量剂量的同样残留食品，在经过一定时间后，则可由于药物残留在体内的逐渐蓄积而导致产生各种不良反应的风险。动物源性食品中的兽药残留对人体健康的影响，主要表现为变态反应、细菌对抗菌药物的耐药性、特殊毒性作用（致畸作用、致突变作用、致癌作用和生殖毒性作用）等。

(一) 直接毒害作用和一般毒性作用

兽药残留通常被称为人体的隐形杀手,尽管动物性产品中残留的浓度不高,短期内不会引起急性中毒,但若长期食用,就会在体内蓄积,破坏人体的组织器官而出现病症。如盐酸克伦特罗在体内蓄积超量后,会引起人体出现心悸、血压升高和肌肉震颤等病症;促生长类激素蓄积过多时,可导致人体内分泌发生紊乱,尤其是儿童会出现早熟、发育异常等现象。

一般毒性作用指药物对循环系统、神经系统、消化系统、呼吸系统和泌尿系统等呈现的毒性作用。克伦特罗为β-受体激动剂,其引起的主要兴奋效应为支气管舒张和子宫平滑肌松弛,大剂量也可兴奋β-受体,使用过程对动物常产生副作用,主要表现为外周血管扩张、肌肉震颤、心率增快,有些猪的后蹄开裂、站立不稳等。饲喂克伦特罗的食品动物在屠宰前如果没有休药期,则动物的内脏会有较高浓度的药物残留,人食用后则会引起心跳加快、口干、冷汗、肌肉震颤和四肢无力等毒性反应。

(二) 变态反应

虽然许多抗菌药物被用作治疗药,但是只有少数抗菌药物能致敏易感的个体,如青霉素、磺胺类药、四环素及某些氨基糖苷类抗生素等。这些药物具抗原性,能刺激机体内抗体的形成。抗菌药物残留所致的变态反应,在人所发生的食物源性疾病中所占的比例甚小。流行病学资料表明,在允许使用量的范围内,青霉素只对人群中的极少数个体产生危害作用。如某些人在饮用了含有青霉素的牛奶后,发生了广泛性瘙痒、红疹、头痛等过敏反应;食用了急宰前使用过青霉素的鲜猪肉后,病人出现广泛性红疹。四环素类药物(主要是金霉素和土霉素)引起的变态反应比青霉素少得多。氨基糖苷类抗生素如链霉素、双氢链霉素、新霉素能与特定组织(如肾)中的成分紧密结合,因而需要30天以上的休药期才能使药物从组织中明显消除。此外、氨基糖苷类抗生素药过敏反应表现形式不同。皮肤和黏膜上可出现磺胺药的过敏性损伤,一般真皮损伤的发生能耐受很高的烹调温度,因此,烹调不能成为一种避免变态反应发生的有效措施。

(三) 细菌对抗菌药物的耐药性

人类长期食入抗生素残留的动物源性产品,就容易使体内的病原菌对其产生耐药性,细菌的耐药基因可以在人畜和生态系统中的细菌间互相传递,容易导致一些致病菌如大肠杆菌、沙门氏菌和肠球菌等产生耐药性,给临床治疗带来困难。虽然有时候可采用替代药品,但在寻找替代药品的过程中,耐药菌株感染往往会延误正常的治疗过程,而且替代药品的毒性可能会更高、价格更贵，或疗效不理想。

畜禽通常是耐药菌株的携带者，然而在动物种间存在差异，幼犊、猪和家禽携带数量较多，而绵羊、犊牛或成年牛只携带少量的耐药菌株或者完全不携带耐药菌株。在携带大量耐药菌株的幼犊与不携带任何耐药菌株的母牛之间的差异，随着动物生长，犊牛体内的耐药大肠杆菌菌株逐渐地被耐药性较弱的或敏感的菌株所取代。

在乳、肉和动物的脏器中都存在耐药菌株。当这些食品（如绞肉、牛肉调味酱等）被人生食时，耐药菌株就可能进入消费者的消化道内，因而产生耐药性。

（四）特殊毒性作用

特殊毒性作用主要包括"三致"作用和生殖毒性作用。

许多兽药具有致畸、致突变或致癌的作用。如丙硫咪唑、丁苯咪唑和苯硫苯氨酯等药物，具有致畸作用；砷制剂、喹噁啉类药物和雌激素等，具有致癌作用；个别喹诺酮类药物品种，能导致机体真核细胞发生突变。

由于药物及环境中的化学药品可引起基因突变或染色体畸变，而造成对人群的潜在危害。如苯并咪唑类抗蠕虫药，通过抑制细胞活性，可杀灭蠕虫及其虫卵，故抗蠕虫作用范围广泛。然而，其抑制细胞活性的作用使其具有潜在的致突变性和致畸性。许多试验结果表明，此类药物不仅对实验动物，而且对食品动物可诱发各种畸形，并确定了畸胎生成的一般规律。以绵羊与牛，田鼠与兔子相比，每种动物均有其特异的种属敏感性或耐受性。与成年动物的急性中毒剂量比较，相当低的剂量即可诱发畸胎生成。雌性动物妊娠的特定时期（胚胎细胞分化和胎儿组织形成期）对致畸物较敏感，也只有在胚胎发育的特定时期内，药物的致畸作用与其剂量相关。

许多致突变物亦具有致癌活性。例如，人工合成的化学物质多环烃，以及天然物如黄曲霉毒素及有关的化合物，既具有致突变作用，又具有致癌作用。它们本身并不具备生物活性，只有经代谢转化为具有活性的亲核物质后，才能与大分子共价结合，从而引起突变、癌变、畸变和细胞坏死等损伤。有些国家的立法机构认为，在人的食物中不能允许含有任何量的已知致癌物，人们尤其关注的是具有潜在致癌活性的动物用药，因为这些药物在肉、蛋和乳中的残留可进入人体。因此，对曾用致癌物进行治疗或饲喂过致癌物的食品动物，在屠宰时不允许在其食用组织中有残留致癌物。

（五）使人体肠道菌群失衡

研究证明，当人们食入含有抗生素残留的动物性产品，有些抗生素在肠道内不仅可以抑制或杀灭非致病性的有益菌，同时还会造成一些条件性致病菌（如大肠杆菌等）大量繁殖，从而导致菌群平衡失调，容易发生持续性的腹泻和引起维生素缺乏症等。

一般情况下，药物进入机体后，没有被分解利用的部分常以原形随粪、尿等排出体外。这部分药物在环境中仍具有一定的活性，会对土壤微生物及农作物昆虫等造成不良的影响。如饲料中高铜、高锌和有机砷的大量使用，不仅造成环境污染，还能破坏土壤和水中微生物的平衡。另外，常用的己烯雌酚和氯羟吡啶等药物，在环境中降解的速度很慢，容易在食物链中高度富集，而造成残留超标。

三、动物性食品中兽药残留的控制

（一）加强对药物生产和使用的管理

对兽药的生产和使用进行严格管理，制定药物（包括药物添加剂）管理条例，确实做好兽药的具体管理工作。规定兽药、饲料添加剂、农药等化学物质均需检验其有效性与安全性，而且必须在取得食品动物组织中药物残留方面的有关资料后，才考虑批准生产。

生产实践中合理应用抗菌药物，对控制动物性食品中药物残留对人体健康的影响甚为重要，所以应该限制常用医用抗菌药物或容易产生耐药菌株的抗生素在畜禽业生产上的使用范围，不能任意将这些药物用作饲料药物添加剂，停止使用药物饲料添加剂（中药类除外）促生长。

（二）严格遵守药物的休药期和允许残留量

为保障人民健康，凡供食品动物应用的药物均需以法规形式制定兽药和药物添加剂的休药期，制定肉、蛋和乳等动物源性食品中兽药及药物添加剂的最大残留限量。生产中必须切实执行休药期的规定，并对动物源性食品中的药物残留进行全面检测，凡超过规定残留限量的食品不允许在市场上出售。

（三）对药物进行安全性毒理学评价

为保障动物性食品的安全性，必须对药物（含药物添加剂）和饲料中的各种污染物及有害物进行安全性毒理学评价。

兽药、饲料添加剂，以及各种工业用、生活用的化学药品在正式投产前均需检验其毒性，并证明确实安全有效后才能用于兽医临床。

（四）加强动物食品中化学物质的检测

要加强对动物食品中药残含量的检测，同时还要对源头饲料生产部门进行监督检查，不允许投放不该使用的药品，不允许随意提高药物使用浓度。凡违规或超标的，可终止其生产，停止市场销售。

（五）淘汰不安全的兽药品种、严格限制饲料药物添加剂品种

淘汰经实践证明不安全的兽药品种，并用高效安全的化学药品取代之，这是防止药物对动物产生直接危害，并控制兽药和其他化学物及其代谢产物在畜禽体内的残留通过动物性食品对人体产生有害影响，以及对环境造成污染的有效措施之一。

第二章

抗微生物药

第一节 抗生素

一、青霉素类

(一) 青霉素钠

也叫青霉素 G 钠，是青霉素 G（一种不稳定的有机酸）与金属钠离子结合而成的盐。

【用途】青霉素适用于敏感细菌所致的各种疾患，如猪丹毒、炭疽、气肿疽、恶性水肿、放线菌病、链球菌病、猪淋巴结脓肿、葡萄球菌病，以及乳腺炎、子宫炎、化脓性腹膜炎和创伤感染等，还用于治疗马腺疫、坏死杆菌病、牛肾盂肾炎、钩端螺旋体病及肺炎、败血症等。治疗破伤风时宜与破伤风抗毒素合用。

【药物相互作用】①丙磺舒、阿司匹林、保泰松、磺胺药对青霉素的排泄有阻滞作用，合用可升高青霉素类的血药浓度，也可能增加毒性。

②红霉素、四环素类等抑菌剂对青霉素的杀菌活性有干扰作用，不宜合用。

③重金属离子（尤其是铜、锌、汞）、醇类、酸、碘、氧化剂、还原剂、羟基化合物及呈酸性的葡萄糖注射液或四环素注射液都可破坏青霉素的活性，禁忌配伍，也不宜接触。

④胺类与青霉素 G 可形成不溶性盐，使吸收发生变化。这种相互作用可利用以延缓青霉素的吸收，如普鲁卡因青霉素。

⑤青霉素G钠溶液与某些药物溶液（盐酸氯丙嗪、盐酸林可霉素、酒石酸去甲肾上腺素、盐酸土霉素、盐酸四环素、B族维生素及维生素C）不宜混合，因可产生浑浊、絮状物或沉淀。

【注意】①青霉素钠或青霉素钾易溶于水，在水中β-内酰胺环易裂解为无活性的青霉酸和青霉噻唑酸，后者降低水溶液的pH值，进一步加强青霉素水解，水解率随温度升高而升高，因此注射液应在临用前新鲜配制。必须保存时，应置冰箱中，宜当天用完。

②掌握与其他药物的相互作用和配伍禁忌，以免影响青霉素的药效。

③青霉素毒性虽低，但少数家畜可发生过敏反应，严重者出现过敏性休克。如不急救，常致死亡。

④青霉素钾100万单位（0.625克）和青霉素钠100万单位（0.6克）分别含钾离子1.5毫摩尔（0.066克）和钠离子1.7毫摩尔（0.039克），大剂量注射可能出现高钾血症和高钠血症。

对肾功能减退或心功能不全病畜会产生不良后果。用大剂量青霉素钾静脉注射尤为禁忌。

【用法用量及休药期】注射用青霉素钠。临用前加灭菌注射用水适量使溶解，肌内注射，一次量，每千克体重，马、牛1万~2万单位；羊、猪、驹、犊2万~3万单位；犬、猫3万~4万单位；禽5万单位。一日2~3次，连用2~3日。休药期，牛、羊、猪、禽0日，弃奶期72小时。产蛋期禁用。

（二）青霉素钾

见青霉素钠。

（三）普鲁卡因青霉素

为青霉素的普鲁卡因盐。

【用途】【药物相互作用】【注意】与青霉素相仿。肌内注射后，青霉素在局部缓慢释放和吸收。作用较青霉素持久，但血中有效浓度低，限用于对青霉素高度敏感的病原菌，不宜用于治疗严重感染。为能在较短时间内升高血药浓度，可与青霉素钠（钾）混合制成注射剂，以兼顾长效和速效。

【用法用量及休药期】普鲁卡因青霉素注射液。临用前加灭菌注射用水适量制成混悬液，肌内注射，一次量，每千克体重，马、牛1万~2万单位；羊、猪、驹、犊2万~3万单位；犬、猫3万~4万单位。一日1次，连用2~3日。休药期，牛、羊4日，猪5日；弃奶期72小时。

注射用普鲁卡因青霉素。用法用量同普鲁卡因青霉素注射液。休药期，牛10日，羊9日，猪7日；弃奶期48小时。

（四）注射用苄星青霉素

为青霉素的二苄基乙二胺盐与适量缓冲剂及助悬剂混合制成的无菌粉末。

【用途】【药物相互作用】【注意】参见青霉素钠。苄星青霉素为长效青霉素，吸收和排泄缓慢，血中有效浓度低，只适用于青霉素敏感菌所致的轻度或慢性感染，如牛的肾盂肾炎、子宫蓄脓、复杂骨折以及在长途运输家畜时防治呼吸道感染等。

对急性重度感染不宜单独应用，须先注射青霉素取得速效，然后用本品配合治疗。

【用法用量及休药期】注射用苄星青霉素。临用前加灭菌注射用水适量制成混悬液。肌内注射，一次量，每千克体重，马、牛2万~3万单位；羊、猪3万~4万单位；犬、猫4万~5万单位。必要时3~4日重复一次。休药期，牛、羊4日，猪5日，弃奶期72小时。

（五）苯唑西林钠

本品为半合成的耐酸、耐酶的青霉素，又称苯唑青霉素钠。

【用途】主要用于耐青霉素金黄色葡萄球菌感染，如败血症、肺炎、乳腺炎、烧伤创面感染等。

【药物相互作用】参见青霉素钠。

① 同其他β-内酰胺类抗生素一样，与氨基糖苷类抗生素混合后，可明显减弱两者的抗菌活性，故不能在同一容器内给药。

② 与氨苄西林或庆大霉素联合用药可相互增强对肠球菌的抗菌活性。

③ 在静脉注射液中本品与庆大霉素、土霉素、四环素、新生霉素、多黏菌素B、磺胺嘧啶、呋喃妥因、去甲肾上腺素、戊巴比妥、B族维生素、维生素C等均呈配伍禁忌。

④ 与丙磺舒联用可提高和延长本品的血药浓度。

【注意】参见青霉素钠。

【用法用量及休药期】注射用苯唑西林钠。肌内注射，一次量，每千克体重，马、牛、羊、猪10~15毫克；犬、猫15~20毫克。一日2~3次，连用2~3日。休药期，牛、羊14日，猪5日；弃奶期72小时。产蛋期禁用。

（六）氯唑西林钠

为半合成的耐酸、耐酶的青霉素，又称邻氯青霉素钠。

【用途】同苯唑西林钠。用于产青霉素酶葡萄球菌引起的各种严重感染如败血症、骨髓炎、呼吸道感染、心内膜炎、皮肤和软组织感染及化脓性关节炎等。

【药物相互作用】① 氯唑西林钠溶液与下列药物溶液呈物理性配伍禁忌（产生混浊、絮状物或沉淀）：琥乙红霉素、盐酸土霉素、盐酸四环素、硫酸庆大霉素、硫酸多黏菌素 B、维生素 C 和盐酸氯丙嗪。

② 与黏菌素甲磺酸钠、硫酸卡那霉素溶液混合即失效。

【注意】参见青霉素钠。① 本品适用于内服和乳腺内投药。

② 肾功能严重减退时应适当减少剂量。

【用法用量及休药期】注射用氯唑西林钠。乳管注入，奶牛每乳室 200 毫克。休药期，牛 10 日，弃奶期 48 小时。

苄星氯唑西林乳房注入剂。乳管注入，干乳期奶牛，每个乳室 0.5 克。休药期，牛 28 日；弃奶期产犊后 96 小时。产蛋期禁用。

（七）氨苄西林钠

氨苄西林又名氨苄青霉素、安比西林，为半合成的广谱青霉素。

【用途】主要用于敏感菌引起的肺部、肠道、胆管、尿路等感染和败血症。如牛的巴氏杆菌病、肺炎、乳腺炎、子宫炎、肾盂肾炎、犊白痢、沙门菌肠炎等；马的支气管肺炎、子宫炎、腺疫、胸链球菌肺炎、驹肠炎等；猪的肠炎、肺炎、猪丹毒、子宫炎和仔猪白痢等；羊的乳腺炎、子宫炎和肺炎等；鸡白痢、禽伤寒等。

【药物相互作用】参见青霉素钠。

① 本品溶液与下列药物有配伍禁忌：琥珀氯霉素、琥乙红霉素、乳糖酸红霉素、盐酸土霉素、盐酸四环素、盐酸金霉素、硫酸阿米卡星、硫酸卡那霉素、硫酸庆大霉素、硫酸链霉素、盐酸林可霉素、硫酸多黏菌素 B、氯化钙、葡萄糖酸钙、B 族维生素、维生素 C 等。

② 本品在体外对金黄色葡萄球菌的抗菌作用可被林可霉素抑制；对大肠杆菌、变形杆菌的抗菌作用可被卡那霉素加强。庆大霉素能加速氨苄西林对 B 组链球菌的体外杀菌作用。

【注意】参见青霉素钠。

① 对青霉素耐药的细菌感染不宜应用。

② 对青霉素过敏的动物禁用，成年反刍动物禁止内服，马属动物不宜长期内服。

③ 本品溶解后应立即使用。其稳定性随浓度和温度而异，即两者越高，稳定性越差。在 5℃时 1%氨苄西林钠溶液的效价能保持 7 天。

④ 在酸性葡萄糖溶液中分解较快，有乳酸和果糖存在时亦使稳定性降低，故宜以中性液体作溶剂。

【用法用量及休药期】氨苄西林钠可溶性粉。以氨苄西林计，混饮，每升水，鸡60毫克。休药期，鸡7日。

复方氨苄西林粉。内服，一次量，每千克体重，鸡20~50毫克，一日1~2次。休药期，鸡7日，蛋鸡产蛋期禁用。

复方氨苄西林片。内服，一次量，每千克体重，鸡0.4~1片，一日1~2次。休药期，鸡7日，蛋鸡产蛋期禁用。

注射用氨苄西林钠。肌内、静脉注射，一次量，每千克体重，家畜10~20毫克，一日2~3次，连用2~3日。休药期，牛6日，猪15日；弃奶期48小时。

注射用氨苄西林钠氯唑西林钠。肌内注射或静脉滴注，一次量，每千克体重，家畜20毫克，一日2~3次，连用3日。休药期，家畜28日，弃奶期7日。

(八) 阿莫西林

又称羟氨苄青霉素。

【用途】同氨苄西林钠。主要用于牛的巴氏杆菌、嗜血杆菌、链球菌、葡萄球菌性呼吸道感染，坏死梭杆菌性腐蹄病，链球菌和敏感金黄色葡萄球菌性乳腺炎（泌乳奶牛）；犊牛大肠杆菌性肠炎；犬、猫的敏感菌感染如敏感金黄色葡萄球菌、链球菌、大肠杆菌、巴斯德菌和变形杆菌引起的呼吸道感染、泌尿生殖道感染和胃肠道感染及多种细菌引起的皮炎和组织感染。

【药物相互作用】参见氨苄西林钠。

① 对细菌敏感的氨基糖苷类抗生素在亚抑菌浓度时可增强本品对粪肠球菌的体外杀菌作用。

② 本品对产β-内酰胺酶细菌的抗菌活性可被克拉维酸增强。

【注意】参见青霉素钠、氨苄西林钠。

本品在胃肠道的吸收不受食物影响。为避免动物发生呕吐、恶心等胃肠道症状，宜在饲后服用。

【用法用量及休药期】阿莫西林可溶性粉。以阿莫西林计，内服，一次量，每千克体重，鸡20~30毫克，一日2次，连用5日；混饮，每升水，鸡60千克，连用3~5日。休药期，鸡7日。

阿莫西林注射液。以阿莫西林计，肌内注射，一次量，每千克体重，牛、猪15毫克，如需要可在48小时后再注射一次。休药期，牛16日，猪20日，弃奶期3日。

注射用阿莫西林钠。以阿莫西林计，皮下或肌内注射，一次量，每千克体重，家畜 5~10 毫克，一日 2 次，连用 3~5 日。休药期，家畜 14 日；弃奶期 120 小时。

阿莫西林片。以阿莫西林计，内服，一次量，每千克体重，鸡 20~30 毫克，一日 2 次，连用 5 日。休药期，鸡 7 日。

复方阿莫西林粉。以本品计，混饮，每升水，鸡 0.5 克，一日 2 次，连用 3~7 日。休药期，鸡 7 日。

阿莫西林克拉维酸钾注射液。以本品计，肌内或皮下注射，牛、猪、犬、猫，每 20 千克体重 1 毫升，每日 1 次，连用 3~5 日。休药期，牛 42 日，猪 31 日；弃奶期 60 小时。

阿莫西林克拉维酸钾片。按（阿莫西林+克拉维酸）计，内服，一次量，犬、猫每千克体重 12.5~25 毫克，一日 2 次，连用 5~7 日；一些慢性感染（慢性皮炎、慢性膀胱炎和慢性呼吸道感染）的治疗可连用 10~28 日。休药期无须制定。

复方阿莫西林乳房注入剂。乳管注入，挤奶后每乳室 3 克，每 12 小时给药 1 次，连用 3 次。休药期，牛 28 日，弃奶期 60 小时。

阿莫西林硫酸黏菌素注射液。肌内注射，一次量，猪每千克体重，0.1~0.2 毫升，一日 1 次，连用 3~5 日。休药期，猪 29 日。

阿莫西林硫酸黏菌素可溶性粉。以本品计，混饮，每升水，鸡 1 克，连用 5 日。休药期，鸡 8 日。

（九）海他西林

由氨苄西林与丙酮发生反应而制成，又称缩酮氨苄青霉素。

【用途】【药物相互作用】【注意】见氨苄西林钠。

【用法用量及休药期】复方氨苄西林粉。以本品计，内服，一次量，每千克体重，鸡 20~50 毫克，1 日 1~2 次。休药期，鸡 7 日，蛋鸡产蛋期禁用。

复方氨苄西林片。以本品计，内服，一次量，每千克体重，鸡 0.4~1 片，一日 1~2 次。休药期，鸡 7 日，蛋鸡产蛋期禁用。

二、头孢菌素类

（一）头孢氨苄

为半合成的第一代内服头孢菌素，又称先锋霉素Ⅳ。

【用途】用于敏感菌所致的呼吸道、泌尿道、皮肤和软组织感染。对严重感染不宜应用。

【药物相互作用】丙磺舒可延迟本品的肾排泄，也可增加本品的胆管排泄。

【注意】① 本品可引起犬流涎、呼吸急促和兴奋不安及猫呕吐、体温升高等不良反应。

② 应用本品期间虽罕见肾毒性，但病畜肾功能严重损害或合用其他对肾有害的药物时，则易于发生。

③ 对头孢菌素过敏动物禁用，对青霉素过敏动物慎用。

【用法用量及休药期】头孢氨苄注射液。以头孢氨苄计，肌内注射，每千克体重，猪10毫克，一日1次。休药期，猪28日。

头孢氨苄片。以头孢氨苄计，内服，每次每千克体重，犬、猫15毫克，每日2次。休药期无须制定。

头孢氨苄单硫酸卡那霉素乳房注入剂。乳房注入，泌乳期奶牛，每个乳室10克，隔24小时再注入1次。休药期，牛10日，弃奶期5日。

（二）头孢羟氨苄

为半合成的第一代内服头孢菌素。

【用途】主要用于犬、猫的呼吸道、泌尿生殖道、皮肤和软组织等部位的敏感菌感染。

【药物相互作用】【注意】参见头孢氨苄。

① 头孢菌素类有交叉过敏反应，病畜对一种头孢菌素或青霉素、青霉素衍生物过敏，也可能对其他头孢菌素过敏。

② 肾功能严重减退时应将本品减量。

③ 有时会出现呕吐、腹泻、昏睡等不良反应。如发生呕吐，可投喂食物予以缓解。

【用法用量及休药期】头孢羟氨苄片。内服，一次量，每千克体重，马20毫克，犬、猫10~20毫克，一日1~2次，连用3~5日。休药期无须制定。

（三）头孢噻呋

为半合成的第三代动物专用头孢菌素，亦可制成钠盐和盐酸盐供注射用。

【用途】本品用于防治下列敏感菌所致的牛、马、猪、犬及1日龄雏鸡的疾患。

牛：主要用于溶血性巴斯德菌、多杀巴斯德菌与睡眠嗜血杆菌引起的呼吸道病（运输热、肺炎）。对化脓棒状杆菌引起的呼吸道感染也有效。也可治疗坏死梭杆菌、产黑色拟杆菌引起的腐蹄病。

猪：用于胸膜肺炎放线菌、多杀巴斯德菌、猪霍乱沙门菌及猪链球菌引起的呼吸道病（猪细菌性肺炎）。

马：主要用于兽疫链球菌引起的呼吸道感染。对巴斯德菌、马链球菌、变形杆菌、莫拉菌等呼吸道感染也有效。

犬：用于大肠杆菌与奇异变形杆菌引起的泌尿道感染。

1日龄雏鸡：防治与雏鸡早期死亡有关的大肠杆菌病。

【药物相互作用】参见其他头孢菌素。

【注意】参见其他头孢菌素。

① 马在应激条件下应用本品可伴发急性腹泻,能致死。一旦发生立即停药,并采取相应治疗措施。

② 主要经肾排泄,对肾功能不全动物要注意调整剂量。

③ 注射用头孢噻呋钠用前以注射用水溶解,使每毫升含头孢噻呋50毫克($2\sim8℃$冷藏保效7天,$15\sim30℃$室温中保效12小时)。

【用法用量及休药期】盐酸头孢噻呋注射液。以头孢噻呋计,肌内或皮下注射,一次量,每千克体重,牛 $1.1\sim2.2$ 毫克,一日1次,连用3日。肌内注射,一次量,每千克体重,猪 $3\sim5$ 毫克,一日1次,连用3日。休药期,猪5日,牛8日;弃奶期12小时。

头孢噻呋注射液。以头孢噻呋计,肌内注射,一次量,每千克体重猪5毫克,三日1次,连用2次。休药期,猪5日。

注射用头孢噻呋钠。以头孢噻呋计,肌内注射,一次量,每千克体重,猪 $3\sim5$ 毫克;一日1次,连用3日。皮下注射,1日龄鸡,每羽0.1毫克。休药期,猪4日。

注射用头孢噻呋。以头孢噻呋计,肌内注射,一次量,每千克体重,猪3毫克,一日1次,连用3日。皮下注射,1日龄雏鸡,每羽0.1毫克。休药期,猪1日。

盐酸头孢噻呋乳房注入剂(泌乳期)。以本品计,乳房内注入,泌乳期奶牛,每个受感染的乳室注入1支,一日1次。持续用药治疗时,可以连用8日。休药期,牛0日;弃奶期72小时。

盐酸头孢噻呋乳房注入剂(干乳期)。以本品计,乳管注入,干乳期奶牛,在最后一次挤奶后,每个乳室注入本品1支。休药期,牛16日;产犊前60日给药,弃奶期0日。

头孢噻呋晶体注射液。以头孢噻呋晶体计,耳后缘颈部单次肌内注射,每千克体重,猪5毫克。近头部耳背面根部(耳根处)单次皮下注射;每千克体重,牛6.6毫克。休药期,牛13日,弃奶期6日;猪71日。

（四）头孢维星

【用途】兽医专用，主要用于犬猫。治疗皮肤和软组织感染，对皮肤和皮下创伤、脓肿和脓皮病有效，也可以治疗犬、猫细菌性尿道感染。治疗犬的脓皮病、创伤和中间葡萄球菌、β溶血性链球菌、大肠杆菌或巴氏杆菌引起的脓肿。治疗猫的皮肤及软组织脓肿和多杀性巴氏杆菌、梭杆菌属引起的伤口感染。

【注意】禁用于8月龄以下的犬、猫；禁用于有严重肾功能障碍的犬猫；禁用于哺乳期的犬、猫，配种后12周内禁用此药；禁用于豚鼠和兔等动物。

头孢维星不能应用于对头孢类敏感的犬、猫，对头孢类抗生素过敏的动物应采取预防措施避免接触该药，如果接触后出现皮疹、呼吸困难等症状后，应立即就医。

【用法用量及休药期】注射用头孢维星钠。800毫克（用注射用水10毫升溶解后，溶液浓度为80毫克/毫升），皮下注射和静脉注射。犬或猫，每千克体重8毫克。单次给药药效可以持续14天，根据感染情况可以重复给药（最多不超过3次）。无休药期。

（五）头孢喹肟

【用途】兽医临床主要应用于：①巴氏杆菌、副嗜血杆菌、链球菌引起的猪、牛呼吸系统感染；②奶牛乳腺炎；③母猪的乳腺炎-子宫炎-无乳综合征；④败血症；⑤皮肤和软组织感染。

【用法用量及休药期】注射用硫酸头孢喹肟。以头孢喹肟计，肌内注射，一次量，每千克体重，猪2毫克，一日1次，连用3~5日。皮下注射，一次量，每千克体重，犬5毫克，一日1~2次，连用7日。休药期，猪3日。

硫酸头孢喹肟注射液。以头孢喹肟计，肌内注射，每千克体重，牛1毫克，一日1次，连用2日；猪2~3毫克，一日1次，连用3日。国产硫酸头孢喹肟注射液，休药期，猪3日；进口硫酸头孢喹肟注射液，休药期，牛5日，猪2日；弃奶期1日。

硫酸头孢喹肟乳房注入剂（泌乳期）。乳管内注入，泌乳期奶牛，挤奶后每个受感染乳室1支，间隔12小时1次，连用3次。弃奶期4日。

硫酸头孢喹肟乳房注入剂（干乳期）。乳管注入，干乳期奶牛，在最后一次挤奶后，每个乳室注入本品1支。干乳期超过5周，弃奶期为产犊后1日；干乳期不足5周，弃奶期为给药后36日。

硫酸头孢喹肟子宫注入剂。以本品计，子宫内灌注，一次量，牛25克（1瓶），必要时隔72小时追加给药1次。弃奶期7日。

第二章 抗微生物药

（六）头孢洛宁

【用途】用于革兰氏阳性菌和革兰氏阴性菌（金黄色葡萄球菌、无乳链球菌、停乳链球菌、乳房链球菌、化脓性隐秘杆菌、大肠杆菌和克雷伯菌属）引起的奶牛干乳期乳腺炎的治疗及预防新的乳房内细菌感染。

【用法用量及休药期】头孢洛宁乳管注入剂。奶牛干乳期，每个乳室1支。在奶牛预产期54天前给药。牛奶中的休药期为产犊后96小时。

三、β-内酰胺酶抑制剂

（一）克拉维酸钾

克拉维酸钾是自棒状链霉菌的培养滤液中分离而得的一种新型β-内酰胺类抗生素，属氧青霉烷类化合物，又称棒酸钾。

【用途】本品单独应用无效。常与青霉素类药物联用，以克服细菌产生β-内酰胺酶引起耐药性，而提高疗效。主要用于产酶和不产酶金黄色葡萄球菌、葡萄球菌、链球菌、大肠杆菌、巴斯德菌等引起的犬、猫皮肤和软组织感染。亦用于敏感菌所致的呼吸道和泌尿道感染。

【药物相互作用】【注意】参见阿莫西林。

本品性质极不稳定。易吸湿失效。原料药应严封在-20℃以下干燥处保存。需特殊工艺制剂，才能保证药效。

【用法用量及休药期】阿莫西林克拉维酸钾注射液。以本品计，肌内或皮下注射，牛、猪、犬、猫，每20千克体重1毫升，每日1次，连用3~5日。休药期，牛42日，猪31日；弃奶期60小时。

复方阿莫西林粉。以本品计，混饮，每升水。鸡0.5克，一日2次，连用3~7日。休药期，鸡7日。

阿莫西林克拉维酸钾片。按本品计，内服，一次量、犬、猫每千克体重12.5~25毫克，一日2次，连用5~7日；一些慢性感染（慢性皮炎、慢性膀胱炎和慢性呼吸道感染）的治疗可连用10~28日。休药期无须制定。

（二）舒巴坦钠

舒巴坦钠为不可逆性竞争型β内酰胺酶抑制剂，由合成法制取，又称青霉烷砜钠。

【用途】本品与氨苄西林、阿莫西林联用可治疗敏感菌所致的呼吸道、泌尿道、皮肤软组织、骨、关节、乳房等部位感染以及败血症等。兽医临床可酌情试用。

【药物相互作用】丙磺舒与舒巴坦、氨苄西林合用可减少后两者的经肾排泄,使血药浓度增高并延长。

【用法用量与休药期】复方阿莫西林乳房注入剂。乳管注入,挤乳后每个乳室3克,每12小时给药1次,连用3次。休药期,牛28日,弃奶期60小时。

四、氨基糖苷类

(一) 硫酸链霉素

链霉素从灰链霉菌的培养滤液中提取而得。常用其硫酸盐。

【用途】用于治疗各种敏感菌的急性感染,如家畜的呼吸道感染(肺炎、咽喉炎、支气管炎)、尿道感染、牛流感、放线菌病、钩端螺旋体病、细菌性胃肠炎、乳腺炎,以及家禽的呼吸系统病(传染性鼻炎等)和细菌性肠炎等。也可用于控制乳牛结核病的急性暴发(每天注射,连续6~7日)。

【药物相互作用】① 与其他氨基糖苷类合用或先后连续局部或全身应用。可增强对耳、肾及神经肌肉接头的毒性作用,使听力减退、肾功能降低及骨骼肌软弱、呼吸抑制等。发生呼吸抑制可用抗胆碱酯酶药(新斯的明)、钙剂等进行解救。

② 与多黏菌素类合用或先后连续局部/全身应用,可增强对肾和神经-肌肉接头的毒性作用。

【注意】① 链霉素对其他氨基糖苷类有交叉过敏现象。对氨基糖苷类过敏的患病动物应禁用本品。

② 患病动物出现脱水(可致血药浓度增高)或肾功能损害时慎用。

③ 用本品治疗泌尿道感染时,宜同时内服碳酸氢钠碱化尿液。

④ 本品内服极少被吸收,仅适用于肠道感染。

【用法用量及休药期】注射用硫酸链霉素。肌内注射,一次量,每千克体重,家畜10~15毫克。一日2次,连用2~3日。休药期,牛、羊、猪18日;弃奶期72小时。

(二) 硫酸双氢链霉素

为链霉素的半合成衍生物。将链霉素分子中链霉糖部分的醛基还原成伯醇基,即成为双氢链霉素。常用其硫酸盐。

【用途】同硫酸链霉素。

【药物相互作用】【注意】双氢链霉素耳毒性比链霉素强。其他参见硫酸链霉素。

【用法用量及休药期】注射用硫酸双氯链霉素。肌内注射,一次量,每千克体重，家畜 10 毫克，一日 2 次。休药期，牛、羊、猪 18 日；弃奶期 72 小时。

（三）硫酸卡那霉素

卡那霉素由链霉菌产生，临床用硫酸卡那霉素系由单硫胺卡那霉素或卡那霉素加一定量的硫酸制得。

【用途】内服用于治疗敏感菌所致的肠道感染。肌内注射用于敏感菌所致的各种严重感染，如败血症、泌尿生殖道感染、呼吸道感染、皮肤和软组织感染等。也曾用于缓解猪气喘病症状。

【药物相互作用】【注意】参见硫酸链霉素。

【用法用量与休药期】肌内注射，一次量，每千克体重，家畜 10~15 毫克，一日 2 次。

硫酸卡那霉素注射液，连用 3~5 日。休药期，家畜 28 日；弃奶期 7 日。产蛋期禁用。

注射用硫酸卡那霉素，连用 2~3 日。休药期，牛、羊、猪 28 日；弃奶期 7 日。产蛋期禁用。

单硫酸卡那霉素可溶性粉，混饮。每升水，鸡 60~120 毫克，连用 3~5 日。休药期，鸡 28 日；弃蛋期 7 日。产蛋期禁用。

（四）硫酸庆大霉素

【用途】用于敏感菌引起的败血症、泌尿生殖系统感染、呼吸道感染、胃肠道感染（包括腹膜炎）、胆道感染、乳腺炎及皮肤和软组织感染。

【药物相互作用】【注意】参见硫酸链霉素。

① 本品与青霉素 G 联合，对链球菌具协同作用。

② 本品有呼吸抑制作用，不可静脉推注。

【用法用量及休药期】硫酸庆大霉素注射液。肌内注射，一次量，每千克体重，家畜 2~4 毫克，犬、猫 3~5 毫克。一日 2 次，连用 2~3 日。休药期，猪、牛、羊 40 日。

硫酸庆大霉素可溶性粉。混饮，每升水，鸡 100 毫克。连用 3~5 日。休药期，鸡 28 日。

（五）硫酸新霉素

【用途】注射毒性大，已禁用。内服用于肠道感染，局部应用对葡萄球菌和革兰氏阴性杆菌引起的皮肤、眼、耳感染及子宫内膜炎等也有良好疗效。

【药物相互作用】【注意】参见其他氨基糖苷类药物。

①本品毒性反应比卡那霉素大，注射后可引起明显的肾毒性和耳毒性。

②内服本品可影响维生素 A 或维生素 B_{12} 及洋地黄类的吸收。

【用法用量及休药期】以硫酸新霉素计。硫酸新霉素片，内服，一次量，每千克体重，犬、猫 10~20 毫克，一日 2 次，连用 3~5 日。休药期，鸡 5 日，火鸡 14 日。

硫酸新霉素可溶性粉，混饮，每升水，禽 50~75 毫克。连用 3~5 日。休药期，鸡 5 日。

硫酸新霉素软膏，局部涂搽，适量。

硫酸新霉素滴眼液，滴眼，适量。

（六）硫酸阿米卡星

【用途】用于犬大肠杆菌、变形杆菌引起的泌尿生殖道感染（膀胱炎）及铜绿假单胞菌、大肠杆菌引起的皮肤和软组织感染。尤其适用于革兰氏阴性杆菌中对卡那霉素、庆大霉素或其他氨基糖苷类耐药的菌株所引起的感染。国外还用于子宫灌注治疗大肠杆菌、铜绿假单胞菌、克雷伯菌引起的马子宫内膜炎、子宫炎和子宫蓄脓。

【药物相互作用】【注意】参见其他氨基糖苷类。

① 患病动物应足量饮水，以减少肾小管损害。

② 长期用药可导致耐药菌过度生长。

③ 阿米卡星与羧苄西林不可在同一容器内混合应用。

④ 本品不可直接静脉注射，以免发生神经-肌肉接头阻滞作用和呼吸抑制。

⑤ 由于具不可逆的耳毒性，慎用于需敏锐听觉的特种犬。

【用法用量及休药期】硫酸阿米卡星注射液。皮下、肌内注射，一次量，每千克体重，犬 11 毫克，一日 2 次，连用 2~3 日。

（七）盐酸大观霉素

【用途】主要用于猪、鸡和火鸡。防治仔猪的肠道大肠杆菌病（白痢）及肉鸡的慢性呼吸道病和传染性滑液囊炎。也有助于平养鸡的增重和改善饲料效率。对 1~3 日龄火鸡雏和刚出壳的雏鸡皮下注射可防治火鸡的气囊炎（火鸡支原体感染）和鸡的慢性呼吸道病（大肠杆菌伴发）。也能控制滑液囊支原体、鼠伤寒沙门菌和大肠杆菌等感染的死亡率，降低感染的严重程度。

【药物相互作用】【注意】① 大观霉素与四环素同用呈拮抗作用。

② 注射应用的安全性大于其他氨基糖苷类抗生素，火鸡雏每只皮下注射 50 毫克未见不良反应，90 毫克产生短暂共济失调和昏迷，约 4 小时后康复。

③ 本品的耳毒性和肾毒性低于其他常用的氨基糖苷类抗生素，但能引起

神经-肌肉接头阻滞作用，注射钙制剂可解救。

④ 蛋鸡产蛋期禁用。

【用法用量及休药期】盐酸大观霉素可溶性粉。以大观霉素计，混饮，每升水，鸡 0.5~1 克。连用 3~6 日。休药期，鸡 5 日。

盐酸大观霉素盐酸林可霉素可溶性粉。以大观霉素计，混饮，每升水，5~7 日龄雏鸡 0.2~0.32 克。连用 3~5 日。仅用于 5~7 日龄雏鸡。

盐酸大观霉素注射液（犬用）。以大观霉素计，肌内注射，一次量，每千克体重，犬 10~15 毫克。一日 2 次，连用 3 日。

（八）硫酸大观霉素

【用途】同盐酸大观霉素。

【药物相互作用】【注意】参见盐酸大观霉素。

【用法用量及休药期】盐酸林可霉素硫酸大观霉素可溶性粉。休药期，鸡 5 日。

（九）硫酸庆大-小诺霉素

为庆大霉素和小诺霉素混合物。

【用途】用于某些革兰氏阴性菌和革兰氏阳性菌感染，如敏感菌引起的败血症、泌尿生殖道感染、呼吸道感染等。

【药物相互作用】【注意】参见硫酸庆大霉素。

长期或大量应用可引起肾毒性。

【用法用量与休药期】硫酸庆大-小诺霉素注射液。肌内注射，一次量，每千克体重，猪 1~2 毫克；鸡 2~4 毫克。一日 2 次。休药期，猪、鸡 40 日。

（十）硫酸安普霉素

【用途】主要用于治疗猪大肠杆菌病和其他敏感菌所致的疾病。也可治疗犊牛肠杆菌和沙门氏菌引起的腹泻。对鸡的大肠杆菌、沙门氏菌及部分支原体感染也有效。

【药物相互作用】【注意】参见其他氨基糖苷类。

① 本品应密闭贮存于阴凉干燥处，注意防潮。

② 本品遇铁锈能失效，饮水系统中要注意防锈。也不要与微量元素补充剂相混合。

③ 饮水给药必须当天配制。

【用法用量与休药期】以安普霉素计。硫酸安普霉素可溶性粉。混饲，每升水，鸡 250~500 毫克，连用 5 日，每千克体重，猪 12.5 毫克。连用 7 日。休药期，鸡 7 日，猪 21 日。产蛋期禁用。

硫酸安普霉素预混剂。混饲，每吨饲料，猪 80～100 克。连用 7 日。休药期，猪 21 日。

硫酸安普霉素注射液。肌内注射，每千克体重，猪 20 毫克。一日 1 次。休药期，猪 28 日。

五、四环素类

（一）土霉素

【用途】用于防治巴氏杆菌病、布鲁氏菌病、炭疽杆菌及大肠杆菌和沙门氏菌感染、急性呼吸道感染、马鼻疽、马腺疫和猪支原体肺炎等。对敏感菌所致泌尿道感染，宜同服维生素 C 酸化尿液。还用于对土霉素敏感的大肠杆菌、金黄色葡萄球菌、非溶血性链球菌和溶血性链球菌引起的奶牛子宫感染。

【药物相互作用】① 与碳酸氢钠同用，可能升高胃内 pH 值，而使四环素类的吸收减少及活性降低。

② 与钙盐、铁盐或含金属离子钙、镁、铝、铋、铁等的药物（包括中草药）同用时可形成不溶性络合物，减少药物的吸收。

③ 与强利尿药如呋塞米等同用可使肾功能损害加重。

④ 四环素类属快速抑菌药，可干扰青霉素类对细菌繁殖期的杀菌作用，应避免同用。

【注意】① 本品应遮光密封，在凉暗的干燥处保存。忌日光照射。忌与含氯量多的自来水和碱性溶液混合。不用金属容器盛药。

② 内服宜避免与乳制品和含钙、镁、铝、铁、铋等药物及含钙量较高的饲料配伍用。食物可阻滞四环素类吸收，宜饲前空腹服用。

③ 成年反刍动物、马属动物和兔不宜内服四环素类，因易引起消化紊乱，导致减食、腹胀、下痢及维生素 B 族、维生素 K 缺乏等症状。长期应用可诱发耐药细菌和真菌的二重感染，严重者引起败血症而死亡。马有时在注射后也可发生胃肠炎，应慎用。

④ 患病动物肝、肾功能严重损害时忌用四环素类药物。

【用法用量及休药期】土霉素片。以土霉素计，内服，一次量，每千克体重，猪、驹、犊、羔 10～25 毫克；禽 25～50 毫克；犬 15～50 毫克。一日 2～3 次，连用 3～5 日。休药期，牛、羊、猪 7 日，禽 5 日；弃奶期 72 小时；弃蛋期 2 日。

土霉素注射液（国内）。以土霉素计，肌内注射，一次量，每千克体重，家畜 10～20 毫克。休药期，牛、羊、猪 28 日；弃奶期 7 日。

土霉素注射液（进口）。以土霉素计，肌内或皮下注射，一次量，每千克体重，肉牛 10~20 毫克，每个注射部位不超过 10 毫升（小牛每个注射部位应为 1~2 毫升）。肌内注射，一次量，每千克体重，猪 10~20 毫克，每个注射部位不超过 5 毫升。休药期，肉牛、猪 28 日。

长效土霉素注射液。以土霉素计，肌内注射，一次量，每千克体重，家畜 10~20 毫克（0.05~0.1 毫升）。每个注射部位不超过 10 毫升。休药期，牛、羊、猪 28 日；弃奶期 7 日。

注射用盐酸土霉素。静脉注射，一次量，每千克体重，家畜 5~10 毫克。一日 2 次，连用 2~3 日。休药期，牛、羊、猪 8 日；弃奶期 48 小时。

盐酸土霉素可溶性粉。以土霉素计，混饮，每升水，猪 100~200 毫克；鸡 150~250 毫克。连用 3~5 日。休药期，猪 7 日，鸡 5 日，弃蛋期 2 日。

土霉素子宫注入剂。以土霉素计，子宫灌注。一次量，奶牛 5~10 克，两日 1 次，连用 3 次。弃奶期 3 日。

（二）盐酸四环素

四环素由链霉菌的培养滤液中取得，常用其盐酸盐。

【用途】【药物相互作用】【注意】参见土霉素。

【用法用量及休药期】四环素片。以四环素计，内服，一次量，每千克体重，家畜 10~20 毫克。一日 2~3 次。牛 12 日，猪 10 日，鸡 4 日。

注射用盐酸四环素。以盐酸四环素计，静脉注射，一次量，每千克体重，家畜 5~10 毫克。一日 2 次，连用 2~3 日。休药期，牛、羊、猪 8 日；弃奶期 48 小时。

（三）盐酸金霉素

金霉素由链霉菌的培养液中取得，常用盐酸盐。

【用途】用于治疗断奶仔猪腹泻，治疗猪喘气病、增生性肠炎等，以及鸡敏感大肠杆菌、支原体等引起的感染性疾病。盐酸金霉素眼膏可防治敏感菌引起的浅表眼部感染。

【药物相互作用】【注意】参见土霉素。

局部用可能使对四环素类过敏动物发生过敏反应。在猪丹毒疫苗接种前 2 日和接种后 10 日内，不得使用金霉素。

【用法用量及休药期】金霉素预混剂。以金霉素计，混饲，每吨饲料，猪 400~600 克。连用 7 日。休药期，猪 7 日。

盐酸金霉素可溶性粉。以金霉素计，混饮，每升水，鸡 200~400 毫克。休药期无须制定。

(四) 盐酸多西环素

是半合成的四环素类抗生素。常用其盐酸盐。

【用途】适应证同土霉素。尤适用于肾功能减退患畜。

【药物相互作用】【注意】参见土霉素。

① 犬、猫内服常引起恶心、呕吐，可进食以缓和此种反应。

② 给马静脉注射多西环素，即使低剂量，也常伴发心脏节律不齐、虚脱和死亡。

③ 均匀拌饵投喂。

【用法用量及休药期】盐酸多西环素片。以多西环素计，内服，一次量，每千克体重，猪、驹、犊、羔3~5毫克；犬、猫5~10毫克；禽15~25毫克。一日1次，连用3~5日。家禽产蛋期禁用。休药期，牛、禽28日，羊4日，猪7日。

盐酸多西环素可溶性粉。以多西环素计，混饮，每升水，猪25~50毫克；鸡30克，连用3~5日。家禽产蛋期禁用。休药期，28日。

盐酸多西环素注射液。以多西环素计。肌内注射，一次量，每千克体重，猪5~10毫克。一日1次，连用3~5日。休药期，猪28日。

盐酸多西环素子宫注入剂。以本品计，子宫腔灌注。①预防产后感染，排出胎衣后第1日向子宫内注药1次，一次1支。②治疗急性子宫内膜炎、子宫蓄脓、子宫炎、宫颈炎，每3日给药1次，一次1支，连用1~4次。③治疗慢性子宫内膜炎，每7~10日或一个发情期注药1次，一次1支，连用1~4次。④治疗顽固性子宫内膜炎。先用露它净溶液（露它净4毫升加水96毫升）1 000~2 000毫升冲洗，再注入本品，一次1支。连用1~4次。休药期无须制定。

六、大环内酯类

(一) 红霉素

红霉素由链霉菌的培养滤液中取得。药用其游离碱及盐类，如乳糖酸红霉素、硫氰酸红霉素、琥乙红霉素、依托红霉素等。

【用途】主要用于耐青霉素金黄色葡萄球菌及其他敏感菌所致的各种感染，如肺炎、子宫炎、乳腺炎、败血症等。对鸡支原体病（慢性呼吸道病）和传染性鼻炎也有相当疗效。

【药物相互作用】① 红霉素对氯霉素和林可霉素类的效应有拮抗作用，不宜同用。

② β-内酰胺类药物与本品（作为抑菌剂）联用时，可干扰前者的杀菌效能，需要发挥快速杀菌作用的疾患时，两者不宜同用。

【注意】本品忌与酸性物质配伍。内服虽易吸收，但能被胃酸破坏，可应用肠溶片或耐酸的依托红霉素，即红霉素丙酸酯的十二烷基硫酸盐。

【用法用量及休药期】红霉素片。以红霉素计，内服，一次量，每千克体重，犬、猫10~20毫克，一日2次，连用3~5日。休药期无须制定。

（二）乳糖酸红霉素

本品为红霉素的乳糖醛酸盐。

【用途】【药物相互作用】【注意】参见红霉素。

① 本品局部刺激性较强，不宜作肌内注射。静脉注射的浓度过高或速度过快时，易发生局部疼痛和血栓性静脉炎。

② 在pH值过低的溶液中很快失效，注射溶液的pH值应维持在5.5以上。

【用法用量及休药期】注射用乳糖酸红霉素。以红霉素计，静脉注射，一次量，每千克体重，马、牛、羊、猪3~5毫克；犬、猫5~10毫克。一日2次，连用2~3日。临用前，先用灭菌注射用水溶解（不可用氯化钠注射液），然后用5%葡萄糖注射液稀释，浓度不超过0.1%。休药期，牛14日，羊3日，猪7日；弃奶期72小时。

（三）硫氰酸红霉素

【用途】【药物相互作用】【注意】参见红霉素。

【用法用量及休药期】硫氰酸红霉素可溶性粉。以红霉素计，混饮，每升水，鸡125毫克。连用3~5日。休药期，鸡3日。

（四）吉他霉素

【用途】主要用于防治猪、鸡支原体病及革兰氏阳性菌感染。

【药物相互作用】【注意】参见红霉素。

本品与红霉素交叉耐药，对长期应用红霉素的鸡场宜少用。

【用法与用量】吉他霉素片。以吉他霉素计，内服，一次量，每千克体重，猪20~30毫克；禽20~50毫克。一日2次，连用3~5日。休药期，猪、鸡7日。

吉他霉素预混剂。以吉他霉素计，混饲，每吨饲料，猪80~300克（8 000万~30 000万单位）；鸡100~300克（1 000万~30 000万单位）。连用5~7日。休药期，猪、鸡7日。

（五）酒石酸吉他霉素

【用途】【药物相互作用】同吉他霉素。

【注意】产蛋期禁用。

【用法用量及休药期】酒石酸吉他霉素可溶性粉。以吉他霉素计。混饮每升水，禽 0.25~0.5 克。连用 3~5 日。休药期，鸡 7 日。

（六）泰乐菌素

【用途】主要用于防治猪、禽支原体病，如鸡的慢性呼吸道病和传染性窦腔炎及猪的支原体肺炎和支原体关节炎。对敏感菌并发的支原体感染尤为有效。本品也用于治疗牛巴氏杆菌引起的肺炎、运输热和化脓放线菌引起的腐蹄病以及猪巴氏杆菌引起的肺炎和猪痢疾密螺旋体引起的下痢。

【药物相互作用】参见红霉素。

【注意】① 本品的水溶液遇铁、铜、铝、锡等离子可形成络合物而减效。

② 细菌对其他大环内酯类耐药后，对本品常不敏感。

③ 本品较为安全。鸡皮下注射有时仅发生短暂的颜面肿胀，猪也偶见直肠水肿和皮肤红斑、瘙痒等反应。

④ 产蛋母鸡和泌乳奶牛禁用。马属动物注射本品易致死，禁用。

【用法用量及休药期】泰乐菌素注射液。以泰乐菌素计，肌内注射，一次量，每千克体重，猪 10 毫克，一日 2 次，连用 3 日；犬、猫 10 毫克，一日 1 次，连用 3~5 日。休药期，猪 46 日。

（七）酒石酸泰乐菌素

本品为泰乐菌素酒石酸盐。

【用途】同泰乐菌素。

【药物相互作用】【注意】同泰乐菌素。

① 对红霉素治疗无效的鸡慢性呼吸道病，应用本品效果也差。

② 产蛋期禁用。

【用法用量及休药期】酒石酸泰乐菌素可溶性粉（国内）。以泰乐菌素计，混饮，每升水，禽 0.5 克，连用 3~5 日。休药期，鸡 1 日。

酒石酸泰乐菌素可溶性粉（进口）。以泰乐菌素计，混饮，每升水，鸡 0.5 克，连用 5~7 日。休药期，鸡 5 日。

注射用酒石酸泰乐菌素。以泰乐菌素计，皮下或肌内注射，一次量，每千克体重，猪、鸡 5~13 毫克。休药期，猪 21 日，禽 28 日。

酒石酸泰乐菌素磺胺二甲嘧啶可溶性粉。以本品计，混饮，每升水，鸡 2~4 克。连用 3~5 日。休药期，鸡 28 日，产蛋期禁用。

（八）磷酸泰乐菌素

【用途】同泰乐菌素。本品用于防治猪的支原体肺炎、支原体关节炎、弧菌性痢疾；鸡的慢性呼吸道病、产气荚膜梭菌引起的坏死性肠炎。

【药物相互作用】【注意】见泰乐菌素。

【用法用量及休药期】磷酸泰乐菌素预混剂。以泰乐菌素计。混饲，每吨饲料，猪10~100克；鸡4~50克。休药期，猪、鸡5日。

（九）酒石酸泰万菌素

【用途】同泰乐菌素。

【药物相互作用】【注意】参见泰乐菌素。

①不宜与青霉素类联合应用。

②蛋鸡产蛋期禁用。

③非治疗动物避免接触本品，避免眼睛和皮肤直接接触，操作人员应佩戴防护用品如面罩、眼镜和手套；严禁儿童接触本品。

【用法用量及休药期】酒石酸泰万菌素可溶性粉。以泰万菌素计，混饮，每升水，鸡200~300毫克。连用3~5日。休药期，鸡5日。

酒石酸泰万菌素预混剂。以泰万菌素计，混饲，每吨饲料，猪50~75克；鸡100~300毫克。连用7日。休药期，猪3日，鸡5日。

（十）替米考星

替米考星是一种由泰乐菌素半合成的大环内酯类抗生素。

【用途】主要用于防治敏感菌引起的牛肺炎和乳腺炎，也用于猪、鸡的支原体病。

【药物相互作用】参见红霉素。本品与肾上腺素联用可导致猪死亡。

① 本品禁止静脉注射。牛一次静脉注射5毫克/千克体重即致死，对猪、灵长类动物和马也有致死的危险性。

② 肌内注射和皮下注射均可出现局部反应（水肿等），也不能与眼接触。皮下注射部位应选在牛肩后肋骨上的区域内。

③ 本品毒作用的靶器官是心脏，可引起心动过速和收缩力减弱。

④ 应用本品时应密切监视心血管状态。

⑤ 本品的注射用药慎用于除牛以外的动物。

⑥ 泌乳期奶牛和肉犊牛禁用，鸡产蛋期禁用。

【用法用量及休药期】替米考星注射液。皮下注射，每千克体重，牛10毫克。仅注射1次。休药期，牛35日。

替米考星预混剂。以替米考星计，混饲，每吨饲料，猪200~400克。连用15日。休药期,猪14日。

替米考星溶液、替米考星可溶性粉。以替米考星计,混饮,每升水,鸡75毫克。连用3日。休药期,替米考星溶液,鸡12日;替米考星可溶性粉,鸡10日。

(十一) 泰拉霉素

泰拉霉素又名土拉霉素、托拉菌素,动物专用的半合成大环内酯类抗生素。

【用途】主要用于由胸膜肺炎放线菌、支原体、巴氏杆菌、副嗜血杆菌、支气管败血性博德特菌等引起的猪、牛呼吸系统疾病的防治,也用于治疗牛莫拉菌引起的传染性角膜结膜炎。

【药物相互作用】无。

【注意】① 注射部位可能出现肿胀及皮下组织变色等反应。

② 猪和牛注射后个别可能出现流涎现象,但很快消失。

③ 加大剂量给药时,动物可出现明显的疼痛征兆。

④ 可能产生心脏毒性。

⑤ 牛皮下注射给药时,每个注射部位不要超过10毫升;猪肌内注射给药时,每个注射部位不要超过2.5毫升。

⑥ 禁用于哺乳期奶牛。

【用法用量及休药期】泰拉霉素注射液。以泰拉霉素计。皮下注射,一次量,每千克体重,牛2.5毫克(相当于1毫升/40千克)。每个注射部位的给药剂量不超过7.5毫升。颈部肌内注射,一次量,每千克体重,猪2.5毫克/千克(相当于1毫升/40千克)。每个注射部位的给药剂量不超过2毫升。休药期,牛49日,猪33日。

七、林可胺类

(一) 盐酸林可霉素

【用途】主要用于敏感菌所致的各种感染如肺炎、支气管炎、败血症、骨髓炎、蜂窝织炎、化脓性关节炎和乳腺炎等。对猪密螺旋体痢疾、支原体肺炎及鸡的气囊炎、梭菌性坏死性肠炎和乳牛的急性腐蹄病等也有防治功效。本品与大观霉素并用对禽败血性支原体和大肠杆菌感染的疗效超过单一药物。

【药物相互作用】① 与庆大霉素等联合对葡萄球菌、链球菌等革兰氏阳性菌呈协同作用。

② 不宜与减少肠蠕动的止泻药同用,因可使肠内毒素延迟排出,从而导

致腹泻延长和加剧。也不宜与含白陶土止泻药同时内服，后者将减少林可霉素的吸收达90%以上。

③ 林可霉素类具神经-肌肉接头阻滞作用，与其他具有此种效应的药物如氨基糖苷类和多肽类等合用时应予注意。

④ 林可霉素类与红霉素合用有拮抗作用。与卡那霉素、新生霉素同瓶静脉注射时有配伍禁忌。

【注意】① 林可霉素类禁用于兔、仓鼠、马和反刍动物，因可发生严重的胃肠反应（腹泻等），甚至死亡。

② 林可霉素禁用于对本品过敏的动物或已感染念珠菌病的动物。

③ 林可霉素可排入乳汁中，对吮乳犬、猫有引发腹泻的可能。

④ 犬、猫内服本品的不良反应为胃肠炎（呕吐、排稀便，犬偶发出血性腹泻）。肌内注射在注射局部引发疼痛；快速静脉注射能引起血压升高和心肺功能停顿。猪也可发生胃肠反应，大剂量对多数给药猪可出现皮肤红斑及肛门或阴道水肿。

⑤ 泌乳期奶牛、蛋鸡产蛋期禁用。

【用法用量及休药期】盐酸林可霉素片。以林可霉素计，内服，一次量，每千克体重，猪10~15毫克；犬、猫15~25毫克。一日1~2次，连用3~5日。休药期，猪6日。

盐酸林可霉素可溶性粉。以林可霉素计。混饮，每升水，猪40~70毫克，连用7日；鸡150毫克，连用5~10日。休药期，猪、鸡5日。

盐酸林可霉素注射液。以林可霉素计，肌内注射，一次量，每千克体重，猪10毫克，一日1次；犬、猫10毫克，一日2次，连用3~5日。休药期，猪2日。

盐酸林可霉素乳房注入剂。乳管内灌注，挤奶后每个乳区1支。一日2次，连用2~3次。弃奶期7日。

（二）克林霉素

克林霉素为林可霉素7位羟基被氯离子取代而成的半合成化合物，常用其盐酸盐。

【用途】用于治疗由革兰氏阳性需氧敏感菌引起的犬皮肤感染（创伤、脓肿和深层感染）

【药物相互作用】同盐酸林可霉素。

① 不得用于兔、豚鼠、仓鼠、马和反刍动物。

② 不得用于对林可胺类药物过敏的动物。

③ 本品具有神经肌肉阻滞特性，可能会提高其他神经肌肉阻滞药的作用。
④ 本品与酰胺醇类、大环内酯类药物有拮抗作用，不应同时使用。
⑤ 本品与卡那霉素、新生霉素等存在配伍禁忌。
⑥ 本品不宜与抑制肠道蠕动和含白陶土的止泻剂合用。

【用法用量及休药期】克林霉素磷酸酯颗粒。以克林霉素计，内服，一次量，每千克体重，犬 11 毫克，一日 1 次，连用 7 日。若连用 4 日无临床改善，应停止使用或遵医嘱。每 1.1 克本品溶于约 2 毫升水，灌服（表 2-1）。休药期无须制定。

表 2-1 犬用法用量（克林霉素）

犬体重/千克	给药量
<5	1.1 克包装一袋
5~10	2.2 克包装一袋
10~15	3.3 克包装一袋
>15	选择合适包装的产品组合使用

【制剂与规格及休药期】克林霉素磷酸酯颗粒按克林霉素计，5%。①1.1 克/袋；②2.2 克/袋；③3.3 克/袋。休药期无须制定。

(三) 盐酸吡利霉素

吡利霉素为半合成林可胺类抗生素，是林可霉素的衍生物。

【用途】本品主要用于治疗金黄色葡萄球菌、无乳链球菌、停乳链球菌等引起的奶牛泌乳期临床型乳腺炎和隐性乳腺炎。

【药物相互作用】参见盐酸林可霉素。

【注意】① 对于金黄色葡萄球菌引起的难治性乳腺炎；按推荐剂量乳房灌注吡利霉素，足以控制炎症，但不能消除病原。

② 对于已出现全身临床症状的急性乳腺炎，应给予其他药物如起全身作用的抗生素和/或支持疗法。

③ 个别奶牛用药后会出现荨麻疹。

【用法用量及休药期】参见乳腺内用药。弃奶期，奶牛 3 日。

八、多肽类

硫酸黏菌素

黏菌素是一种多黏菌素类的多肽抗生素，由多黏芽孢杆菌的培养液中取得。常用其硫酸盐。

【用途】主要用于治疗革兰氏阴性杆菌（大肠杆菌等）引起的肠道感染，对铜绿假单胞菌感染（败血症、尿路感染、烧伤或外伤创面感染）也有效。

【药物相互作用】① 磺胺药、甲氧苄啶均可增强本品对大肠杆菌、肠杆菌属、肺炎克雷伯菌、铜绿假单胞菌等的抗菌作用。

② 本品能增强两性霉素 B 对球孢子菌等的抗菌作用。

③ 与肌松药和神经肌肉阻滞剂（如氨基糖苷类抗生素等）合用可能引起肌无力和呼吸暂停。

【注意】① 本品内服很少吸收，不用于全身感染。

② 本品吸收后，对肾脏和神经系统有明显毒性，在剂量过大或疗程过长，以及注射给药和肾功能不全时均有中毒的危险性。

③ 连续使用不宜超过一周。

【用法用量及休药期】硫酸黏菌素可溶性粉。以黏菌素计，混饮，每升水，猪 40~200 毫克；鸡 20~60 毫克。混饲，每千克饲料，猪 40~80 毫克。休药期，猪、鸡 7 日。

硫酸黏菌素注射液。以黏菌素计，肌内注射，一次量，每千克体重，哺乳期仔猪 2~4 毫克。一日 2 次，连用 3~5 日。休药期，猪 28 日。

黏菌素预混剂参见抗菌药物预混剂章节。

九、截短侧耳素类

本类抗生素主要包括泰妙菌素和沃尼妙林，它们都是畜禽专用的抗生素。

（一）延胡索酸泰妙菌素

【用途】用于治疗胸膜肺炎放线菌引起的猪肺炎及猪痢疾密螺旋体引起的猪血痢。对鸡慢性呼吸道病、猪支原体肺炎、鸡葡萄球菌滑膜炎也有效。

【药物相互作用】① 本品禁止与聚醚类抗生素配伍用，因能引起药物中毒，使鸡生长迟缓、运动失调、麻痹瘫痪，直至死亡。猪虽反应较轻，也不宜合用。

② 与能结合细菌核糖体 50S 亚基的抗生素（如林可霉素、红霉素、泰乐菌素等）同用，由于竞争作用部位而导致减效。

【注意】① 本品给鸡、猪内服较安全，可耐受 3~5 倍的内服量。但常量偶可出现皮肤发红等反应。过量对猪能引起短暂流涎、呕吐和中枢神经系统抑制，应停药并对症治疗。

② 本品有刺激性，避免与皮肤或黏膜接触。

③ 环境温度高于 40℃含药饲料贮存期不得超过 7 日。

【用法用量及休药期】延胡索酸泰妙菌素可溶性粉。混饮，以延胡索酸泰妙菌素计，每升水，猪 45~60 毫克，连用 5 日；鸡 125~250 毫克，连用 3 日。休药期，猪 7 日，鸡 5 日。

延胡索酸泰妙菌素预混剂。混饲，以延胡索酸泰妙菌素计，每吨饲料，猪 40~100 克，连用 5~10 日。休药期，猪 7 日。

（二）盐酸沃尼妙林

沃尼妙林是新一代截短侧耳素类半合成抗生素，与泰妙菌素属同一类药物，常用其盐酸盐，是动物专用抗生素。

【用途】主要用于治疗与预防猪痢疾、猪地方性肺炎、猪结肠螺旋体病（结肠炎）。

【药物相互作用】参见延胡索酸泰妙菌素。

【注意】① 在猪使用沃尼妙林期间或用药前后 5 天内，禁止与盐霉素、莫能菌素和甲基盐霉素等离子载体类药物合用。

② 在混合沃尼妙林预混剂和接触含沃尼妙林的饲料时，应该避免直接接触皮肤和黏膜。

③ 产品开封后请注意密封保存。

【用法用量及休药期】盐酸沃尼妙林预混剂。以盐酸沃尼妙林计，混饲，每吨饲料，预防和治疗猪支原体性肺炎 200 克，连用 21 日。休药期，猪 2 日。

第二节　磺胺药及抗菌增效剂

一、磺胺药

（一）全身应用类

1. 磺胺嘧啶（SD）

【用途】用于敏感菌引起的全身感染，是治疗脑部细菌感染的首选药物；也用于弓形虫感染。

【不良反应】① 原形或其代谢物可在尿液中产生沉淀，在高剂量给药或低剂量长期给药时更易产生结晶，引起结晶尿、血尿或肾小管堵塞。

② 马内服可能产生腹泻，静脉注射可引起暂时性麻痹。

③ 急性中毒：多发生于静脉注射时，速度过快或剂量过大。主要表现为神经兴奋、共济失调、肌无力、呕吐、昏迷、厌食和腹泻等。牛、山羊还可见视觉障碍、散睛。

④ 长期用药可引起肠道菌群失调，并可引起 B 族维生素和维生素 K 的合成和吸收减少。

【注意】① 注射剂为钠盐，遇酸可析出不溶性结晶，故不宜用 5%葡萄糖溶液稀释。

② 体内代谢生成的乙酰化磺胺溶解度低，易在泌尿道中析出结晶，患病动物用药期间应大量饮水。

③ 大剂量、长期应用宜同时给予适量的碳酸氢钠。

④ 肾功能受损时，排泄缓慢，应慎用。

⑤ 长期用药宜补充 B 族维生素、维生素 K 等。

⑥ 家畜出现过敏反应时，立即停药并给予对症治疗。

⑦ 蛋鸡产蛋期禁用。

【用法用量及休药期】磺胺嘧啶片。以磺胺嘧啶计，内服，一次量，每千克体重，家畜，首次量 0.14~0.2 克，维持量 0.07~0.1 克。一日 2 次，连用 3~5 日。休药期，猪 5 日，牛、羊 28 日；弃奶期 7 日。

磺胺嘧啶钠注射液。以磺胺嘧啶钠计，静脉注射，一次量，每千克体重，家畜 50~100 毫克。一日 2~3 次，连用 2~3 日。休药期，牛 10 日，羊 18 日，猪 10 日；弃奶期 72 小时。

复方磺胺嘧啶钠注射液。以磺胺嘧啶钠计，肌内注射，一次量，每千克体重，家畜 20~30 毫克。一日 1~2 次，连用 2~3 日。休药期，牛、羊 12 日，猪 20 日；弃奶期 48 小时。

2. 磺胺二甲嘧啶（SM_2）

【用途】用于敏感菌引起的呼吸道、消化道感染以及乳腺炎、子宫炎，亦用于防治兔、禽球虫病和猪弓形虫病。

【不良反应】注射液为强碱性溶液，对组织有强刺激性。其他参见磺胺嘧啶。

【注意】蛋鸡产蛋期禁用。其他参见磺胺嘧啶。

【用法用量及休药期】磺胺二甲嘧啶片。以磺胺二甲醛啶计，内服，一次量，每千克体重，家畜，首次量 0.14~0.2 克，维持量 0.07~0.1 克。一日 1~2 次，连用 3~5 日。休药期，牛 10 日，猪 15 日，禽 10 日；弃奶期 7 日。

磺胺二甲嘧啶钠注射液。静脉注射，一次量，每千克体重，家畜 50~100 毫克。一日 1~2 次，连用 2~3 日。休药期，家畜 28 日；弃奶期 7 日。

3. 磺胺噻唑（ST）

【用途】用于敏感菌所致的出血性败血症、肺炎、肠炎、子宫内膜炎等。

其软膏剂可用于感染创。

【不良反应】① 损伤泌尿系统，出现结晶尿、血尿和蛋白尿等。

② 抑制胃肠道菌群，导致消化系统障碍和草食动物的多发性肠炎等。

③ 破坏造血功能，出现溶血性贫血、凝血时间延长和毛细血管渗血。

④ 造成幼畜或雏禽免疫系统抑制，引起免疫器官出血及萎缩。

【注意】① 代谢产物乙酰磺胺噻唑的水溶性比磺胺噻唑低，排泄时易在肾小管析出结晶（尤其在酸性尿中），因此应与适量碳酸氢钠一起使用或用药期间给患畜大量饮水。

② 注射液遇酸类可析出结晶，故不宜用5%葡萄糖溶液稀释。

③ 若出现过敏反应或其他严重不良反应时，立即停药并给予对症治疗。

④ 蛋鸡产蛋期禁用。

【用法用量及休药期】磺胺噻唑片。以磺胺噻唑计，内服，一次量，每千克体重，家畜，首次量0.14~0.2克，维持量0.07~0.1克。一日2~3次，连用3~5日。休药期，家畜28日；弃奶期7日。

磺胺噻唑钠注射液。以磺胺噻唑钠计，静脉注射，一次量，每千克体重，家畜50~100毫克。一日2次，连用2~3日。休药期，家畜28日；弃奶期7日。

4. 磺胺甲噁唑（SMZ）

【用途】用于敏感菌引起的呼吸道和泌尿道感染。

【不良反应】急性反应如过敏反应；慢性反应表现有粒细胞减少、血小板减少、肝脏损伤、肾脏损伤及中枢神经毒性反应等。

【注意】① 对磺胺药有过敏史的病畜禁用；不能用于有肝脏实质损伤的病犬和马。其他参见磺胺嘧啶。

② 蛋鸡产蛋期禁用。

【用法用量及休药期】磺胺甲噁唑片。以磺胺甲噁唑计，内服，一次量，每千克体重，家畜，首次量50~100毫克，维持量25~50毫克。一日2次，连用3~5日。休药期，家畜28日；弃奶期7日。

复方磺胺甲噁唑片。以磺胺甲噁唑计，内服，一次量，每千克体重，家畜20~25毫克。一日2次，连用3~5日。休药期，家畜28日；弃奶期7日。

5. 磺胺对甲氧嘧啶（SMD）

【用途】主要用于敏感菌引起的泌尿道、呼吸道、消化道、生殖道、皮肤感染。亦用于球虫感染。

【不良反应】参见磺胺甲噁唑。

【注意】参见磺胺嘧啶。蛋鸡产蛋期禁用。

【用法用量及休药期】磺胺对甲氧嘧啶片。以磺胺对甲氧嘧啶计,内服,一次量,每千克体重,家畜,首次量50~100毫克,维持量25~50毫克。一日1~2次,连用3~5日。休药期,家畜28日;弃奶期7日。

复方磺胺对甲氧嘧啶片。以磺胺对甲氧嘧啶计。内服,一次量,每千克体重。家畜20~25毫克。一日1~2次,连用3~5日。休药期,家畜28日;弃奶期7日。

复方磺胺对甲氧嘧啶钠注射液。以磺胺对甲氧嘧啶钠计,肌内注射,一次量,每千克体重,家畜15~20毫克。一日1~2次,连用2~3日。休药期,家畜28日;弃奶期7日。

6. 磺胺间甲氧嘧啶(SMM)

【用途】用于各种敏感菌引起的呼吸道、消化道、泌尿道感染及球虫病、猪弓形虫病、鸡住白细胞虫病。其钠盐局部灌注可治疗乳腺炎和子宫内膜炎。

【不良反应】参见磺胺嘧啶。

【注意】参见磺胺嘧啶。蛋鸡产蛋期禁用。

【用法用量及休药期】磺胺间甲氧嘧啶片。内服,一次量,每千克体重,家畜,首次量50~100毫克,维持量25~50毫克。一日2次,连用3~5日。休药期,家畜28日;弃奶期7日。

磺胺间甲氧嘧啶钠注射液。静脉注射,一次量,每千克体重,家畜50毫克,一日1~2次,连用2~3日。休药期,家畜28日;弃奶期7日。

7. 磺胺氯达嗪钠

【用途】用于畜禽大肠杆菌和巴氏杆菌感染。

【不良反应】急性反应如过敏反应;慢性反应表现有粒细胞减少、血小板减少、肝脏损伤、肾脏损伤及中枢神经毒性反应等。

【注意】蛋鸡产蛋期禁用。其他参见磺胺嘧啶。

【用法用量及休药期】复方磺胺氯达嗪钠粉。以磺胺氯达嗪钠计,内服,一日量,每千克体重20毫克。猪连用5~10日;鸡连用3~6日。休药期,猪4日,鸡2日。

8. 磺胺氯吡嗪钠

【用途】用于治疗鸡、羊、兔球虫病。

【不良反应】参见磺胺嘧啶。

【注意】产蛋期禁用;饮水给药连续使用不得超过5日。其他参见磺胺嘧啶。

【用法用量及休药期】磺胺氯吡嗪钠可溶性粉。以磺胺氯吡嗪钠计，混饮，每升水，肉鸡、火鸡 0.3 克，连用 3 日。混饲，每吨饲料，肉鸡、火鸡 600 克，连用 3 日，兔 600 克，连用 5～10 日。内服，配成水溶液，一日量，每千克体重，羊 120 毫克，连用 3～5 日。休药期，火鸡 4 日，肉鸡 1 日，羊、兔 28 日。

9. 磺胺喹噁啉（SQ）

【用途】用于禽球虫病。

【不良反应】参见磺胺嘧啶。

【注意】蛋鸡产蛋期禁用；饮水给药连续使用不得超过 5 日，否则易出现中毒反应。

【用法用量及休药期】磺胺喹噁啉二甲氧苄啶预混剂。以本品计，混饲，每吨饲料，鸡 500 克。休药期，鸡 10 日。

磺胺喹噁啉钠可溶性粉。以磺胺喹噁啉钠计，混饮，每升水，鸡 0.3～0.5 克。休药期，鸡 10 日。

10. 磺胺多辛（SDM）

又名磺胺邻二甲氧嘧啶、磺胺-5,6-二甲氧嘧啶、周效磺胺。

【用途】用于各种敏感菌引起的呼吸道、泌尿道感染。对鸡球虫病和猪弓形虫病也有疗效。

【用法用量】磺胺多辛片。内服，一次量，每千克体重，家畜首次量 50～100 毫克，维持量 25～50 毫克，每日 1 次。

11. 磺胺二甲氧嘧啶

【用途】用于治疗敏感菌引起的牛、马、犬、猫败血症，肠道、呼吸道、泌尿生殖道和软组织感染，也可用于治疗禽球虫病。

【注意】① 对磺胺类和磺酰脲类药物过敏以及有严重肝脏、肾脏损伤者禁用。

② 肝功能衰退或尿路阻塞慎用。

③ 与抗酸药合用时，可降低其吸收率。

④ 可通过胎盘，分布于乳汁中。

⑤ 有潜在致畸作用。

【用法用量及休药期】磺胺地索辛口服片剂、磺胺地索辛口服混悬液、磺胺地索辛可溶性粉、磺胺地索辛注射液。口服或静脉注射或肌内注射，一次量，每千克体重，犬、猫、牛、马 55 毫克，维持量 27.5 毫克，每日一次。蛋鸡产蛋期禁用。

（二）肠道应用类

1. 磺胺脒

【用途】用于肠道细菌感染。

【不良反应】长期服用可能影响肠道菌群，造成消化功能紊乱。

【注意】① 新生畜（1~2日龄犊牛、仔猪等）的肠内吸收率高于幼畜。

② 不宜长期服用，注意观察胃肠道功能。

③ 蛋鸡产蛋期禁用。

【用法用量及休药期】磺胺脒片。以磺胺脒计，内服，一次量，每千克体重，家畜 0.1~0.2 克，一日 2 次，连用 3~5 日。休药期，家畜 28 日；弃奶期 7 日。

2. 酞磺胺噻唑（PST）

【用途】治疗肠道细菌感染，亦用于肠道手术前后感染预防。

【用法用量及休药期】酞磺胺噻唑片。以酞磺胺噻唑计。内服，一次量，每千克体重，犊、羔、猪、犬、猫 0.1~0.15 克。一日 2 次，连用 3~5 日。蛋鸡产蛋期禁用。休药期，牛、羊、猪 28 日。

（三）局部应用类

1. 磺胺醋酰钠

主要用于结膜炎、角膜炎及其他眼部感染。

2. 磺胺嘧啶银（SSD）

局部用于烧伤创面。外用，撒布于创面或配成 2% 混悬液湿敷。局部应用仅有一过性疼痛。

二、抗菌增效剂

（一）甲氧苄啶（TMP）

【应用】常与磺胺药按一定比例［1∶（4~5）］配伍用于敏感菌引起的败血症。呼吸道、泌尿生殖道、消化道和蜂窝织炎，也可以与其他抗菌药物配伍以增效。

【不良反应】① 大剂量使用可引起骨髓造血功能抑制，出现血小板减少、白细胞减少、中性粒细胞减少、巨幼红细胞贫血。

② 可引起皮疹、光感性皮炎等。

③ 在实验动物有引起畸胎的情况。

【注意】① 因抗菌作用弱且易产生耐药性，故不宜单独应用。

② 有致畸可能性，怀孕初期最好不用。

③ TMP 与磺胺钠盐用于肌内注射时，刺激性较强，宜进行深部肌内注射。
④ 蛋鸡产蛋期禁用。
【用法用量及休药期】参见 TMP 与相关磺胺药的复方制剂。
【最大残留限量】残留标志物：甲氧苄啶。

（二）二甲氧苄啶（DVD）
【用途】与磺胺药按一定比例配伍用于肠道细菌感染和球虫病。
【用法用量及休药期】参见 DVD 与相关磺胺药的复方制剂。
【制剂与规格及休药期】参见 DVD 与相关磺胺药的复方制剂。

第三节 喹诺酮类及其他抗菌药

一、喹诺酮类

（一）氟甲喹
【用途】用于畜禽革兰氏阴性菌引起的消化道、呼吸道感染。
【注意】参见恩诺沙星。蛋鸡产蛋期禁用。
【用法用量及休药期】氟甲喹可溶性粉。以氟甲喹计，混饮，每千克体重，鸡 3~6 毫克，首次量加倍。一日 2 次（或每升水，鸡 30~60 毫克，首次量加倍），连用 3~5 日。休药期，鸡 2 日。

（二）恩诺沙星
【用途】用于畜禽细菌性疾病和支原体感染。
① 禽的大肠杆菌、沙门菌、巴氏杆菌、嗜血杆菌、葡萄球菌、链球菌及各种支原体所引起的感染。
② 猪的链球菌病、大肠杆菌性肠毒血症（水肿病）、沙门菌病、传染性胸膜肺炎、支原体肺炎、乳腺炎-子宫炎-无乳综合征及仔猪黄痢和白痢，犊牛的大肠杆菌、溶血性巴氏杆菌和沙门氏菌感染，犬、猫的细菌或支原体引起的呼吸系统、消化系统、泌尿生殖系统及皮肤的感染。
【药物相互作用】① 本品与氨基糖苷类、第三代头孢菌素和超广谱青霉素合用有协同作用。
② Ca^{2+}、Mg^{2+}、Fe^{3+}、Al^{3+} 等金属离子与本品可发生螯合作用，影响其吸收。
③ 本品对肝药酶有抑制作用，使其他药物（如茶碱、咖啡因）的代谢下

降，清除率降低，血药浓度升高，甚至出现中毒症状。

④ 本品与丙磺舒合用可因竞争同一转运载体而抑制了其在肾小管的排泄，半衰期延长。

⑤ 本品在犬可增加氟尼辛的药时曲线下面积和消除半衰期；氟尼辛也可增加恩诺沙星的药时曲线下面积和消除半衰期。

【注意】① 禁用于2~8月龄的幼犬和哺乳期中型犬，也慎用于供繁殖用幼龄种畜及马驹。

② 对中枢系统有潜在兴奋作用，诱导癫痫发作，患癫痫的犬慎用。

③ 孕畜及授乳母畜禁用。

④ 肉食动物及肾功能不全动物慎用。对有严重肾病或肝病的动物需调节用量，以免体内药物蓄积。

⑤ 蛋鸡产蛋期禁用。乌骨鸡禁用。

⑥ 恩诺沙星注射液不适用于马，肌内注射有一过性严重刺激性。

【用法用量与休药期】恩诺沙星片。以恩诺沙星计，内服，一次量，每千克体重，犬、猫2.5~5毫克；禽5~1.5毫克。一日2次，连用3~5日。休药期，鸡8日。

恩诺沙星可溶性粉。以恩诺沙星计，混饮，每升水，鸡25~75毫克。一日2次，连用3-5日；赛鸽250毫克，连用3~5日。休药期，鸡8日。

恩诺沙星溶液。以恩诺沙星计，混饮，每升水，鸡50~75毫克。休药期，禽8日。

恩诺沙星注射液。以恩诺沙星计，肌内注射，一次量，每千克体重，牛、羊、猪2.5毫克；犬、猫、兔2.5~5毫克。一日1~2次，连用2~3日。休药期，牛、羊14日，猪10日，兔14日。

恩诺沙星混悬液。以恩诺沙星计，混饮，每水，鸡50~100毫克，连用5日。休药期，鸡8日。

恩诺沙星注射液（20%）。以恩诺沙星计，肌内注射，一次量，每千克体重，猪2.5克。一日1次，连用3日。休药期，猪10日。

恩诺沙星注射液（进口）。以恩诺沙星计，肌内注射，二次量，每千克体重，猪2.5毫克，一日1次，连用3~5日。皮下、静脉注射，一次量，每千克体重，牛2.5~5毫克，一日1次，连用3~5日。休药期，猪10日；牛静脉注射7日，皮下注射14日；弃奶期，静脉注射3日，皮下注射5日。

恩诺沙星子宫注入剂。以恩诺沙星计，子宫内灌注，一次量，母猪1克，每日1次、连用3日。用前摇匀，使用一次性无菌输精管将药物注入子宫。休药期无须制定。

盐酸恩诺沙星可溶性粉。以盐酸恩诺沙星计。混饮，每升水，鸡 0.11 克。连用 5 日。休药期，鸡 11 日。

(三) 盐酸环丙沙星

【用途】本品适用于敏感菌及支原体所致的家畜、禽类及小动物的各种感染性疾病。主要用于鸡的慢性呼吸道病、大肠杆菌病、传染性鼻炎、禽巴氏杆菌病、禽伤寒、葡萄球菌病、仔猪的黄痢和白痢等。

【药物相互作用】【注意】参见恩诺沙星。

【用法用量及休药期】盐酸环丙沙星可溶性粉。以环丙沙星计，混饮，每升水，鸡 15~25 毫克，连用 3~5 日。休药期，鸡 28 日。

盐酸环丙沙星注射液。以环丙沙星计，静脉、肌内注射，一次量，每千克体重，家畜 2.5~5 毫克，家禽 5~10 毫克。一日 2 次，连用 2~3 日。休药期，畜、禽 28 日。

(四) 乳酸环丙沙星

【用途】【药物相互作用】【注意】同盐酸环丙沙星。

【用法用量及休药期】

乳酸环丙沙星可溶性粉。以环丙沙星计，混饮，每升水，禽 40~80 毫克，一日 2 次，连用 3 日。休药期，禽 8 日。

乳酸环丙沙星注射液。以环丙沙星计，肌内注射，一次量，每千克体重，家畜 2.5 毫克，禽 5 毫克，一日 2 次。将药液稀释至 0.1%~0.2%浓度静脉注射，一次量，每千克体重，家畜 2 毫克，一日 2 次。休药期，牛 14 日，猪 10 日，禽 28 日；弃奶期 84 小时。

(五) 盐酸沙拉沙星

【药物相互作用】【注意】参见恩诺沙星。

① 产蛋鸡禁用。

② 注射液在高于常规剂量下与鸡马立克氏病疫苗混合，能降低疫苗的活力。

【用法用量及休药期】盐酸沙拉沙星片。以沙拉沙星计，内服，一次量，每千克体重，鸡 5~10 毫克。一日 1~2 次，连用 3~5 日。休药期，鸡 0 日。

盐酸沙拉沙星注射液。以沙拉沙星计，肌内注射，一次量，每千克体重，猪、鸡 2.55 毫克。一日 2 次，连用 3~5 日。休药期，猪、鸡 0 日。

盐酸沙拉沙星可溶性粉。以沙拉沙星计，混饮，每升水，鸡 25~50 毫克。连用 3~5 日。休药期，鸡 0 日。

盐酸沙拉沙星溶液。以沙拉沙星计。混饮，每升水，鸡 20~50 毫克。连用 3~5 日。休药期，鸡 0 日。

（六）盐酸二氟沙星

【用途】用于敏感菌引起的畜禽消化系统、呼吸系统、泌尿道感染和支原体病的治疗。包括猪传染性胸膜肺炎、猪巴氏杆菌病、猪气喘病、猪肺疫、鸡慢性呼吸道病、犬的脓皮病。

【药物相互作用】【注意】参见恩诺沙星。

① 犬、猫内服本品可出现消化道不良反应（厌食、呕吐、腹泻）。

② 犬不宜空腹给药。给药后由于大多数经肝胆管排泄，容易引起蓄积性毒性反应，导致中度甚至严重的肾衰竭。

③ 蛋鸡产蛋期禁用。牛、羊泌乳期禁用。

【用法用量及休药期】盐酸二氟沙星片、盐酸二氟沙星粉、盐酸二氟沙星溶液。以二氟沙星计，内服，一次量，每千克体重，鸡 5~10 毫克。一日 2 次，连用 3~5 日。休药期，鸡 1 日。

盐酸二氟沙星注射液。以二氟沙星计，肌内注射，一次量，每千克体重，猪 5 毫克。一日 1 次，连用 3 日。休药期，猪 45 日。

（七）诺氟沙星

【药物相互作用】【不良反应】参见恩诺沙星。

【用途】用于敏感菌及支原体引起的犬的感染性疾病。

【注意】① 肌内注射有一过性刺激性。

② 有癫痫病史的犬慎用。

③ 与甲砜霉素、氟苯尼考有拮抗性。

④ 幼龄犬慎用。

【用法用量及休药期】烟酸诺氟沙星注射液（犬用）。以诺氟沙星计，肌内注射，一次量，每千克体重，犬 8 毫克，一日 2 次，连用 3 日。

（八）甲磺酸达氟沙星

【用途】主要用于溶血性曼氏杆菌和多杀性巴氏杆菌引起的牛呼吸系统疾病，猪传染性胸膜肺炎、支原体肺炎、禽大肠杆菌病、禽巴氏杆菌病（禽霍乱）、鸡慢性呼吸道病。

【药物相互作用】【注意】参见恩诺沙星。

【用法用量及休药期】甲磺酸达氟沙星粉。以达氟沙星计，内服，每千克体重，鸡 2.5~5 毫克，一日 1 次，连用 3 日。休药期，鸡 5 日。

甲磺酸达氟沙星溶液。以达氟沙星计，混饮，每升水，鸡 25~50 毫克。

一日1次,连用3日。休药期,鸡5日。

甲磺酸达氟沙星注射液。以达氟沙星计,肌内注射,一次量,每千克体重,猪1.25~2.5毫克。一日1次,连用3日。休药期,猪25日。

二、其他抗菌药

(一) 乙酰甲喹

【用途】本品对猪痢疾有独特疗效,且复发率低。此外对仔猪黄痢和白痢,牛腹泻、犊牛副伤寒,禽霍乱、雏鸡白痢等均有较好疗效。

【注意】本品安全性好,治疗量对鸡、猪无不良反应。但剂量高于临床治疗量3~5倍时,或长时间应用会引起毒性反应,甚至死亡。家禽较为敏感。

【用法用量及休药期】乙酰甲喹片。以乙酰甲喹计,内服,一次量,每千克体重,牛、猪5~10毫克。休药期,牛、猪35日。

乙酰甲喹注射液。以乙酰甲喹计,肌内注射,一次量,每千克体重,猪2~5毫克。休药期,猪35日。

(二) 博落回注射液

【用途】主要用于大肠杆菌引起的仔猪白痢和黄痢。

【用法用量及休药期】博落回注射液。肌内注射,一次量,猪,体重10千克以下2~5毫升;体重10~50千克,5~10毫升。一日2~3次。休药期,猪28日。

(三) 牛至油溶液

【用途】本品对大肠杆菌、鼠伤寒沙门菌、嗜水气单胞菌、李斯特菌和金黄色葡萄球菌有较高的抗菌活性。用于预防及治疗仔猪和鸡的大肠杆菌、沙门菌引起的下痢。也用于促进畜禽生长,提高饲料转化率。

【用法用量及休药期】牛至油预混剂。内服,预防,仔猪2~3日龄,每头2毫升。8小时后重复给药一次。治疗,仔猪10千克以下,每头2毫升;10千克以上,每头4毫升。用药后7~8小时腹泻仍未停止时,重复给药一次。休药期,猪28日。

(四) 盐酸小檗碱

也叫盐酸黄连素。

【用途】主要用于治疗胃肠炎、细菌性痢疾等肠道感染。

【注意】内服不良反应较少,偶有恶心、呕吐,停药后即消失。

【用法用量及休药期】盐酸小檗碱片。内服,一次量,马、牛2~5克;驼3~6克;猪、羊0.5~1克。休药期无须制定。

(五) 硫酸小檗碱

也叫硫酸黄连素。

【用途】适用于肠道细菌性感染。

【注意】本品不能静脉注射，遇冷析出结晶，用前浸入热水中，用力振荡，溶解成澄明液体并凉至体温时使用。其他参考盐酸小檗碱。

【用法用量及休药期】硫酸小檗碱注射液。肌内注射，一次量，马、牛 0.15~0.4 克；羊、猪 0.05~0.1 克。休药期，猪 28 日。

(六) 乌洛托品

【用途】用于尿路感染。

【注意】① 与碳酸氢钠、噻嗪类利尿药和含有钙、镁的抗酸药合用，可碱化尿液，降低本品的作用。

② 本品应与氯化铵同时应用，酸化尿液。

【用法用量】乌洛托品注射液。静脉注射，一次量，马、牛 15~30 克；羊、猪 5~10 克；犬 0.5~2 克。

三、抗真菌药

(一) 两性霉素 B

【用途】用于敏感菌引起的深部真菌感染，如犬组织胞浆菌病、芽生菌病、球孢子菌病，也可预防白色念珠菌感染及各种真菌的局部感染，如甲或爪的真菌感染、雏鸡嗉囊真菌感染。

【注意】① 静脉注射过程中可引起震颤、高热和呕吐等。

② 治疗过程中可引起肝脏、肾脏损害，贫血和白细胞减少等。

③ 猫连续 17 日每天每千克体重静脉注射 1 毫克可出现严重溶血性贫血。

④ 不可与氨基糖苷类、洋地黄类、箭毒、噻嗪类利尿药合用。

【用法用量】注射用两性霉素 B。静脉注射，一次量，每千克体重，犬、猫 0.15~0.5 毫克，隔日 1 次或每周 3 次，总剂量 4~11 毫克；马，每千克体重，开始用 0.38 毫克、每日 1 次，连用 4~10 日，以后可增加到 1 毫克，再用 4~8。临用前，先用注射用水溶解，再用 5%葡萄糖注射液（切勿用生理盐水）稀释成 0.1%的注射液，缓慢静脉注射。

(二) 酮康唑

【用途】用于犬、猫等动物的球孢子菌、组织胞浆菌、隐球菌、芽生菌感染；亦可用于防治皮肤真菌病。

【注意】① 本品有肝脏毒性，肝功能不良动物慎用。

② 本品有胚胎毒性，怀孕动物禁用。
③ 常伴有恶心、呕吐等消化道症状。
④ 避免与抗酸药及抑制胃酸分泌的药物（抗胆碱药和 H 受体阻断药）同服。

【用法用量】复方酮康唑软膏。外用，涂于患处，犬、猫，一日 3~5 次、连用 5~7 日。

（三）氟康唑

【用途】用于浅表、深部敏感菌引起的感染。主要用于治疗犬、猫的念珠菌病和隐球菌病。

【用法用量】复方氟康唑乳膏。耳道外用，直接滴入耳内，每日 2 次，每次 4~6 滴，连用 7 日。

（四）伊曲康唑内服溶液

【用途】主要用于由犬小孢子菌等敏感真菌引起的猫皮肤癣菌病。

【注意】① 勿超剂量服用，尤其幼猫。
② 猫免疫功能不全及或患有其他疾病时，治疗期间需密切观察。
③ 若出现肝功能损伤，应停药。
④ 肝、肾功能不全的猫禁用。
⑤ 怀孕及哺乳期猫禁用。

【用法与用量】伊曲康唑内服溶液。以本品计，空腹内服，一次量，每千克体重，猫 0.5 毫升，一日 1 次，连用 7 日，停药 7 日，为一个周期。一般使用 3 个周期。

（五）特比萘芬

【用途】用于治疗猫和犬的皮肤真菌病、马拉色菌性皮炎、皮下和全身性真菌感染以及鸟类的曲霉病。

【注意】① 肝、肾功能不全者慎用。
② 怀孕及哺乳期动物慎用。
③ 5 个月以下的幼猫、幼犬慎用。
④ 治疗期间会出现呕吐、腹泻、瘙痒（猫）等不良反应。

【用法用量】盐酸特比萘芬喷雾剂。外用，犬，每 5 平方厘米患处皮肤喷 3 下，均匀喷于患部。一日 2 次，连续给药 28 日，或遵医嘱。

盐酸特比萘芬搽剂。外用，将本品涂于犬皮肤患处及其周围，0.5 毫克/厘米^2（约 1 滴/厘米^2），一日 2 次，连用 14 日。用药前清洁患处。

（六）灰黄霉素

【用途】主要用于小孢子菌、毛癣菌和表皮癣菌引起的各种皮肤真菌病。本品不易通过表皮角质层，外用无效。

【注意】有致癌、致畸作用，禁用于怀孕动物，尤其是母马和母猫。

【用法用量】灰黄霉素（微粉）片剂。内服，一次量，每千克体重，马、牛 10 毫克；猪 20 毫克；犬、猫 40～50 毫克。一日 1 次，连用 4～8 周。批准用于犬、猫。

灰黄霉素（微粉）粉剂，批准用于马但不能用于食用马。

（七）制霉菌素

【用途】内服治疗胃肠道真菌感染，如犊牛真菌性胃炎、禽曲霉菌病、禽念珠菌病，局部外用治疗皮肤、黏膜的真菌感染，如念珠菌和曲霉菌所致的乳腺炎、子宫炎。

【用法用量】复方制霉菌素软膏。按本品计，耳道外用，清洗外耳后，将本品 0.3 克（约一粒豌豆大小）挤入外耳道，轻轻按摩耳底部，清洗耳廓粘附的软膏。每日 1 次，连续给药 21 日。

（八）克霉唑

【用途】外用治疗体表真菌病，如耳真菌感染和毛癣，内服治疗各种深部真菌感染。

【用法用量】复方克霉唑软膏。以本品计，外用，体重小于 15 千克，每次 4 滴，一日 2 次；体重大于或等于 15 千克，每次 8 滴，一日 2 次。连续给药 7 日。

复方克霉唑滴耳液。按本品计，使用前摇匀，将犬外耳道清洗干净，待外耳道干燥后将耳软管轻轻插入外耳道给药。给药后轻柔按摩耳根部片刻，以便让药物进入耳道深处。每只感染耳每次 0.3 毫升（约 10 滴），一日 1 次，连用 7～14 日。

（九）水杨酸

【用途】治疗皮肤真菌感染。

【注意】① 重复涂敷可引起刺激。

② 不可大面积涂敷，以免引起吸收中毒。

【用法与用量】外用，配成 1% 的醇溶液或软膏。

第四节 抗病毒药

抗病毒药在兽医临床使用有限。不主张食品动物使用抗病毒药,主要原因是食品动物大量使用可导致病毒产生耐药性,直接威胁人类病毒病治疗的疗效。抗病毒药物在兽医临床上仅限于疱疹病毒感染的治疗或病毒性眼病的局部治疗。在宠物病毒感染中可使用的抗病毒药主要有金刚烷胺、利巴韦林和干扰素等。一些中草药也适用于某些病毒感染性疾病的防治,如黄芪、板蓝根、金银花、鱼腥草等。

(一) 盐酸金刚烷胺

【适应证】可用于治疗马流感病毒感染,还用于小动物慢性疼痛的辅助治疗。

【注意】静脉注射金刚烷胺10~15毫克/千克,可使马产生致命性癫痫等一系列副作用。

(二) 阿昔洛韦

【适应证】可用于治疗多种马的疱疹病毒感染以及猫的角膜或/和结膜的疱疹感染。

【注意】本品全身性给药治疗猫持久性疱疹病毒性角膜炎,出现严重的骨髓抑制和中毒性肾损害。

(三) 干扰素

【适应证】用于犬、猫病毒病,也用于防治猪流行性腹泻病。

【注意】滴鼻与非肠道途径给药会增加药物的副作用,包括干扰素中和抗体的形成、高热、食欲减退等临床症状。在胃肠道很容易被消化酶灭活。

【用法与用量】猪白细胞干扰素。肌内注射,每头每日注射一次,乳猪10 000单位、猪20 000单位;病重者每天可注射2次,连续3~5日为一个疗程。

第三章

消毒防腐药

第一节 环境消毒药

一、酚类

(一) 苯酚

又名石炭酸。

【用途】苯酚为原浆毒,能抑制和杀死多种细菌。苯酚的杀菌效果与温度正相关。0.1%~1%的溶液有抑菌作用;1%~2%溶液有杀细菌和杀真菌作用。因对蛋白质的渗透性很强、受环境中有机物的影响较小,因此适用于排泄物、分泌物的消毒。低浓度对组织有麻痹感觉神经末梢的作用,高浓度则呈腐蚀作用。

【用法用量】2%~5%溶液用于用具、器械和环境等消毒。

复合酚为畜禽养殖专用,用于畜禽舍、器具、场地、排泄物消毒,不可与碘制剂合用;碱性环境、脂类、皂类等能减弱其杀菌作用。喷洒:配成0.3%~1%的水溶液。浸涤:配成1.6%的水溶液。

【注意】浓度高于0.5%时具有局部麻醉作用;5%溶液即对组织有强烈的腐蚀作用。因此,若意外吞服或皮肤、黏膜大面积接触苯酚会引起全身性中毒,表现为中枢神经先兴奋后抑制、心血管系统被抑制,严重时可因呼吸麻痹致死。

(二) 甲酚

甲酚又名煤酚、甲苯酚。

【用途】对繁殖期细菌抗菌作用强，但对芽孢无效，对病毒作用不确定。杀菌作用较苯酚强 3~10 倍，毒性较低。

由于水溶性低，常用肥皂乳化制成 50% 的甲皂溶液，甲皂溶液的杀菌性能与苯酚相似。常用浓度可破坏肉毒梭菌毒素，能杀灭细菌繁殖体，对结核杆菌和真菌有一定杀灭能力，能杀死亲脂性病毒。但对亲水性病毒无效。

【用法用量】甲酚皂溶液（又称来苏儿）喷洒或浸泡：配成 5%~10% 的水溶液。

甲酚磺酸。杀菌力较煤酚皂溶液强，甲酚磺酸溶液，常用浓度为 0.1%，可代替过氧乙酸用于环境消毒。

甲酚磺酸钠溶液。可代替煤酚。

（三）氯甲酚

【用途】氯甲酚对细菌繁殖体、真菌和结核杆菌均有较强的杀灭作用，但不能有效杀灭细菌芽孢。有机物可减弱其杀菌效能。pH 值较低时，杀菌效果较好。主要用于畜禽舍及环境消毒。

【用法用量】氯甲酚溶液。喷洒消毒：33~100 倍稀释。

【注意】① 本品对皮肤及黏膜有腐蚀性。

② 现用现配，稀释后不宜久贮。

二、醛类

该类药物易挥发，又称挥发性烷化剂，可通过发生烷基化反应，使菌体蛋白变性，酶和核酸功能发生改变。对芽孢、真菌、结核杆菌、病毒均有杀灭作用。常用的药物有甲醛、聚甲醛和戊二醛等。

（一）甲醛溶液

又名蚁醛，为无色气体，一般用其水溶液。40% 甲醛溶液通常称为福尔马林，含甲醛不少于 36%（质量分数）。

【用途】可与蛋白质中的氨基结合，使蛋白质凝固变性，其杀菌作用强，对细菌、芽孢、真菌、病毒都有效。主要用于厩舍、孵化室、器具物品等的熏蒸消毒；其 2%~4% 溶液用于手术器械消毒；5%~10% 溶液用作固定标本、保存尸体；也可用于胃肠道制酵药；还可配成干髓剂，牙科填入髓洞，使牙髓失活。

【用法用量】甲醛溶液。以本品计，熏蒸消毒，15 毫升/米^3 空间。内服，一次量，牛 8~25 毫升；羊 13 毫升。内服时水稀释 20~30 倍。

复方甲醛溶液。将所需消毒的物体表面彻底清洁，常规情况下，1/400~

1/200 倍稀释作厩舍的地板、墙壁及物品、运输工具等的消毒，发生疫病时 1/200~1/100 倍稀释消毒。

【注意】甲醛被国际癌症研究机构（IARC）列为疑似人类致癌物质，应避免大量吸入和皮肤接触。本品对呼吸道有强烈刺激性，可引起鼻炎、喉炎、肺炎和肺水肿。眼直接接触可致灼伤。对皮肤有刺激性，可引起皮肤红肿，长期反复接触会引起干燥、皲裂、脱屑。

① 消毒后在物体表面形成一层具腐蚀作用的薄膜。
② 动物误服甲醛溶液，应迅速灌服稀氨水解毒。
③ 药液污染皮肤，应立即用肥皂和水清洗。
④ 放置过程中如有结晶析出，可温热溶解后使用。

（二）戊二醛

【用途】本品为灭菌剂，能杀灭耐酸菌、芽孢、真菌和病毒等，具有广谱、强效、速效、低毒等特点。由于价格较贵，主要用于不耐热医疗器械、塑料及橡胶制品的消毒与灭菌。

【用法用量】浓戊二醛溶液。以戊二醛计，橡胶、塑料制品及手术器械消毒，配成 2% 溶液。

戊二醛溶液。喷洒使浸透，配成 0.78% 溶液，保持 5 分钟或放置至干。

稀戊二醛溶液。喷洒使浸透，配成 0.78% 溶液，保持 5 分钟或放置至干。

稳定化浓戊二醛溶液。喷洒、擦洗或浸泡，用于环境或器具（械）消毒，口蹄疫 1：200 稀释、猪水疱病 1：100 稀释、猪瘟 1：10 稀释，鸡新城疫或传染性法氏囊病 1：40 稀释，细菌性疾病 1：（500~1 000）稀释。

【注意】用戊二醛消毒或灭菌后的器械一定要用灭菌蒸馏水充分冲洗后再使用。戊二醛对皮肤黏膜有刺激性，接触溶液时应戴手套，防止溅入眼内或吸入体内。

（三）戊二醛癸甲溴铵溶液

【用途】用于养殖场、公共场所、设备器械及种蛋等的消毒。

【用法用量】以本品计。临用前用水按一定比例稀释。喷洒：常规环境消毒，1：（2 000~4 000）稀释；疫病发生时环境消毒，1：（500~1 000）。浸泡：器械、设备等消毒，1：（1 500~3 000）稀释。

【注意】禁与阴离子表面活性剂混合使用。

（四）戊二醛苯扎溴铵溶液

【用途】主要用于动物厩舍及器具消毒。

【用法用量】喷洒，每平方米 9 毫升。用于动物厩舍、器具的消毒，1：

100稀释。

【注意】① 易燃。使用时必须谨慎，以免被灼伤，避免接触皮肤和黏膜，避免吸入其挥发气体，在通风良好的场所稀释。

② 使用时要配备防护设备，如防护服、手套、面具和护目镜等。

③ 禁与阴离子类活性剂及盐类消毒药合用。

④ 不宜用于膀胱镜、眼科器械合成橡胶制品的消毒。

⑤ 请勿吞食，勿与食物或饲料混合。一旦误服立即饮用大量清水或牛乳（至少两大杯）、并尽快就医。

⑥ 若不慎触及眼睛，请用大量清水冲洗并迅速就医。

（五）复方季铵盐戊二醛溶液

【用途】用于牧场及畜禽栏舍的日常环境消毒。

【用法用量】以本品计。浸泡或喷雾：用于病毒消毒时，以1:200稀释；用于细菌、真菌、霉菌和酵母菌消毒时，以1:400稀释；用于农场入口消毒池消毒时，以1:200稀释。应参考农场的日常消毒程序，并根据消毒池人员及车辆等进出的频率和清洁程度，建议每2~3日更换一次消毒液。

【注意】① 避免意外吞食。

② 避免眼睛或皮肤接触消毒液，当使用消毒液时要穿戴防护服，如手套、面具和护目镜等。皮肤或眼睛不慎接触到消毒液，要立刻用清水冲洗。

③ 本品对水生环境有毒，禁止向下水道排放或者向环境直接排放。

④ 本品为环境消毒剂，勿用于食品动物体表或带畜消毒。

三、碱类

（一）氢氧化钠

又名苛性钠、其粗制品称为火碱。消毒用一般都是采用含氢氧化钠约94%的工业用液碱或固体碱。

【用途】本品是一种高效消毒药，属原浆毒，能杀死细菌、芽孢和病毒。2%的溶液可杀死病毒和细菌；高浓度溶液亦可杀死芽孢。常用2%~4%氢氧化钠溶液用于口蹄疫、猪瘟、猪流感、猪水疱病和传染性胃肠炎等病毒性感染的消毒；也常用于猪丹毒、布鲁氏菌病、仔猪副伤寒、禽出败、鸡白痢等细菌性感染的消毒；5%溶液用于炭疽和畜禽养殖场门口消毒池对进出车辆的消毒。主要适合于消毒畜舍、肉联厂、食品厂车间的地面、台板、饲槽等。消毒时习惯应用加热的溶液，加热虽然不增强氢氧化钠的消毒力，但可溶解油脂，加强去污能力，而且热本身就是消毒因素，不仅能杀菌，也能杀死寄生虫虫卵。

【用法用量】消毒：配成1%～2%热溶液；腐蚀动物新生角：配成50%溶液。

【注意】消毒人员应注意防护，配制和使用时应戴橡胶手套，戴防护眼镜，避免被灼伤。消毒畜舍地面后6～12小时，应注意再用清水冲洗干净，以免家畜蹄部和皮肤受伤害。

（二）氧化钙

消毒用石灰（生石灰）的主要成分是氧化钙。

【用途】消毒药。对繁殖型细菌有良好的消毒作用，而对芽孢和结核杆菌无效。石灰乳涂刷厩舍墙壁、畜栏、地面等，也可直接将石灰撒于阴湿地面、粪池周围和污水沟等处。为了防疫，畜牧场门口常放置浸透20%石灰乳的湿草垫进行鞋底消毒。

【用法用量】厩舍墙壁、畜栏、地面等消毒：配成10%～20%石灰乳；粪池周围和阴湿地面等消毒：每1千克生石灰加水350毫升调和后撒布。

【注意】宜现配现用；若是水泥地面，不宜直接撒布。

四、酸类

酸类包括有机酸、无机酸。无机酸为原浆毒，具有强烈的刺激和腐蚀作用。无机酸有硫酸、盐酸、硼酸等，有强大的杀菌和杀芽孢作用。2摩尔/升硫酸用于消毒排泄物；2%盐酸添加15%食盐，并加温至30℃，用于炭疽芽孢杆菌污染的皮张的浸泡消毒。

有机酸类有乳酸、醋酸、苯甲酸、水杨酸等，可作为饲料、药品、粮食等的防腐剂；内服可用于消化不良和瘤胃臌胀；2%～3%溶液可冲洗口腔，0.5%～2%溶液可冲洗感染创面，5%溶液具有抗菌作用。

五、卤素类

（一）含氯石灰

又名漂白粉。主要成分为次氯酸钙、氧化钙和氢氧化钙。

【用途】本品的杀菌作用快而强。其有效成分是次氯酸钙，加入水中可生成次氯酸，次氯酸可放出活性氯和新生态氧，对蛋白质产生氯化和氧化反应，对细菌繁殖体、病毒、真菌孢子及芽孢都有一定的杀灭作用。在实际消毒时，漂白粉与被消毒物的接触至少要15～20分钟，对高度污染的物体则需要1小时之久。漂白粉中的氯可与氨及硫化氢发生反应，故有除臭作用。

【用法用量】含氯石灰。饮水消毒：每50升水加本品1克；厩舍等消毒：

配成5%~20%混悬液。

【注意】因其有漂白颜色作用,不能消毒有色衣物。漂白粉对皮肤有刺激性,消毒人员应用时应注意防护,漂白粉对金属有腐蚀作用,不宜用作金属物品的消毒。

(二) 次氯酸钠溶液

本品为次氯酸钠溶液与表面活性剂等配制而成。

【用途】次氯酸可放出活性氯和新生态氧,对蛋白质产生氯化和氧化反应,对细菌繁殖体、病毒、真菌孢子及芽孢都有一定的杀灭作用。用于厩舍、器具及环境的消毒。

【用法用量】次氯酸钠溶液。以本品计,畜禽舍、器具消毒,1:(50~100)稀释;禽流感病毒疫源地消毒1:10稀释;常规消毒1:1 000稀释;口蹄疫病毒疫源地消毒,1:50稀释。

【注意】① 置于儿童不能触及处。

② 对金属有腐蚀作用,对织物有漂白作用。

③ 本品有腐蚀性,会伤害皮肤。

(三) 二氯异氰脲酸钠

又名优氯净,含有效氯60%~65%。

【用途】本品杀菌谱广,可杀灭细菌繁殖体、芽孢、病毒、真菌孢子。主要用于厩舍、排泄物和水的消毒。有腐蚀和漂白作用。

【用法用量】二氯异氰脲酸钠粉。以有效氯计,畜禽饲养场所、器具消毒,每升水,0.1~1克;种蛋消毒,浸泡,每升水,0.1~0.4克;疫源地消毒,每升水0.2克。

二氯异氰脲酸钠烟熏剂。烟熏,将A包(二氯异氰脲酸钠)与B包(助燃剂)按2:1质量比混匀,每立方米使用混合物5克,点燃,密闭12小时,通风1小时。

(四) 二氧化氯

【用途】本品为新一代高效、广谱、安全的消毒杀菌剂,是氯制剂最理想的替代品,可杀灭细菌繁殖体及芽孢、病毒、真菌及其孢子。一般多用于饮水消毒。

【用法用量】二氧化氯溶液。以本品计。畜禽舍、器具消毒1:(5~10)稀释;非洲猪瘟病毒等疫源地消毒1:5稀释;常规消毒1:(10~20)稀释;饮水消毒1:500稀释。

六、过氧化物类

(一) 过氧乙酸

又名过醋酸,由过氧化氢与乙酸酐作用制得。市售品为20%过氧乙酸溶液。

【用途】本品兼具酸和氧化剂的特性,是一种高效消毒剂,其气体和溶液均应密闭、避光、低温保存,有强灭菌作用,并强于一般的酸或氧化剂。作用产生快,能杀死细菌、芽孢、真菌和病毒。可用于畜舍、食品加工厂和食品(鸡蛋、肉、水果等)的消毒,也可用于外科手术器械和废水等的消毒;还可用于治疗家畜真菌病。

【用法用量】过氧乙酸溶液。以本品计,喷雾消毒,畜禽厩舍1:(200~400)稀释。浸泡消毒,器具1:500稀释。

临用前配制成0.5%溶液喷雾消毒厩舍、食品加工厂的地面和墙面、用具、饲槽和车船等,喷雾后密闭1~2小时。2%溶液喷雾被芽孢污染的表面。可用3%~5%溶液加热熏蒸,对厩舍、实验室、仓库等进行空间消毒。0.04%~0.2%溶液可用于玻璃、瓷制品、白色织物、蛋品等的浸泡消毒。0.02%溶液可用于黏膜消毒;0.2%溶液可用于皮肤消毒。

(二) 过硫酸氢钾复合盐泡腾片

【用途】用于畜禽舍、空气等的消毒。

【用法用量】过硫酸氢钾复合盐泡腾片。喷雾、喷洒或浸泡:畜禽环境消毒、饮水设备消毒、空气消毒、终末消毒、设备消毒、孵化场消毒、脚踏盆消毒时,以1:400(即每10片兑水4千克)稀释。

【注意】① 现用现配。

② 不与碱类物质混存或合并使用。

③ 产品用完后,包装不得乱丢弃。

第二节 皮肤、黏膜消毒防腐药

一、醇类

乙醇

又名酒精。无水乙醇含量为99%以上;医用乙醇含量应不低于95%(体积分数)。处方中凡未说明浓度的乙醇,均指95%的乙醇。

【用途】能使蛋白质变性而发挥杀菌作用,是目前临床上使用最广泛的一种皮肤消毒药。以体积分数75%作用最强。浓度过高,可使蛋白质很快沉淀形成一层保护膜、阻碍乙醇向深层渗透,杀菌作用降低。能杀灭繁殖期细菌,对结核杆菌、有囊病毒也有杀灭作用,但对芽孢无效。常用于皮肤及器械消毒。对组织有刺激性,不能用于黏膜和创面。

【用法用量】75%的溶液用于手、皮肤、温度计、注射针头和小件医疗器械等消毒。也可作为溶剂。

二、表面活性剂

表面活性剂又称人工合成洗涤剂,是一类带有亲水基团与疏水基团的化合物、可降低水、表面活性剂的表面张力,促进液体的渗透、增溶,使物体表面的油脂乳化,乳化后的油垢易除去,故具有清洁去垢作用。这类药物能吸附于细菌细胞的表面,引起细胞壁损伤,灭活细胞内氧化酶等酶的活性,发挥杀菌消毒作用。

表面活性剂可分为三类,第一类是阳离子表面活性剂(如苯扎溴铵、醋酸氯己定、度米芬等),又称作季铵盐类化合物,是最常用的消毒药。第二类为阴离子表面活性剂(如肥皂、十二烷基苯磺酸钠等)和非离子表面活性剂(如吐温等),具有良好的洗净作用,但杀菌作用较差。第三类为两性离子表面活性剂如辛氨乙甘酸溶液,溶于水后,因其具备疏水基和亲水基、使其同时具有阴、阳两类离子性质,因此既具有阴离子化合物的洗净性能,又具有阳离子化合物的良好杀菌作用。

表面活性剂兼有抗菌作用和去污作用,但其抗菌作用与去污作用是不平行的。阳离子表面活性剂的抗菌作用强,去污力较差;而阴离子、非离子表面活性剂抗菌作用很弱,去污力强。

季铵盐类是最常用的阳离子表面活性剂,可杀灭大多数繁殖期细菌和真菌,以及部分病毒,但不能杀灭芽孢、结核杆菌和铜绿假单胞菌。季铵盐类溶于水时,解离出亲水的阳离子,可与带负电荷的细菌、病毒膜磷脂上的磷酸基结合,低浓度时可使膜通透性增加,呈抑菌作用;高浓度时可使膜和胞浆内蛋白质的荷电性改变而呈杀菌作用。其对革兰氏阳性菌的作用比对革兰氏阴性菌好,对革兰氏阳性菌作用强,杀菌迅速、刺激小、毒性低、不腐蚀金属和橡胶,杀菌效果受有机物影响大,故不适用于厩舍和环境消毒,不能与阴离子活性剂混合使用。

(一) 苯扎溴铵

又名新洁尔灭、溴苄烷胺，为溴化二甲基苄基烃铵的混合物。同类药物苯扎氯铵，又名洁尔灭、氯苄烷胺，为氯化二甲基苄基烃铵的混合物。

【用途】本品为常用的一种阳离子表面活性剂。具有广谱杀菌作用和去垢效力。可杀灭细菌繁殖体，不能杀灭细菌芽孢。对革兰氏阳性菌的杀灭能力比革兰氏阴性菌强。对病毒的作用较弱，对亲脂性病毒如流感、牛痘、疱疹等病毒有一定的杀灭作用，对亲水性病毒无效。对真菌和结核杆菌效果甚微。对人体组织刺激性小，作用发挥迅速，湿润和穿透组织表面，并具有除垢、溶解角质及乳化作用。用于皮肤、黏膜和伤口消毒。

【用法用量】苯扎溴铵溶液。以苯扎溴铵计。创面消毒，配成0.01%溶液；皮肤、手术器械消毒配成0.1%溶液。

【注意】① 禁与肥皂及其他阴离子表面活性剂、碘化物和过氧化物等配合使用。

② 器械消毒时应加0.5%亚硝酸钠溶液防锈。

③ 不宜用于眼科器械、合成橡胶制品和铝制品的消毒。

④ 可引起人体过敏。

(二) 醋酸氯己定

又称醋酸洗必泰，为双氯苯双胍己烷的二醋酸盐，具有阳离子型的双胍结构。

【用途】阳离子表面活性剂，抗菌谱广，对多数革兰氏阳性菌及革兰氏阴性菌都有杀灭作用，对铜绿假单胞菌也有效。抗菌作用强于苯扎溴铵，作用迅速且持久，毒性低，无刺激性。本品不易被有机物灭活，但易被硬水中的阴离子沉淀而失去活性。常用于术前手、皮肤、创面及器械等的消毒。

【用法用量】手术前洗手：以0.02%水溶液（1∶5 000）浸泡3分钟。术野消毒：0.5%水溶液或醇溶液（以70%乙醇配制），其效力与碘酊相似。皮肤或创面消毒：以1%喷雾剂喷雾或0.05%水溶液冲洗伤口。手术器械消毒：0.1%水溶液（内加0.5%亚硝酸钠）浸泡。含漱消炎：以0.02%水溶液（1∶5 000）漱口，对咽峡炎及口腔溃疡等有效。烧伤、烫伤：用0.5%霜剂或气雾剂。

【注意】① 禁与肥皂、碱性物质和其他阴离子表面活性剂配伍。

② 忌与碘酊、高锰酸钾、升汞、硫酸锌、甲醛合用。

③ 浓溶液可刺激黏膜等，偶见皮肤过敏。

④ 与铁、铝等金属物质可发生反应，配制时禁忌用金属制品，水溶液贮

存于中性玻璃瓶中，每隔两周换1次。

⑤ 器械消毒时需加 0.5%亚硝酸钠溶液防锈。

（三）葡萄糖酸氯己定碘溶液

本品含碘和葡萄糖酸氯己定。

【用途】消毒防腐药。对大肠杆菌、金黄色葡萄球菌、链球菌等病原微生物具有良好的杀灭和抑制作用，在奶牛乳头药浴区域形成水溶性保护膜，防止病原菌侵染，有效预防和控制乳腺炎的发生。用于泌乳期奶牛的乳头消毒，预防泌乳期奶牛的乳腺炎。

【用法用量】外用。按 1∶3 的比例用水稀释本品。挤奶前和挤奶后用稀释药液药浴每个乳头 30 秒，确保稀释液覆盖 3/4 的乳头。挤奶前药浴后用一次性纸巾（或消毒小毛巾）擦干乳头和基部即可挤奶，挤奶后完成乳头药浴的奶牛无须擦拭。

【注意】① 仅供外用。

② 避免与含汞药物配伍，忌与洗衣粉等阴离子化合物、季铵盐等阳离子化合物合用。

③ 禁用于对本品过敏的动物。

④ 对碘过敏的人操作时戴口罩或防护面具。

⑤ 置于儿童触及不到的地方。

⑥ 如果不慎吞食本品，应立即饮用大量清水，并尽快寻求医疗帮助。

（四）度米芬

又名杜灭芬。

【用途】本品为阳离子表面活性剂，可用作消毒剂、除臭剂和杀菌防霉剂。具有广谱杀菌作用，对革兰氏阳性菌和革兰氏阴性菌均有杀灭作用，作用比新洁尔灭稍强。对芽孢、病毒和抗酸杆菌效果不显著。在中性或弱碱性溶液中作用效果更好，在酸性溶液中效果下降，用于黏膜、皮肤、创面和器械的消毒。度米芬含片可预防和治疗口腔、喉感染如咽喉炎、扁桃体炎等。

【用法用量】创面、黏膜消毒：配成 0.02%~0.05%溶液；皮肤、器械消毒：配成 0.05%~0.1%溶液。

【注意】① 禁与肥皂、盐类和其他合成洗涤剂配伍使用。

② 金属器械消毒时加 0.5%亚硝酸钠溶液防锈。

③ 可引起人接触性皮炎。

（五）癸甲溴铵溶液

【用途】阳离子表面活性剂。具有广谱、高效、无毒、抗硬水、抗有机物等特点，适用于环境、水体、餐具、器械等的消毒，以及水体的净化、灭藻。对治疗弧菌、嗜水气单胞菌及温和气单胞菌等病原菌有较好的疗效。主要用于畜禽养殖场的厩舍、器具消毒（喷雾消毒）。

【用法用量】癸甲溴铵溶液。以癸甲溴铵计，厩舍、器具消毒，配成 0.015%~0.06%溶液；饮水毒，配成 0.0025%~0.005%溶液。

癸甲溴铵碘复合溶液。浸泡、喷洒、喷雾、厩舍、器具、种蛋清毒，用水稀释 1 000 倍后使用。

【注意】① 原液对皮肤和眼睛有轻微刺激，使用时小心操作，避免与眼睛、皮肤和衣服直接接触，如溅及眼部和皮肤立即以大量清水冲洗至少 15 分钟。

② 内服有毒性，如误服应立即用大量清水或牛奶洗胃。

③ 禁与肥皂合成洗涤剂混合使用。

三、碘与碘化物

碘与碘化物有强大的杀菌作用，能杀死细菌、芽孢、霉菌、病毒、原虫。碘与碘化物的水溶液或醇溶液用于皮肤消毒或创面消毒。忌与重金属配伍。

（一）碘

【用途】碘能引起蛋白质变性（形成碘化蛋白质）而具有极强的杀菌力，能杀死细菌、霉菌、芽孢和病毒。其稀溶液对组织的毒性小，浓溶液有刺激性和腐蚀性。碘酊是常用的有效的皮肤消毒药。一般使用 2%碘酊，大家畜皮肤和术野消毒用 5%碘酊。碘甘油刺激性较小，用于黏膜表面消毒。2%碘溶液不含酒精，适用于皮肤浅表破损和创面防腐。

【注意】① 本品与含汞药物有配伍禁忌，两者相遇会产生有毒性作用的碘化汞。忌与氨溶溶、碱性物质、重金属盐类、生物碱、挥发油、龙胆紫等混合应用。

② 对碘过敏者禁用。

③ 碘酊须涂于干燥的皮肤上，如涂于湿皮肤上不仅杀菌效力降低，还可能引起水疱和皮炎。

④ 配制的碘液应存放于密闭的容器内。若存放时间过久，碘升华挥发颜色会变淡，应补足碘浓度后再使用。

【用法用量】本品通常配成制剂应用。2%~5%碘溶液可作注射部及术部皮肤、手指、器械的消毒以及创伤的防腐等。高浓度的碘溶液（10%~20%）可作皮肤刺激药，对慢性腱鞘炎、关节炎、骨膜炎等有消炎作用，也可用作化脓创的消毒。

碘酊（碘酒）。含碘2%、碘化钾1.5%，加水适量，以50%乙醇配制。红棕色澄清液体，用于手术前和注射前皮肤消毒。兽医上常用5%的碘酊。

浓碘酊。含碘10%、碘化钾7.5%，以95%乙醇配成。深褐色澄清液体。具有强大的刺激性，用作刺激药，外部涂于患部皮肤，治疗腱鞘炎、滑膜炎等慢性炎症。将浓碘酊与等量50%乙醇混合即得5%碘酊。

碘伏。浓度3%，配成0.5%~1%溶液。

碘甘油。收敛性消毒药，刺激性较小，作用时间长，多用于口腔、舌、牙龈、阴道等黏膜炎症与溃疡。

（二）碘酸混合溶液

为碘、硫酸、磷酸制成的水溶液。

【用途】用于外科手术部位、畜禽房舍、畜产品加工场所及用具的消毒。

【用法用量】以本品计。

规格①：含碘1.5%、酸量（以磷酸计）15%。配成0.66%~2%溶液；手术室及伤口消毒，配成0.66%溶液；畜禽房舍及用具消毒，配成0.33%~0.50%溶液；牧草消毒，配成0.13%溶液；畜禽饮水消毒，配成0.08%溶液。

规格②：含碘3%、酸量（以磷酸计）30%。病毒类消毒，配成0.33%~1%溶液；手术室及伤口消毒，配成0.33%溶液；畜禽房舍及用具消毒，配成0.17%~0.25%溶液；牧草消毒，配成0.067%溶液；禽饮水消毒，配成0.04%溶液。

【注意】①勿用温度超过43℃的热水稀释。

②如果发现有皮肤过敏现象，应停止使用。

③禁止与其他化学药品混合使用。

④防止皮肤和眼睛接触到产品原液，如果溅入眼睛，立即用大量的水冲洗。

⑤使用过的溶液禁止直接排入池塘。

（三）聚维酮碘

【用途】本品为消毒防腐剂。对多种细菌、芽孢、病毒、真菌等有杀灭作用。使用持久，稳定性好，贮存有效期长。用于手术部位、皮肤黏膜消毒。

【用法用量】聚维酮碘溶液。以聚维酮碘计，皮肤消毒及治疗皮肤病，5%溶液；奶牛乳头浸泡，0.5%~1%溶液；黏膜及创面冲洗，0.1%溶液。

聚维酮碘口服液。仔猪，1∶20饮用水稀释后（250毫克/升），每只仔猪服10毫升，每天2次，连用3天。鸡，1∶250饮用水稀释后（25毫克/

升）饮水，连用3天。休药期0日。

【注意】① 对碘过敏者慎用。

② 烧伤面积大于20%者不宜用。

③ 应于避光、密闭、阴暗处保存。

④ 不应与含汞药物配伍。

⑤ 勿用金属容器盛装，勿与强碱类物质及重金属物质混用。

四、有机酸类

（一）醋酸

醋酸又名乙酸。

【用途】防腐药。醋酸溶液对细菌、真菌、芽孢和病毒均有较强的杀灭作用，但作用的强弱不尽相同。一般来说，以对细菌繁殖体最强，依次为真菌、病毒、结核杆菌及细菌芽孢。

醋酸稀释液也可用于瘤胃臌胀、消化不良等症状治疗。本品用于空气消毒，可预防动物呼吸道感染。

【注意】① 避免与眼睛接触，若与高浓度醋酸接触，立即用清水冲洗。

② 应避免接触金属器械，以免产生腐蚀作用。

③ 禁与碱性药物配伍。

【用法用量】外用：口腔冲洗，配成2%~3%溶液。

（二）硼酸

【用途】本品为弱防腐剂。用于皮肤、结膜的防腐，及急性皮类、湿疹渗出的湿敷液，也可用于口腔、咽喉漱液，外耳道、慢性溃疡面、褥疮洗液，及真菌、脓包疮的杀菌液。

【用法用量】外用，洗眼或冲洗黏膜，配成2%~4%。

【注意】大面积外用吸收过量可发生急性中毒，可有呕吐、腹泻、皮疹；中枢神经系统先兴奋后抑制、可发生脑膜刺激症状和肾损伤。严重者可发生循环障碍和（或）休克。

五、氧化物类

（一）过氧化氢溶液

又称双氧水。

【用途】较强的氧化物，与组织或机体中过氧化氢酶相遇时，立即释放出新生态氧、产生杀菌、除臭及清洁作用。杀菌作用弱、快而短、穿透力很弱，对组织无刺激性。

【用法与用量】3%过氧化氢溶液。清洗创口，适量。

【注意】① 高浓度对皮肤和黏膜产生刺激性灼伤。

② 不可与还原剂、强氧化剂、碱、碘化物混合使用。

③ 当含过氧化氢浓度>0.75%注入密闭体腔或气体不易逸散的深部脓腔时，由于产气过速，可发生气栓或（和）肠坏疽。

（二）过硫酸氢钾复合物粉

【用途】用于畜禽舍、空气和饮用水等的消毒。

【用法用量】过硫酸氢钾复合物粉。浸泡、喷雾。

① 畜舍环境、饮水设备及空气消毒、1∶200稀释；终末消毒、设备消毒、孵化场消毒、脚踏盆消毒，1∶200稀释；饮水消毒，1∶1 000稀释。

② 对于特定病原体，大肠杆菌按1∶400稀释；金黄色葡萄球菌按1∶400稀释；链球菌按1∶800稀释；禽流感病毒按1∶1 600稀释；口蹄疫病毒按1∶1 000稀释；猪水疱病毒按1∶400稀释；传染性法氏囊病病毒按1∶400稀释。

过硫酸氢钾复合盐泡腾片。喷雾、喷洒或浸泡。畜禽环境、饮水设备、空气消毒、终末消毒、设备消毒、孵化场消毒、脚踏盆消毒时，以1∶400（即每10片兑水4千克）稀释。

【注意】① 现配现用。

② 不与碱类物质混存或合并使用。

③ 产品用完后，包装不得乱丢弃。

（三）高锰酸钾

【用途】可用作消毒剂、除臭剂、水质净化剂。高锰酸钾为强氧化剂，遇有机物即放出新生态氧而具杀灭细菌作用。

在酸性环境中杀菌作用增强，2%~5%溶液能在24小时内杀死芽孢；在1%溶液中加1%盐酸则在30秒内可杀死芽孢。0.1%~0.2%溶液能杀死多数繁殖型细菌，常用于创面冲洗。0.05%~0.1%溶液可用于洗胃解毒、冲洗阴道、子宫和膀胱等腔道黏膜。

【用法用量】腔道冲洗及洗胃：配成0.05%~0.1%溶液。创面冲洗：配成0.1%~0.2%溶液。

【注意】① 根据适应证严格掌握溶液的浓度，过高的浓度会造成局部腐蚀溃烂。

② 水溶液易失效，需新鲜配制并避光保存。

六、染料类

（一）乳酸依沙吖啶

又名利凡诺、雷佛奴尔。

【用途】是染料中最有效的皮肤、黏膜消毒防腐药。常以 0.1%～0.3%的水溶液用于外科创伤、皮肤黏膜的洗涤和湿敷。

此外，经提纯及消毒后，本品能刺激子宫肌肉收缩，使子宫肌紧张度增加，可应用于中期妊娠引产，用药后除阵缩疼痛外无其他不适症状，胎儿排出快，效果尚可。

【用法用量】乳酸依沙吖啶溶液。外用，适量，涂于患处。

【注意】不能与含氯化物的溶液或碱性溶液配伍，以免析出沉淀。要避光贮藏。

（二）甲紫

又称碱性紫，1%溶液通常称紫药水。

【用途】为皮肤、黏膜消毒防腐药。具有较好的杀菌作用，对革兰氏阳性菌，特别是葡萄球菌、白喉菌作用较强，对白色念珠菌等真菌及铜绿假单胞菌也有较好的抗菌作用。对组织无刺激性，且能于黏膜、皮肤表面凝结成保护膜而起收敛作用。1%～2%溶液可用于浅表创面、溃疡及皮肤感染；0.1%～1%水溶液用于烧伤，因有收敛作用，能使创面干燥，也可防止真菌感染。

【用法与用量】甲紫溶液。外用，涂于患处。

【注意】① 本品有致癌性，食品动物禁用。

② 本品对皮肤、黏膜有着色作用，宠物面部创伤慎用。

第四章

抗寄生虫药

第一节 抗蠕虫药

一、驱线虫药

(一) 苯并咪唑类

1. 阿苯达唑

【用途】① 牛。阿苯达唑对牛大多数胃肠道寄生虫成虫及幼虫均有良好驱除效果,通常低剂量对艾氏毛圆线虫、蛇形毛圆线虫、肿孔古柏线虫、牛仰口线虫、奥氏奥斯特线虫、乳突类圆线虫、捻转血矛线虫成虫即有极佳驱除效果。高限剂量不仅几乎能驱净上述多数虫种幼虫,而且对辐射食道口线虫、细颈线虫、网尾线虫、莫尼茨绦虫、肝片吸虫、巨片吸虫成虫也有极好效果。本品通常对皱胃、小肠内未成熟虫体有良效,但对盲肠和大肠内未成熟虫体,以及肝片吸虫童虫效果极差。阿苯达唑对牛毛首鞭形线虫、指状腹腔丝虫、前后盘吸虫、胰阔盘吸虫和野牛平腹吸虫效果极差或基本无效。

② 羊。低剂量对血矛线虫、奥斯特线虫、毛圆线虫、细颈线虫、盖吉尔线虫、食道口线虫、夏伯特线虫、马歇尔线虫、古柏线虫成虫以及大多数虫种幼虫(马歇尔线虫、吉柏线虫幼虫除外)均有良好驱除效果。低剂量还对网尾线虫成虫及未成熟虫体、莫尼茨绦虫成虫有效。高剂量对肝片吸虫、大片形吸虫、矛形双腔吸虫成虫有明显驱除效果。阿苯达唑对羊肝片吸虫未成熟虫体效果极差。

③ 猪。低剂量对猪蛔虫、有齿食道口线虫、六翼泡首线虫具极佳驱除效

果，应用高剂量虽对猪毛首鞭形线虫、刚棘颚口线虫有效，但对猪后圆线虫效果仍不理想。有试验证明，30~40毫克/千克混饲，连用5天，亦能彻底治愈猪后圆线虫病和猪毛首鞭形线虫病。阿苯达唑对蛭状巨吻棘头虫效果不稳定；对布氏姜片吸虫、克氏伪裸头绦虫、细颈囊尾蚴无效。

④ 禽。应用推荐剂量，仅能对鸡四角赖利绦虫和棘盘赖利绦虫成虫有高效。对鸡蛔虫成虫驱虫率在90%左右。对鸡异刺线虫、毛细线虫、钩状唇旋线虫驱虫效果极差。阿苯达唑应用25毫克/千克剂量对鹅剑带绦虫、棘口吸虫疗效100%，高至50毫克/千克剂量时对鹅裂口线虫、棘口吸虫有高效。

⑤ 犬。患犬蛔虫或犬钩虫病犬，必需每天按50毫克/千克剂量连服3天，才能有效。上述剂量连用5天，对犬恶丝虫亦有效。阿苯达唑对犬贾第鞭毛虫的抗虫活性甚至比甲硝唑强30~50倍。有人证实按25毫克/千克剂量每12小时内服一次，连用2天能清除患犬粪便中贾第鞭毛虫包囊，而且对用药犬无不良反应。

⑥ 猫、兔。感染克氏牌吸虫猫，按100毫克/千克日量（分两次），连用14天能杀灭所有虫体。人工感染豆状囊尾蚴家兔，按15毫克/千克量，连用5天，能治愈疾病。

⑦ 马。对马的大型网线虫，如普通圆形线虫、无齿圆形线虫、马圆形线虫以及马大多数小型圆形线虫成虫及幼虫均有高效。但阿苯达唑对马裸头属绦虫无效。

【注意】① 阿苯达唑是苯并咪唑类驱虫药中毒性较大的一种，应用治疗量虽不会引起中毒反应，但连续超剂量给药，有时会引起严重反应。加之，我国应用的剂量比欧美推荐量（5~7.5毫克/千克）高，选用时更应慎重。此外，某些畜种，如马、兔、猫等对该药又较敏感，应选用其他驱虫药为宜。

② 连续长期使用，能使蠕虫产生耐药性，并且有可能产生交叉耐药性。

③ 由于动物试验证明阿苯达唑具胚胎毒及致畸作用，因此，牛、羊在妊娠45天内，猪在妊娠30天内均禁用本品。其他动物在妊娠期内，亦不宜应用本品。

【用法用量及休药期】阿苯达唑片、阿苯达唑粉、阿苯达唑混悬液、阿苯达唑颗粒。以阿苯达唑计，内服，一次量，每千克体重，马5~10毫克；牛、羊10~15毫克；猪5~10毫克；禽10~20毫克；犬25~50毫克。休药期，阿苯达唑片、阿苯达唑混悬液、阿苯达唑颗粒，牛14日，羊4日，猪7日，禽4日；弃奶期60小时。阿苯达唑粉，牛14日，羊4日，猪7日，禽4日；弃奶期2.5日。

阿苯达唑伊维菌素粉。以本品计，内服，一次量，每千克体重，猪0.7~1克。休药期，猪28日。

阿苯达唑伊维菌素片。以本品计，内服，一次量，每千克体重，牛、羊0.03片。休药期，牛、羊35日。

阿苯达唑伊维菌素预混剂。以本品计，混饲，每吨饲料，猪1 000克。休药期，猪28日。

美国批准有供羊用的2.5%阿苯达唑口服混悬液，供牛羊用的10%阿苯达唑口服混悬液。

2. 芬苯达唑

【用途】① 羊。对羊血矛线虫、奥斯特线虫、毛圆线虫、古柏线虫、细颈线虫、仰口线虫、夏伯特线虫、食道口线虫、毛首鞭形线虫及网尾线虫均有极佳驱虫效果。此外还能抑制多数胃肠线虫产卵。应用高限剂量，对羊扩展莫尼茨绦虫、贝氏莫尼茨绦虫亦有良效。但对吸虫必须连续应用大剂量才能有效，如20毫克/千克量连用5天，15毫克/千克量连用6天，才能将矛形双腔吸虫和肝片吸虫驱净。

② 牛。对牛的驱虫谱大致与绵羊相似。如对血矛线虫、奥斯特线虫、毛圆线虫、仰口线虫和前后盘吸虫童虫，则需应用7.5~10毫克/千克剂量，连用6天，才能有效。芬苯达唑对线虫还有抑制产卵作用。一次用药，22~36小时后粪便中即无虫卵排出。

③ 马。对马副蛔虫、马尖尾线虫成虫及幼虫、胎生普氏线虫、普通圆形线虫、无齿圆形线虫、马圆形线虫、小型圆形线虫均有高效。但对柔线虫属、裸头属绦虫，韦氏类圆线虫以及转移于肠系膜中普通圆形线虫幼虫无效。

④ 猪。虽然有人认为芬苯达唑一次给药对红色猪圆线虫、蛔虫、食道口线虫成虫及幼虫有效，但目前美国推荐用连续给药法，以增强驱虫效果。如猪毛首鞭形线虫，一次应用15毫克/千克，疗效仅为65%，而3毫克/千克剂量连用6天，驱虫效果超过99%。由于3毫克/千克剂量混饲，连用3天，对猪蛔虫、食道口线虫、红色猪圆线虫、后圆线虫（一次用药有效剂量为25毫克/千克），甚至对有齿冠尾线虫（猪肾虫）驱除率几乎达100%，加之对某些虫种幼虫也颇有良效，因而目前在国外得到广泛应用。

⑤ 犬、猫。50毫克/千克日量连用3天，对犬、猫的钩虫、蛔虫、毛首鞭形线虫有高效。按50毫克/千克日量连用5天，对猫肺线虫（奥妙猫圆线虫）；连用3天，对猫胃虫（盘头线虫）均属最佳驱虫方案。

⑥ 禽。对家禽胃肠道和呼吸道线虫有良效。按8毫克/千克日量连用6

天，对鸡蛔虫、毛细线虫和绦虫有高效。对火鸡蛔虫一次有效剂量为350毫克/千克，但若以45毫克/千克饲料浓度连喂6天，则全部驱净火鸡蛔虫、异刺线虫和封闭毛细线虫。对雉、鹧鸪、松鸡、鹅、鸭的最佳驱虫方案是60毫克/千克饲料浓度连用6天。自然感染封闭毛细线虫和鸽蛔虫的家鸽，以100毫克/千克混饲，连用3~4天，有效率近100%。

⑦ 杀灭虫卵。芬苯达唑对反刍动物毛圆科线虫、猪圆线虫、鸡蛔虫，以及人和犬的钩虫、鞭虫的虫卵均有杀灭作用。

【药物相互作用】① 苯并咪唑类虽然毒性较低，且能与其他驱虫药并用，但芬苯达唑（还有奥芬达唑）属例外，与杀片形吸虫药溴胺杀并用时可引起绵羊死亡，牛流产。

② 马属动物应用芬苯达唑时不能并用敌百虫，否则毒性大为增强。

【注意】① 长期应用，可引起耐药虫株。

② 本品瘤胃内给药时（包括内服法）比皱胃给药法驱虫效果好，甚至还能增强对耐药虫种的驱除效果，可能与前者的吸收率低。延长药物在宿主体内的有效驱虫浓度有关。

【用法用量】芬苯达唑片。以芬苯达唑计，内服，一次量，每千克体重，马、牛、羊、猪5~7.5毫克；禽10~50毫克；犬、猫25~50毫克。连用3日。休药期，牛、羊21日，猪3日，禽28日；弃奶期7日，弃蛋期7日。

芬苯达唑粉（国产）。以芬苯达唑计，内服，一次量，每千克体重，马、牛、羊、猪5~7.5毫克；禽10~50毫克；犬、猫25~50毫克。连用3日。休药期，牛、羊14日，猪3日；禽28日；弃奶期120小时，弃蛋期7日。

芬苯达唑粉（进口）。以芬苯达唑计，内服，一次量，每千克体重，猪5毫克；禽15~30毫克。休药期，猪14日，禽7日；弃蛋期7日。

芬苯达唑颗粒。以芬苯达唑计，内服，一次量，每千克体重，马、牛、羊、猪5~7.5毫克；犬、猫5~50毫克；禽10~50毫克。休药期，牛、羊14日，猪3日，禽28日；弃奶期7日。

芬苯达唑伊维菌素片。以本品计，内服，一次量，每千克体重、牛、羊、猪5.25~7.875毫克。休药期，牛、羊35日，猪28日。

3. 奥芬达唑

【用途】① 牛。奥芬达唑对牛奥斯特线虫、血矛线虫、毛圆线虫、古柏线虫、仰口线虫、食道口线虫和网尾线虫成虫及幼虫、贝氏莫尼茨绦虫均有高效。

② 羊。治疗量对羊奥斯特线虫、毛圆线虫、细颈线虫成虫以及细颈线虫、

奥斯特线虫、血矛线虫、夏伯特线虫、网尾线虫幼虫能全部驱净；对古柏线虫、食道口线虫、血矛线虫、夏伯特线虫、毛首鞭形线虫成虫以及莫尼茨绦虫也有良好驱除效果。奥芬达唑对乳突类圆线虫效果较差。

③ 猪。奥芬达唑对猪蛔虫、有齿食道口线虫、红色猪圆线虫成虫及幼虫均有极佳驱除效果。但对毛首鞭形线虫作用有限。

④ 马。奥芬达唑对马亦属广谱驱虫药，几乎对胃肠道所有线虫都有效。如对马蛔虫、马副蛔虫、马圆形线虫、三齿属线虫、艾氏毛圆线虫、尖尾线虫、小型圆形线虫成虫有高效，对马尖尾线虫、小型圆形线虫、马普通圆形线虫未成熟体也有良好效果。但对柔线属线虫和大口德拉希线虫无效。

⑤ 犬。奥芬达唑对犬蛔虫、钩虫成虫及幼虫也有较好效果。对犬欧氏类丝虫应按 10 毫克/千克日量，连用 28 天，才能有效。

⑥ 杀灭虫卵。本品的杀灭虫卵作用与芬苯达唑相同。

【药物相互作用】本品与芬苯达唑相同，不能与杀片形吸虫药溴胺杀并用，否则会引起绵羊死亡和母牛流产。

【注意】① 本品能产生耐药虫株，甚至产生交叉耐药现象。

② 本品原料药的适口性较差，若以原料药混饲，应注意防止因摄食量减少、药量不足而影响驱虫效果。

③ 奥芬达唑治疗量（甚至 2 倍量）虽对妊娠母羊无胎毒作用，但在妊娠 17 天时，用 22.5 毫克/千克剂量对胚胎有毒而有致畸影响，因此妊娠早期动物不宜用本品。

【用法用量及休药期】奥芬达唑片。以奥芬达唑计，内服，一次量，每千克体重，马 10 毫克；牛 5 毫克；羊 5~7.5 毫克；猪 4 毫克；犬 10 毫克。休药期，牛、羊、猪 7 日。

奥芬达唑颗粒。以奥芬达唑计。内服，一次量，每千克体重，马 10 毫克；牛 5 毫克；羊 5~7.5 毫克；猪 4 毫克；犬 10 毫克。休药期，马、牛、羊、猪 7 日。

4. 奥苯达唑

【用途】① 马。奥苯达对马大多数胃肠线虫及幼虫均有高效，如对大型圆形线虫（无齿圆形线虫、马圆形线虫、普通圆形线虫）、小型圆形线虫（杯线虫、杯环线虫、双冠线虫、三齿线虫、盅口线虫、辐首线虫）、马副蛔虫、韦氏类圆线虫成虫（用高限剂量）具极佳驱虫效果。此外对胎生普氏线虫、马尖尾线虫成虫及幼虫也有良效。

奥苯达唑对艾氏毛圆线虫作用不稳定，对肺线虫、柔线虫、马丝状线虫无效。

② 牛。奥苯达唑对牛血矛线虫、奥斯特线虫、毛圆线虫、类圆线虫、细颈线虫、古柏线虫、仰口线虫、毛细线虫、毛首鞭形线虫成虫和幼虫以及食道口线虫成虫均有高效。但对莫尼茨绦虫作用不强。

③ 羊。奥苯达唑对羊血矛线虫、奥斯特线虫、毛圆线虫、细颈线虫、古柏线虫、食道口线虫、夏伯特线虫、毛首鞭形线虫成虫及幼虫均有优良效果。但对马歇尔线虫、网尾线虫、肝片吸虫无效。

④ 猪。一次用药对猪蛔虫有极佳驱除效果,并能使食道口线虫患猪粪便中虫卵全部转阴。若以 0.05%~0.1% 药料喂猪 14 天,不仅可防止蛔虫感染所引起的致死作用,而且可阻止幼虫移行所致的肺炎症状。

奥苯达唑对毛首鞭形线虫作用不稳定,对姜片吸虫无效。

⑤ 犬。患犬钩虫、管形钩虫的犬,按 10 毫克/千克量,连用 5 天,粪便虫卵几乎全部转阴。

⑥ 禽。一次内服 40 毫克/千克,对鸡蛔虫成虫、幼虫以及鸡异刺线虫有效率接近 100%。对卷棘口吸虫也有良效。本品对钩状唇旋线虫、毛细线虫无效。

【注意】对噻苯达唑耐药的蠕虫,也可能对本品存在交叉耐药性。

【用法用量及休药期】奥苯达唑片。以奥苯达唑计,内服,一次量,每千克体重,马、牛 10~15 毫克;羊、猪 10 毫克;禽 35~40 毫克。休药期,28 日。

(二) 咪唑并噻唑类

左旋咪唑

【用途】① 牛、羊。左旋咪唑对反刍动物寄生线虫成虫高效的虫体有:皱胃寄生虫(血矛线虫、奥斯特线虫)、小肠寄生虫(古柏线虫、毛圆线虫、仰口线虫)、大肠寄生虫(食道口线虫)和肺寄生虫(网尾线虫)。一次内服或注射,对上述虫体成虫驱除率均超过 96%。除艾氏毛圆线虫外,其疗效均超过噻苯达唑。对毛首鞭形线虫作用不稳定,但对古柏线虫以及肺线虫未成熟虫体几乎能全部驱净。对奥斯特线虫、血矛线虫未成熟虫体亦有 87% 以上驱除效果。

对牛眼虫除内服或皮下注射外,还可以 1% 溶液 2 毫升直接注射于结膜内而治愈。

② 猪。不同的给药方法(饮水、混饲、灌服或皮下注射),其驱虫效果大致相同。治疗量(8 毫克/千克)对猪蛔虫、兰氏类圆线虫、后圆线虫驱除率

接近99%。对食道口线虫（72%~99%）、猪肾虫（有齿冠尾线虫）颇为有效。对红色猪圆线虫也有高效。对猪鞭虫病，注射（95%）比混饲（40%）给药效果好。某些猪线虫幼虫也能被左旋咪唑驱除，如后圆线虫第2期、第4期未成熟虫体，以及对奥斯特线虫、猪蛔虫未成熟虫体也有90%以上驱除效果，但对后两种虫体的第3期未成熟虫体，疗效低于65%。

③ 禽。按36毫克/千克或48毫克/千克日量，给雏鸡饮水给药，对鸡蛔虫、鸡异刺线虫、封闭毛细线虫成虫驱除率在95%以上。对未成熟虫体及幼虫的驱除率亦佳。上述用法，适口性好，亦未发生中毒症状。饮水给药对鸡眼虫（孟氏尖旋尾线虫）也很有效。如果用10%左旋咪唑溶液直接滴入鸡眼内无刺激性，且在1小时内能杀灭所有虫体。

对火鸡气管比翼线虫颇为有效，饮用药液后，约16小时即排出火鸡口腔内所有虫体，但须按3.6毫克/千克日量，连续饮用3天。鹅裂口线虫病，应用（70毫克/千克）左旋咪唑内服，也有良效。患鸽蛔虫的肉鸽，按40毫克/千克量，内服2次（间隔24小时），虫卵转阴率92%左右。

④ 犬、猫。左旋咪唑按10毫克/千克日量连服2天，或一次皮下注射10毫克/千克，对犬蛔虫（弓首蛔虫、狮弓蛔虫）、钩虫（钩口属、板口属）驱除率超过95%。但对鞭虫（犬鞭虫）无效。对严重感染蛔虫和钩虫的犬，通常需重复用药。感染欧氏丝虫病犬，需按7.5毫克/千克日量，皮下注射，连用30天，才能消除症状。左旋咪唑亦可作杀犬恶丝虫微丝蚴药，需按5.5毫克/千克量，一日2次（间隔12小时），连用6天（如果犬恶丝虫微丝蚴仍为阳性时应连用15天），由于在用药过程中，犬屡发呕吐，因而限制了左旋咪唑在犬的广泛使用。

【药物相互作用】① 由于左旋咪唑对动物机体有拟胆碱样作用，因此在应用有机磷化合物或乙胺嗪14天内，禁用本品。

② 本品不宜与四氯乙烯合用，以免毒性增加。

【注意】① 左旋咪唑对动物的安全范围不广，特别是注射给药，时有发生中毒甚至死亡事故。因此单胃动物除肺线虫宜选用注射法外，通常宜内服给药。

② 马对左旋咪唑较敏感，骆驼更敏感，用时务必精确计算，以防不测。

③ 应用左旋咪唑引起的中毒症状（如流涎、排便、呼吸困难、心率变慢）与有机磷中毒相似，此时可用阿托品解毒，若发生严重呼吸抑制，可试用加氧的人工呼吸法解救。

④ 盐酸左旋咪唑注射时，对局部组织刺激性较强，反应严重，而磷酸左

旋咪唑刺激性稍弱，故国外多用磷酸盐专用制剂，供皮下、肌内注射，但仍出现短暂的轻微局部反应。

⑤ 为安全计，妊娠后期动物，去势、去角、接种疫苗等应激状态下，不宜采用注射给药法。

⑥ 牛、羊、猪泌乳期、家禽产蛋期禁用。

【用法用量及休药期】盐酸左旋咪唑片。以左旋咪唑计，内服，一次量，每千克体重，牛、羊、猪7.5毫克；禽25毫克；犬、猫10毫克。休药期，牛2日，羊3日，猪3日，禽28日。

盐酸左旋咪唑注射液。以左旋咪唑计，皮下、肌内注射，一次量，每千克体重，牛羊、猪7.5毫克；禽25毫克；犬、猫10毫克。休药期，牛14日，羊猪、禽28日。

盐酸左旋咪唑粉。以左旋咪唑计，内服，一次量，每千克体重，牛、羊、猪7.5毫克；犬、猫10毫克；禽25毫克。休药期，牛2日，羊3日，猪3日，禽28日。

磷酸左旋咪唑注射液。注射剂量同盐酸左旋咪唑注射液。

(三) 有机磷类

1. 精制敌百虫

【用途】① 马。敌百虫对马副蛔虫成虫及未成熟虫体、马尖尾线虫成虫和马胃蝇蛆（包括在胃内以及移行期虫体）均有高效，治疗量均能获得100%驱虫效果。

② 猪。猪内服50~80毫克/千克剂量敌百虫，对猪蛔虫成虫和未成熟虫体、食道口线虫成虫的灭虫率均接近100%。但对毛首鞭形线虫作用不稳定。敌百虫对猪后圆线虫、猪巨吻棘头虫和猪冠尾线虫（肾虫）作用极弱。极大剂量（150毫克/千克）对猪姜片吸虫减虫率为85.2%。

③ 牛、羊。治疗量对牛、羊血矛线虫、辐射食道口线虫、奥氏奥斯特线虫、艾氏毛圆线虫、牛弓首蛔虫、牛皮蝇蛆和羊鼻蝇蛆有高效，但牛必须在灌药前先灌服10%碳酸氢钠或硫酸钠溶液60毫升，关闭食管沟，否则效果较差。据国内经验，对水牛血吸虫病，按15毫克/千克日量内服（极量4.5克），连用5天，效果良好，但对黄牛效果不佳。

由于牛、羊对敌百虫反应严重，且投药方法烦琐，除特殊情况通常以不用为宜。

④ 犬、猫。对犬弓首蛔虫、犬钩口线虫和狐狸毛首鞭形线虫以75毫克/千克剂量，连用3次（间隔3~5天）有良好驱虫效果，此外对蠕形螨、蜱、

虱、蚤也有杀灭作用。

【药物相互作用】① 由于敌百虫对宿主胆碱酯酶亦存在抑制效应，因此，在用药前后2周内，动物不宜接触其他有机磷杀虫剂、胆碱酯酶抑制剂（毒扁豆碱、新斯的明）和肌松药，否则毒性大为增强。

② 由于碱性物质能使敌百虫迅速分解成毒性更大的敌敌畏，因此忌用碱性水质配制药液，并禁与碱性药物配伍用。

【注意】① 敌百虫安全范围较窄，治疗量即使动物出现不良反应，且有明显种属差异。如对马、猪、犬较安全；反刍动物较敏感，常出现明显中毒反应，应慎用。家禽，特别是鸡、鸭最敏感，以不用为宜。

② 敌百虫肌内注射时，中毒反应更为严重，加之我国暂无正式批准的注射剂上市，应废止此种用药方法。

③ 敌百虫对畜禽中毒症状，主要为腹痛、流涎、缩瞳、呼吸困难、大小便失禁、肌痉挛、昏迷直至死亡；轻度中毒，通常动物能在数小时内自行耐过；中度中毒应用大剂量阿托品解毒；严重中毒病例，应反复应用阿托品（0.5~1毫克/千克）和解磷定（15毫克/千克）解救。

④ 极度衰弱以及妊娠动物应禁用敌百虫，用药期间应加强动物护理。

【用法用量及休药期】精制敌百虫片。以敌百虫计。常用量，内服，一次量，每千克体重，马30~50毫克；牛20~40毫克；绵羊80~100毫克；山羊50~70毫克；猪80~100毫克。极量，内服，一次量，马20克；牛15克。外用，配成1%溶液（以百虫计）。休药期，28日。

精制敌百虫粉。以敌百虫计。常用量，内服，一次量，每千克体重，马30~50毫克；牛20~40毫克；绵羊80~100毫克；山羊50~70毫克；猪80~100毫克。极量，内服，一次量，马20克；牛15克。休药期，28日。

2. 哈乐松

哈乐松对反刍动物毒性较小，是牛、羊专用的有机磷驱虫药。主要驱除皱胃、小肠寄生线虫，对大肠寄生虫作用弱。

【用途】① 羊。哈乐松对羊真胃和小肠内多种线虫均有高效，但对大肠内虫体效果较差。治疗量对血矛线虫、古柏线虫、毛圆线虫成虫及幼虫几乎能全部驱尽，但对奥斯特线虫、口线虫和微管食道口线虫（生于大肠）仅有90%左右驱除效果。哈乐松对细颈线虫作用不稳定，对夏伯特线虫、绵羊毛首鞭形线虫和哥伦比亚食道口线虫作用极弱或基本无效。

② 牛。哈乐松对牛的驱虫作用与羊相似，但效果稍差。治疗量对血矛线虫成虫、古柏线虫成虫及幼虫、牛弓首蛔虫成虫的减虫率接近100%，对毛圆

线虫、奥氏奥斯特线虫、辐射食道口线虫成虫有 90% 驱虫效果；对细颈线虫作用不稳定，对仰口线虫无效。

③ 家禽。50~100 毫克/千克量对鸡毛细线虫成虫，火鸡、鹌、鸽子封闭毛细线虫有效率达 95% 以上。

【药物相互作用】哈乐松虽与哺乳动物胆碱酯酶结合物不太稳定而毒性较低，但在用药期间仍应避免与胆碱酯酶抑制剂（如有机磷杀虫药、肌松药以及新斯的明等）并用。

【注意】① 由于哈乐松与鹅神经系统胆碱酯酶能结合成高度稳定的化合物，因此，治疗量（50 毫克/千克）即能使鹅中毒致死，应禁用。其他家禽亦不宜应用大剂量。

② 由于乳汁中残留药物，泌乳动物禁用。

③ 妊娠后期（产前 4 周）动物，禁用本品。

3. 蝇毒磷

为数不多的能用于泌乳动物的驱虫药。

【用途】① 牛。25 毫克/千克高剂量混饲或者内服，对牛血矛线虫、毛圆线虫、古柏线虫、毛首鞭形线虫、毛细线虫、乳突类圆线虫有高效，但上述剂量（特别是灌服）对牛已出现明显中毒反应而很少应用。通常推荐 2 毫克/千克日量，连喂 6 天，即对血矛线虫、古柏线虫、毛圆线虫、毛首鞭形线虫、食道口线虫、细颈线虫产生良好驱虫效果。但对仰口线虫以及多数虫种幼虫效果极差或无效。

② 羊。蝇毒磷对羊的驱虫效果与牛相似。25 毫克/千克高剂量对捻转血矛线虫、环纹奥斯特线虫、艾氏毛圆线虫、蛇形毛圆线虫、古柏线虫和乳突类圆线虫有良好驱除效果；甚至用 12.5 毫克/千克量，即对捻转血矛线虫、环纹奥斯特线虫、蛇形毛圆线虫有明显疗效。由于 25 毫克/千克剂量，已使部分羊中毒而少用。实践证明，若先灌服硫酸铜溶液关闭食管沟，再灌蝇毒磷水溶液，8 毫克/千克剂量即可保证药效。

③ 外用 0.05% 蝇毒磷药浴或喷淋，可杀灭畜禽体表的螨、虱、蝇、牛皮蝇蛆和创口蛆等。

【药物相互作用】禁止与有机磷化合物，以及其他胆碱酯酶抑制剂并用。

【注意】① 蝇毒磷安全范围较窄，特别是水剂灌服时毒性更大。通常二倍治疗量即引起牛、羊中毒，甚至死亡，因此，反刍动物多推荐低剂量连续喂饲法。

② 灌服蝇毒磷溶液时，牛必须先灌服 10% 碳酸氢钠 60 毫升；羊用 10% 硫

酸铜 10 毫升使食管沟关闭，药液直接进入皱胃，否则影响药效。

③ 有色品种产蛋鸡群，对蝇毒磷的毒性反应较白色品种鸡更为严重，以不用为宜。

（四）抗生素类

1. 伊维菌素

【用途】伊维菌素广泛用于牛、羊、猪的胃肠道线虫、肺线虫和寄生节肢动物，犬的肠道线虫、耳螨、疥螨、恶丝虫和微丝蚴，以及家禽胃肠线虫和体外寄生虫。

① 牛、羊。伊维菌素按 0.2 毫克/千克剂量给牛、羊内服或皮下注射，对血矛线虫、奥斯特线虫、古柏线虫、毛圆线虫（包括艾氏毛圆线虫）、圆形线虫、仰口线虫、细颈线虫、毛首鞭形线虫、食道口线虫、网尾线虫以及绵羊夏伯特线虫成虫及第 4 期幼驱虫率达 97%~100%。上述剂量对节肢动物亦很有效，如蝇蛆（牛皮蝇、纹皮蝇、羊狂蝇）、（牛疥螨、羊痒螨）和虱（牛颚虱、牛血虱和绵羊颚虱）等。伊维菌素对虱（毛属）和绵羊羊蝇疗效稍差。

伊维菌素对蜱以及粪便中繁殖的蝇也极有效，药物虽不能立即使蜱死亡或肢解，但能影响摄食、蜕皮和产卵，从而降低生殖能力。一次给动物皮下注射 0.2 毫克/千克或每天喂低浓度（0.01 毫克/千克）药物后 5 天时，蜱出现上述现象最为明显。按 0.2 毫克/千克剂量一次皮下注射对在粪便中繁殖的蝇也有一定的控制作用，牛用药 9 天后其粪便中面蝇、秋家蝇幼虫不能发育为成虫，再过 5 天，由于蛹的畸形和成虫成熟过程受阻而使蝇的繁殖大为减少，对血蝇（扰血蝇）用上述剂量，4 周后情况相似。

② 猪。肌内注射 0.3 毫克/千克伊维菌素对猪具广谱驱虫活性，如猪蛔虫、红色猪圆线虫、兰氏类圆线虫、猪毛首鞭形线虫、食道口线虫、后圆线虫、有齿冠尾线虫成虫及未成熟虫体驱除率达 94%~100%，对肠道内旋毛虫（肌肉内无效）也极有效。上述用药法对猪血虱和猪疥螨也有良好控制作用。

③ 犬、猫。临床试验证实，高剂量伊维菌素对犬多种寄生虫有高效，如一次皮下注射 50 皮克/千克对犬钩口线虫、巴西钩口线虫、欧洲犬钩口线虫、100 皮克/千克对犬鞭虫、200 皮克/千克对犬弓首虫成虫及第 4 期幼虫均有极佳驱虫效果。本品一次皮下注射，对犬寄生于肺部的晴气毛细线虫（200 皮克/千克）、奥氏奥斯特线虫（400 克/千克）也有极佳驱除效果。内服或皮下注射 200 皮克/千克，两周后再用一次，对肠道粪类圆线虫有效。

伊维菌素对犬、猫的某些节肢动物感染也有效，皮下注射 200 皮克/千克剂量，两周后再用（3 期幼虫除外）有效率 95%~100%。一次能排除耳螨、疥螨、犬肺刺螨的感染。按200皮克/千克量，连用两次（间隔2周）对鳌螨感染也很有效。治疗犬蠕形螨病最好按600皮克/千克皮下注射量，间隔7天，连用5次。

④ 禽。对家禽线虫如鸡蛔虫和封闭毛细线虫以及家禽寄生的节肢动物，如膝螨（突变膝螨）等，按200~300皮克/千克量内服或皮下注射均有高效。但本品对鸡异刺线虫无效。

【药物相互作用】伊维菌素商品制剂中含有的不同佐剂能影响药物的作用，如绵羊内服含吐温-80为佐剂的制剂，伊维菌素用量达4 000皮克/千克时，仍很安全，但若以丙二醇为佐剂时则使绵羊持续3天出现共济失调和血红蛋白尿症状。美国含吐温-80作佐剂的伊维菌素注射剂是马属动物专用商品制剂，不能用于犬，否则极不安全。

【注意】① 伊维菌素虽较安全，除内服外，仅限于皮下注射，因肌内、静脉注射易引起中毒反应。每个皮下注射点，亦不宜超过10毫升。

② 含甘油缩甲醛和丙二醇的国产伊维菌素注射剂，仅适用于牛、羊、猪和驯鹿，用于其他动物，特别是犬和马时易引起严重局部反应。

③ 多数品种犬应用伊维菌素均较安全，但有一种长毛牧羊犬对本品敏感，100皮克/千克以上剂量即出现严重不良反应，但60克/千克体重量，一月一次，连用一年，对预防恶丝虫病仍安全有效。

④ 伊维菌素对线虫，尤其是节肢动物产生的驱除作用缓慢，有些虫种，要数天甚至数周才出现明显药效。

⑤ 阴雨、潮湿及严寒天气均影响0.5%伊维菌素浇泼剂的药效；牛皮肤损害时（蜂、疥螨）能使毒性增强。

【用法用量及休药期】伊维菌素片。以伊维菌素计，内服，一次量，每千克体重，羊0.2毫克，猪0.3毫克。休药期，羊35日，猪28日。

伊维菌素溶液。以伊维菌素计，内服，一次量，每千克体重，羊0.2毫克，猪0.3毫克。

伊维菌素预混剂。混饲，每吨饲料，猪2克。连用7日。休药期，100千克以下的育肥猪7日，100千克以上的育肥猪27日。

伊维菌素注射液。以伊维菌素计。皮下注射，一次量，每千克体重，牛、羊0.2毫克，猪0.3毫克。休药期，羊35日，猪28日。

伊维菌素氧阿苯达唑粉。以伊维菌素计，内服，一次量，每千克体重，羊0.2毫克。休药期，羊35日。

伊维菌素浇泼剂。背部浇泼，每千克体重，牛0.5毫克。FDA（美国食品药品监督管理局）批准用于牛（禁用于哺乳期奶牛）。休药期48日。奶牛的休药期尚未制定。

伊维菌素口服糊剂。200皮克/千克。FDA批准用于马（非食用马）。

2. 阿维菌素

【用途】阿维菌素对动物的驱虫谱与伊维菌素相似，以牛为例，以推荐剂量（200克/千克）给牛皮下注射，几乎能驱净的虫体有：奥氏奥斯特线虫（成虫、第4期幼虫、蛰伏期幼虫）、柏氏血矛线虫（成虫、第4期幼虫）、艾氏毛圆线虫（成虫）、古柏线虫（成虫、第4期幼虫）、绵羊夏伯特线虫（成虫）、辐射食道口线虫（成虫、第4期幼虫）、胎生网尾线虫（成虫、第4期幼虫）。

阿维菌素至少在用药7天内能预防奥斯特线虫、柏氏血矛线虫、古柏线虫、辐射食道口线虫的重复感染，对胎生网尾线虫甚至能保持药效14天。对牛颚虱的驱除至少能保持药效56天以上。阿维菌素对微小牛蜱吸血雌蜱的驱除效应至少维持21天，而且能使残存雌蜱产卵减少。

阿维菌素对某些在厩粪中繁殖的双翅类幼虫也极有效，如给牛一次性皮下注射200皮克/千克，据粪便检查，至少在21天内能阻止水牛蝇（东方血）的发育。

【注意】阿维菌素的毒性较伊维菌素强。其性质不太稳定，特别对光线敏感，迅速氧化灭活。因此，阿维菌素的各种剂型，更应注意贮存使用条件。阿维菌素的其他注意事项可适当参考伊维菌素内容。牛羊泌乳期禁用。

【用法用量及休药期】阿维菌素片。以阿维菌素B计，内服，一次量，每千克体重，羊、猪0.3毫克。休药期，羊35日，猪28日。

阿维菌素注射液。以阿维菌素B计，皮下注射，一次量，每千克体重，羊0.2毫克，猪0.3毫克。休药期，羊35日，猪28日。

阿维菌素粉。以阿维菌素B计，内服，一次量，每千克体重，羊、猪0.3毫克。休药期，羊35日，猪28日。

阿维南素胶囊。以阿维菌素B计。内服。一次量、每千克体重，羊、猪0.3毫克。休药期，羊35日，猪28日。

阿维菌素透皮溶液。浇注或涂擦，一次量，牛、猪每千克体重0.1毫升，由肩部向后沿背中线浇注。犬、兔两耳耳背部内侧涂擦。休药期，牛、猪42日。

3. 莫昔克丁

【用途】①牛。牛主要用莫昔克丁注射剂和浇泼剂，对奥氏奥斯特线虫成虫和幼虫、牛仰口线虫成虫及第 4 期幼虫、琴形奥斯特线虫、柏氏血矛线虫、艾氏毛圆线虫、蛇形毛圆线虫、无色毛首鞭形线虫、辐射食道口线虫和胎生网尾线虫等有良好驱虫效果。

对吸吮性外寄生虫，如牛血虱、牛颚虱、牛管虱和牛纹皮蝇蛆有效率达 99%~100%。浇泼剂对牛毛虱的效果更优于注射剂。

② 羊。给羊内服，可驱除血矛线虫、奥斯特线虫、毛圆线虫、古柏线虫、食道口线虫、夏伯特线虫和网尾线虫成虫和幼虫以及细颈线虫。对绵羊痒螨也有极好疗效。对道口线虫、网尾线虫驱除率超过 99%。

③ 犬。对犬钩口线虫有高效，但对犬鞭虫亦无效。低剂量莫昔克丁对犬恶丝虫的预防作用与伊维菌素相似，如按 3 皮克/千克剂量对犬恶丝虫一月龄及二月龄幼虫有特效。

【注意】① 莫昔克丁对动物较安全，而且对伊维菌素敏感的长毛牧羊犬用之亦安全，但高剂量，个别犬可能会出现嗜眠、呕吐、共济失调、厌食、下痢等症状。

② 牛应用浇泼剂后，6 小时内不能淋雨。

③ 注射液只适用于肉牛和非泌乳牛。

【用法用量及休药期】莫昔克丁浇泼溶液。以莫昔克丁计，外用，沿着奶牛背脊从鬐甲到尾根倾注，每千克体重 0.5 毫克。弃奶期 0 日。

吡虫啉莫昔克丁滴剂（犬用）。以本品计，外用，一次量，每千克体重，犬 0.1 毫升。预防或治疗期间，每月给药一次。为防止犬舔舐，可将本品滴于犬背两肩胛骨之间到臀部的皮肤上，分 3~4 处滴加。

吡虫啉莫昔克丁滴剂（猫用）。以本品计，外用，一次量，每千克体重，猫 6.1 毫升。预防或治疗期间，每月给药一次。为防止舔舐，仅限于猫头后颈部皮肤给药。

（五）其他

1. 哌嗪

我国兽药典收载的为枸橼酸哌嗪和磷酸哌嗪。

【用途】① 猪。对猪蛔虫和食道口线虫驱虫效果极佳，一般 2 个月后再用一次。

② 家禽。对鸡蛔虫驱除效果极佳。但对鸡盲肠虫（鸡异刺线虫）效果较差。哌嗪对鹅裂口线虫成虫有效率高。

③ 犬、猫。哌嗪对弓首蛔虫、狮弓蛔虫的驱虫效果好，对北方钩虫（狐狸板口线虫）驱除率亦较理想。但对犬钩口线虫效果差，对鞭虫、绦虫无效。

④ 牛、羊。由于哌嗪对反刍动物食道口线虫、牛弓首蛔虫作用有限，加之对皱胃、小肠内寄生线虫基本无效，而无临床应用意义。

【药物相互作用】① 应用哌嗪时不能并用泻剂，因为迅速地排出药物，可致驱虫失败。

② 与吩噻嗪类药物并用时，能使药物毒性增强。

③ 与噻嘧啶、甲噻嘧啶合用时，有拮抗作用。

④ 与氯丙嗪合用可诱发癫痫。

⑤ 动物在内服哌嗪和亚硝胺盐后，在胃中哌嗪可转变成亚硝基化合物为动物致癌物质。

【注意】① 由于未成熟虫体对哌嗪没有成虫那样敏感，通常应重复用药，间隔用药时间，犬、猫为2～3周，马为3～4周，猪为2个月，禽为10～14日。

② 哌嗪的各种盐给动物（特别是猪、禽）饮水或混饲给药时，必须在8～12小时内用完，而且应该禁食（饮）一夜。

【用法用量及休药期】枸橼酸哌嗪片。以枸橼酸哌嗪计，内服，一次量。每千克体重，马、牛0.25克；羊、猪0.25～0.3克，禽0.25克，犬0.1克。休药期，牛、羊28日，猪21日，禽14日。弃蛋期7日。

磷酸哌嗪片。以磷酸哌嗪计，内服，一次量，每千克体重。马、猪0.2～0.25克；犬、猫0.07～0.1克，禽0.2～0.5克。休药期，猪21日，禽14日。弃蛋期7日。

2. 枸橼酸乙胺嗪

【用途】① 肺线虫。对牛、羊网尾线虫，特别是成虫驱除效果极佳，因此适用于早期感染，但通常必需每天一次，连用3天。对羊原圆线虫和猪后圆线虫也有一定效果。

② 脑脊髓丝状虫。乙胺嗪对马、羊脑脊髓丝状虫有良好效果，但必须连用5天。

③ 犬恶丝虫。乙胺嗪是传统的犬恶丝虫预防药，虽不能杀死成虫，但对感染性第3期、第4期幼虫有特效。在犬恶丝虫病流行地区，在用乙胺嗪前，必须先用杀成虫药和杀微丝蚴药。

【注意】① 由于个别微丝蚴阳性犬，应用乙胺嗪后会引起过敏反应，甚至致死，因此微丝阳性犬，严禁使用乙胺嗪。

② 为保证药效，在犬恶丝虫病流行地区，在整个有蚊虫季节以及此后两个月内，实行每天连续不断喂药措施（6.6毫克/千克），每隔6个月检查一次

微丝蚴,若为阳性,则停止预防,重新采取杀成虫、杀微丝蚴措施。

③ 驱蛔虫,大剂量喂服时,常使空腹的犬、猫呕吐,因此,宜喂食后服用。因药物对蛔虫未成熟虫体无效,经过10~20天再用药一次。

【用法用量】枸橼酸乙胺嗪片。以枸橼酸乙胺嗪计,内服,一次量,每千克体重,马、牛、羊、猪20毫克;犬、猫50毫克。休药期,牛、羊、猪28日。弃奶期7日。

二、抗绦虫药

(一) 氯硝柳胺

【用途】① 牛、羊。氯硝柳胺主要用于牛、羊的莫尼茨绦虫和无卵黄腺绦虫感染。较大剂量对牛、羊、鹿的继体绦虫也极有效。氯硝柳胺对绦虫头节和体节具有同样的驱除效果。有资料证实,氯硝柳胺对羊小肠和皱胃内前后盘吸虫童虫有效率为94%。

② 禽。对鸡的各种赖利绦虫、火鸡赖利绦虫、鸽赖利绦虫疗效较好。

③ 杀灭钉螺。可杀灭钉螺及血吸虫尾蚴、毛蚴作用,对小河塘、沟渠、稻田及浅水草滩浸杀钉螺。陆地灭螺可进行喷洒。

【注意】① 本品安全范围较广,多数动物使用安全,但犬、猫较敏感,两倍治疗量,则出现暂时性下痢,但能耐过。

② 动物在给药前,应隔夜禁食。

【用法用量及休药期】氯硝柳胺片。以氯硝柳胺计,内服,一次量,每千克体重,牛40~60毫克;羊60~70毫克;禽50~60毫克;犬、猫80~100毫克。休药期,牛、羊28日,禽28日。

复方氯硝柳胺片。以氯硝柳胺计,内服,一次量,每千克体重,犬100毫克,空腹或与少许食物同服。

(二) 吡喹酮

【用途】① 羊。吡喹酮对绵羊、山羊大多数绦虫均有高效,10~15毫克/千克剂量对扩展莫尼茨绦虫、贝氏莫尼茨绦虫、球点斯泰绦虫和无卵黄腺绦虫均有100%驱杀效果。对矛形双腔吸虫、胰阔盘吸虫、绵羊绦虫需用50毫克/千克剂量才能有效。对细颈囊尾蚴应以75毫克/千克,连服3天,杀灭效果100%。对绵羊、山羊日本分体吸虫有高效,20毫克/千克剂量灭虫率接近100%。

② 牛。10~25毫克/千克日量,连用4天,或一次内服50毫克/千克,对牛细颈囊尾蚴、耕牛血吸虫有高效。

③ 犬、猫。对犬豆状带绦虫、大复孔绦虫，猫肥颈带绦虫、乔伊绦虫有高效；对细粒棘球绦虫、多房棘球绦虫需用 5~10 毫克/千克剂量，始能驱净虫体。对 1~14 日龄幼虫应用更高剂量，对曼氏迭宫绦虫、宽节裂头绦虫必须按 25 毫克/千克日量，连用 2 天。

④ 猪。吡喹酮对猪细颈囊尾蚴有较好效果。

⑤ 禽。对鸡有轮赖利绦虫、漏斗带绦虫和节片戴文绦虫驱虫率高。对鹅、鸭矛形剑带绦虫、斯氏双绦虫、片形皱缘虫、细小匙沟绦虫、微细小体钩绦虫和冠状双盔绦虫亦有高效，10~20 毫克/千克剂量。

【注意】① 本品毒性虽极低，但高剂量偶可使动物血清谷丙转氨酶轻度升高。治疗血吸虫病时，个别牛会出现体温升高、肌肉震颤和瘤胃膨胀等现象。

② 大剂量皮下注射时，有时会出现局部刺激反应。犬、猫出现的全身反应为疼痛、呕吐、下痢、流涎、无力、昏睡等现象，但多能耐过。

【用法用量及休药期】吡喹酮片。以吡喹酮计，内服，一次量，每千克体重，牛、羊、猪 10~35 毫克；犬、猫 2.5~5 毫克；禽 10~20 毫克。休药期，牛、禽 28 日，羊 4 日，猪 5 日；弃奶期 7 日。

吡喹酮粉。以吡喹酮计，内服，一次量，每千克体重，牛、羊、猪 10~35 毫克；犬、猫 2.5~5 毫克。休药期，28 日；弃奶期 7 日。

吡喹酮咀嚼片。以吡喹酮计，内服，一次量每千克体重，犬 5 毫克。每 3~4 日 1 次，连用 3 次。

吡喹酮硅胶棒。在犬上腹部体侧选择 4 平方厘米左右皮肤，剪毛，消毒，局部麻醉下切 1 厘米左右切口，在专用植入器紧贴皮下进入后，将药棒呈扇形植入犬皮下，创口缝合即可。使用剂量每千克体重 100~200 毫克。一般使用可按犬体重在 10 千克以下者，埋 2 支（每支 0.5 克），10 千克以上者埋 4 支，20 千克以上者埋 5 支。不推荐用于 4 周龄以内的幼犬。埋植 1 次后驱虫作用可维持 2 年。或遵医嘱。

三、抗吸虫药

（一）硝氯酚

【用途】硝氯酚是比较理想的驱牛、羊、猪肝片吸虫药。

【药物相互作用】① 硝氯酚配成溶液给牛灌服前，若先灌服浓氯化钠溶液，能反射性使食管沟关闭，使药物直接进入皱胃，虽增强驱虫效果，但同时亦因增加了毒副作用的发生率，而不宜采用。

② 硝氯酚中毒时，禁用钙剂静注。

【注意】① 治疗量对动物比较安全，过量引起的中毒症状（如发热、呼吸困难、窒息），可根据症状，选用安钠咖、毒毛旋花子苷、维生素 C 等治疗。

② 硝氯酚注射液给牛、羊注射时，用药更方便，用量更少，但用时必须根据体重精确计量，以防中毒。

【用法用量及休药期】硝氯酚片。以硝氯酚计。内服，一次量，每千克体重，黄牛 3~7 毫克：水牛 1~3 毫克；羊 3~4 毫克。休药期，牛、羊 28 日。

硝氯酚伊维菌素片。以硝氯酚计，内服，一次量，每千克体重，牛、羊 3 毫克。休药期，35 日。

阿苯达唑硝氯酚片。以硝氯酚计，内服，一次量、每千克体重，牛、羊 4~6 毫克。休药期，28 日。

（二）碘醚柳胺

【用途】对牛羊肝片吸虫驱除效果好。还可用于治疗血矛线虫病和羊鼻蝇蛆。

【药物相互作用】与噻苯达唑合用，治疗牛羊的肝片吸虫病和胃肠道线虫病，不改变两者的安全系数。

【注意】为彻底消除未成熟虫体，用药 3 周后，最好再重复用药一次。

【用法用量及休药期】碘醚柳胺混悬液、碘醚柳胺片、碘醚柳胺粉。以碘醚柳胺计，内服，一次量，每千克体重，牛、羊 7~12 毫克。休药期，牛、羊 60 日。

（三）氯氰碘柳胺钠

【用途】主要用于牛、羊杀肝片吸虫药。对多效胃肠道线虫，如血矛线虫、仰口线虫、食道口线虫等驱除率也很高。羊捻转血矛线虫虽然也能对本品产生耐药性，但应用本品对各种耐药虫株（如耐伊维菌素、耐左旋咪唑、耐苯并咪唑类等）亦有良效。

【注意】注射剂对局部组织有一定的刺激性。

【用法用量及休药期】氯氰碘柳胺钠注射液。以氯氰碘柳胺计，皮下或肌内注射，一次量，每千克体重，牛 2.5~5 毫克；羊 5~10 毫克。休药期，牛、羊 28 日。弃奶期 28 日。

阿维菌素氯氰碘柳胺钠片。以本品计，内服，一次量，每千克体重，牛、羊 0.1 片。休药期，牛、羊 35 日。

复方氯氰碘柳胺钠、甲苯达唑口服混悬液，供绵羊专用。

（四）硝碘酚腈

【用途】对牛、羊、猪肝片吸虫有良好效果。

【药物相互作用】注射液不能与其他药物混合，以免产生配伍禁忌。

【注意】① 本品安全范围较窄，过量常引起呼吸增快、体温升高，此时应保持动物安静，并静脉注射葡萄糖生理盐水。

② 注射液对局部组织有刺激性，犬的反应最为严重，除半数以上出现严重局部反应外，甚至引起肿胀。

③ 本品排泄时，能使乳汁及尿液染黄，应注意垫料的及时更换。此外，药液亦能使羊毛、毛发染黄，故注射时应防止药液泄漏。

【用法用量及休药期】以硝碘酚腈计。皮下注射，一次量，每千克体重，羊 10 毫克。休药期，羊 30 日，弃奶期 5 日。

（五）三氯苯达唑

【用途】对牛、绵羊、山羊等反刍动物肝片吸虫有良好驱虫效果。

【注意】治疗急性肝片吸虫病，5 周后应重复用药一次。

【用法用量及休药期】三氯苯达唑片和三氯苯达唑颗粒。以三氯苯达唑计，内服，一次量，每千克体重，牛 12 毫克；羊 10 毫克。休药期，牛、羊 56 日。

（六）地芬尼泰

【用途】① 羊。地芬尼泰最适用于绵羊由于童虫寄生在肝实质中引起的急性肝片吸虫病。对绵羊大片形吸虫童虫亦有良效。

② 牛。对黄牛、水牛的大片形吸虫成虫有一定效果。

【注意】① 本品用于急性肝片吸虫病时，最好与其他杀片形吸虫成虫药并用。作预防药应用时，最好间隔 8 周，再重复应用一次。

② 本品安全范围较广，但过量可引起动物视觉障碍和羊毛脱落现象。

【用法用量及休药期】地芬尼泰混悬液。以地芬尼泰计，内服，一次量，每千克体重，羊 100 毫克。休药期，羊 7 日。

（七）羟氯扎胺

【用途】用于治疗牛肝片吸虫病。

【注意】① 给药后动物可能会出现轻微的粪便软化、排便次数增多、短暂的食欲不振或腹泻等症状，停药后恢复正常。

② 过量使用本品可能引起动物相对增重率下降。

③ 在正常剂量下，本品对存在于肝组织中的未成熟吸虫没有活性。

【用法用量及休药期】羟氯扎胺混悬液。以羟氯扎胺计，内服，一次量，每千克体重，牛 100 毫克。休药期，牛 28 日，弃奶期 72 小时。

四、抗血吸虫药

我国兽医临床批准的是吡喹酮，可参考抗绦虫药有关内容。

第二节 抗原虫药

一、抗球虫药

（一）聚醚类离子载体抗生素

1. 莫能菌素

【用途】用于防治鸡球虫病；辅助缓解奶牛酮病症状，提高产奶量。莫能菌素抗球虫谱较广，对鸡的柔嫩、堆型、布氏、毒害和巨型等艾美耳球虫均有高效。此外，对火鸡腺艾美耳球虫感染，鹌鹑的分散艾美耳球虫感染亦有高效。

【药物相互作用】① 莫能菌素不宜与其他抗球虫药并用，否则易使毒性增强。

② 由于泰妙菌素能明显影响莫能菌素的代谢，可导致雏鸡体重减轻，甚至中毒死亡，因此，在应用泰妙菌素的前后 7 日内，禁止使用莫能菌素。

【注意】① 本品毒性较大，存在明显的种属差异，尤其对马属动物的毒性最大，应禁用。10 周以上火鸡、珍珠鸡及鸟类亦因较敏感而不宜应用。

② 大剂量（120 毫克/千克饲料浓度）莫能菌素对鸡球虫的免疫力具有明显的抑制效应，但停药后即可恢复。因此，对肉鸡应连续使用而不能间断，而对蛋鸡建议以较低浓度（90~100 毫克/千克饲料浓度）或短期轮换给药为好。

③ 本品常采用预混剂形式添加，用药时应仔细按莫能菌素含量进行精确计算。

④ 蛋鸡产蛋期与超过 16 周龄的肉鸡禁用。

⑤ 搅拌配料时，要避免与皮肤、眼睛接触。

【用法用量及休药期】莫能菌素预混剂。以莫能菌素计，混饲，每吨饲料，鸡 90~110 克；奶牛（泌乳期添加），一日量，每头 0.15~0.45 克。休药期，鸡 5 日。

2. 盐霉素

【用途】① 家禽。兽医临床上盐霉素主用于预防鸡球虫病。

② 猪。由于盐霉素对革兰氏阳性厌氧菌有明显的抑制作用，因而对家畜有一定的促生长效果。但目前已禁止在饲料中添加用于促生长。

【药物相互作用】① 盐霉素禁与其他类抗球虫药合并使用，否则增加毒性甚至出现死亡。

② 禁与泰妙菌素并用，因为泰妙菌素能阻止盐霉素的代谢而导致体重减轻，甚至死亡。必须应用时，至少应间隔7日。

【注意】① 本品的毒性比莫能菌素强，按80毫克/千克饲料浓度饲喂雏鸡即可出现采食减少，影响增重。在使用预混剂时须精确计量有效成分。

② 高剂量（80毫克/千克）盐霉素，可抑制宿主对球虫免疫力的产生。

③ 蛋鸡产蛋期禁用。

【用法用量及休药期】盐霉素预混剂、盐霉素钠预混剂。以盐霉素计，混饲，每吨饲料，鸡60克。休药期，鸡5日。

3. 甲基盐霉素

【用途】甲基盐霉素对肉鸡的堆型、布氏、巨型、毒害艾美耳球虫的预防效果有明显差异，甲基盐霉素在40毫克/千克剂量时对堆型、巨型艾美耳球虫能产生良好的抗球虫效果；在60毫克/千克剂量时才能对毒害艾美耳球虫有效；在80毫克/千克剂量时对布氏艾美耳球虫才能发挥药效。

【药物相互作用】禁与泰妙菌素并用，否则会使毒性增强。

【注意】① 本品毒性比盐霉素更强，对鸡的安全范围较窄，用药时必须精确计量，并应根据用药效果调整用药浓度。

② 本品仅限用于肉鸡，蛋鸡产蛋期禁用。

【用法用量及休药期】甲基盐霉素预混剂。以甲基盐霉素计，混饲，每吨饲料，鸡60~80克。休药期，鸡5日。

甲基盐霉素尼卡巴嗪复方预混剂。以本品计，混饲，每吨饲料，鸡375~625克。休药期，鸡5日。

4. 拉沙洛西

【用途】本品为广谱高效抗球虫药，除对堆型艾美耳球虫作用稍差外，对鸡柔嫩、毒害巨型、和缓等艾美耳球虫的抗球虫效应，甚至超过同类的莫能菌素和盐霉素。

【注意】① 本品在应用上比莫能菌素、盐霉素安全，但马属动物极敏感，应避免接触。

② 在实际应用时为获得最佳疗效，应根据球虫的感染严重程度及时调整用药浓度。

③ 在75毫克/千克饲料浓度时，能严重抑制宿主对球虫的免疫力产生，在应用过程中停药易暴发更严重的球虫病。

④ 高剂量下能增加潮湿鸡舍中雏鸡的热应激反应，死亡率增高。

⑤ 严格按规定剂量用药。

【用法用量及休药期】拉沙洛西钠预混剂。以拉沙洛西钠计，混饲，每吨饲料，鸡75~125克。蛋鸡产蛋期禁用。休药期，鸡3日。

5. 马度米星铵（马杜霉素）

【用途】主要用于肉鸡球虫病，对鸡巨型、毒害、柔嫩、堆型和布氏艾美耳球虫均有良好的抑杀效果，其抗球虫效果优于莫能菌素、盐霉素、甲基盐霉素等。

【注意】① 本品毒性较大，除肉鸡外禁用于其他动物。但对肉鸡的安全范围很窄，超过6毫克/千克饲料浓度能明显抑制肉鸡生长，8毫克/千克饲料浓度即能使部分鸡发生脱羽现象。按2倍治疗浓度（10毫克/千克）即可引起雏鸡中毒死亡，用药时必须精确计算用药量并充分搅拌均匀。

② 饲喂马度米星铵的鸡的粪便，不可再加工作为动物饲料，否则会引起动物中毒死亡。

③ 产蛋鸡禁用，种鸡禁用。

【用法用量及休药期】马度米星铵预混剂。以马度米星铵计，混饲，每吨饲料，肉鸡5克。休药期，鸡7日。

复方马度米星铵预混剂。以本品计，混饲、每吨饲料，肉鸡500克，连用5~7日。休药期，鸡7日。

马度米星铵尼卡巴嗪预混剂。以本品计，混饲，每吨饲料，肉鸡500克，连用5~7日。休药期，鸡7日。

6. 赛杜霉素

【用途】主用于预防肉鸡球虫病，对鸡堆型、巨型、布氏、柔嫩、和缓艾美耳球虫均有良好抑杀效果，对其他非离子载体类抗球虫药产生耐药的球虫株对本品亦敏感。

【注意】主要用于肉鸡，禁用于蛋鸡产蛋期及其他动物。

【用法用量及休药期】赛杜霉素钠预混剂。以赛杜霉素钠计，混饲，每吨饲料，肉鸡25克。休药期，鸡5日。

7. 海南霉素

【用途】本品对鸡柔嫩、毒害、巨型、堆型、和缓艾美耳球虫等均有一定的抗球虫效果，其卵囊值、血便及病变值均优于盐霉素。

【注意】① 本品是聚醚类抗生素中毒性最大的一种抗球虫药。

② 本品仅用于肉鸡，禁用于蛋鸡产蛋期及其他动物。

③ 禁与其他类抗球虫药物合用。

【用法用量及休药期】海南霉素钠预混剂。以海南霉素计，混饲，每吨饲料，肉鸡 5~7.5 克。休药期，鸡 7 日。

（二）三嗪类

1. 地克珠利

【用途】① 家禽。对鸡的柔嫩、堆型、毒害、布氏、巨型艾美耳球虫的抗球虫作用极好，除能有效地控制自肠球虫的发生和鸡的死亡外，也能使病鸡的球虫卵全部消失。地克珠利对和缓艾美耳球虫亦有高效。一般来说，地克珠利对球虫的防治效果要大大优于其他常用的非载体类抗球虫药和莫能菌素等离子载体抗球虫药。

② 家兔。地克珠利按 1 毫克/千克饲料浓度对家兔的肝脏球虫和肠球虫具有高效抵抗作用。

【注意】① 本品很易引起球虫耐药性的产生，可与同类的托曲珠利出现交叉耐药性，因此连续应用地克珠利不得超过 6 个月。在采取轮换用药时，不可应用同类药物如托曲珠利。

② 抗球虫作用时间短暂，停药 1 天后作用基本消失。肉鸡必须连续用药以防止球虫病再度暴发。地克珠利的用药浓度极低，饲料药物浓度的容许变动值为 0.8~1.2 毫克/千克，在混饲给药时必须充分拌匀，否则影响疗效。

③ 地克珠利饮水剂型在经混饮给药时，其水溶液的稳定期仅约 4 小时，宜现用现配。

④ 产蛋供人食用的家禽，在产蛋期不得使用。

【用法用量及休药期】地克珠利预混剂。以地克珠利计，混饲、每吨饲料，禽、兔 1 克。休药期，鸡 5 日。

地克珠利颗粒。以地克珠利计，混饮，每升水，鸡 1.7~3.4 毫克。休药期，肉鸡 5 日。

地克珠利溶液。以本品计，混饮，每升饮水，鸡 0.1~0.2 毫升。休药期，鸡 5 日。

2. 托曲珠利

【用途】用于防治鸡、仔猪和犊牛的球虫病。

① 家禽。用于鸡、火鸡、鹅等球虫病的治疗，而且对其他抗球虫药耐药的虫株对本品也很敏感。

② 哺乳动物。对哺乳动物的球虫、住肉孢子虫和弓形虫感染等有效。羊一次内服 20 毫克/千克，或按托曲珠利 10~15 毫克/千克混饲给药，能有效地防治羔羊的球虫病。兔按 10~15 毫克/千克混饲给药对兔肝球虫和肠球虫效果佳，亦用于预防仔猪和牛的球虫病。

【注意】① 连续使用易使球虫产生耐药性，与地克珠利存在交叉耐药性现象。建议连续应用不得超过 6 个月。

② 托曲珠利在水溶液中不稳定，宜现配现用，并在短时间内饮服完毕。

③ 托曲珠利的主要代谢产物为托曲珠利砜，该成分稳定（半衰期>1年）而且能溶于土壤中，该成分对植物有毒性。对用药后牛的粪便，应用至少 3 倍重量的未用药牛便进行稀释后才能排放到土壤中。

④ 蛋鸡产蛋期禁用，动物泌乳期禁用。

【用法用量及休药期】托曲珠利溶液。以托曲珠利计，混饮，鸡每升饮水，25 毫克，一日 1 次，连用 2 日。休药期，鸡 16 日。

托曲珠利混悬液。以托曲珠利计，内服，一次量，3~5 日龄犊牛，每千克体重 15 毫克。休药期，牛 63 日，仔猪 77 日。

托曲珠利内服混悬液。以托曲珠利计，内服，一次量，3~5 日龄的仔猪，每千克体重 20 毫克。休药期，猪 77 日。

（三）二硝基类

1. 尼卡巴嗪

【用途】主要用于预防鸡柔嫩艾美耳球虫（肠球虫），堆型、巨型、毒害、布氏艾美耳球虫（小肠球虫）等。

【注意】① 主要用作预防用药，但鸡群大量接触感染性卵囊而暴发球虫病时，应迅速改为其他治疗性用药，即疗效更强的其他药物（如托曲珠利、磺胺类药等）。

② 禁用于产蛋鸡与种鸡，会使蛋鸡的产蛋率、受精率及蛋的品质下降和棕色蛋壳色泽变浅。

③ 本品对雏鸡有潜在的生长抑制效应，不宜用于 5 周龄以下幼鸡。

④ 本品具有热应激效应，在天气炎热期间，当鸡舍的通风不良或降温设备不全致使舍内温度超过 40℃时，会增加雏鸡的死亡率。

【用法用量及休药期】尼卡巴嗪预混剂。以尼卡巴嗪计，混饲，每吨饲料，鸡 100~125 克。休药期，鸡 4 日。

甲基盐霉素尼卡巴嗪预混剂。以本品计，混饲，每吨饲料，鸡 375~625 克。休药期，鸡 5 日。

马度米星铵尼卡巴嗪预混剂。以本品计，混饲，每吨饲料，鸡 500 克，连用 5~7 日。休药期，鸡 74 日。

2. 二硝托胺

【用途】本品对鸡毒害、柔嫩、布氏、巨型艾美耳球虫等均有良好的防治效果，特别是对小肠致病性最强的毒害艾美耳球虫作用最佳，但对堆型艾美耳球虫作用稍差。二硝托胺可有效地预防家兔球虫病的暴发（按每千克体重 50 毫克剂量，每天 2 次，连用 5 天）。

【注意】① 本品制剂颗粒的大小是影响其抗球虫作用的主要因素，使用时应制成极微细粉末。

② 预防肉鸡球虫病时，须连续应用。停药过早、中断使用常致球虫病的复发。

③ 产蛋供人食用的鸡，在产蛋期不得使用。

④ 饲料中添加量超过 250 毫克/千克（以二硝托胺计）时，若连续饲喂 15 日以上可抑制雏鸡增重。

【用法用量及休药期】二硝托胺预混剂。以本品计，混饲，每吨饲料，鸡 500 克。休药期，鸡 3 日。

（四）磺胺类

参见磺胺药部分内容。

（五）其他类抗球虫药物

1. 氨丙啉

【用途】① 家禽。本品对鸡柔嫩、堆型艾美耳球虫作用最强，对毒害、布氏、巨型和缓艾美耳球虫的作用较差。临床上多与乙氧酰胺苯甲酯、磺胺喹噁啉等抗球虫药联合应用，以增强疗效。按 120 毫克/升饮水浓度能有效地预防和治疗火鸡的球虫病。

② 牛、羊等动物。本品对犊牛和羔羊的艾美耳球虫具有良好的预防效果。

【注意】① 本品性质稳定，可与多种维生素、矿物质、抗菌药等混合，但在仔鸡饲料中仍发生缓慢分解。现用现配。

② 本品与硫胺素（维生素 B_1）能产生竞争性拮抗作用，当用药浓度过高，能引起雏鸡的硫胺素缺乏而表现多发性神经炎，补充硫胺素虽可使鸡群恢

复,但可明显影响氨丙啉的抗球虫活性。

③ 犊牛、羔羊在高剂量连喂 20 日以上时,能引起硫胺素的缺乏而导致脑皮质坏死,从而出现神经症状

④ 产蛋鸡禁用。

【用法用量及休药期】盐酸氨丙啉磺胺喹噁啉钠可溶性粉。以本品计,混饮,每升饮水,鸡 0.5 克,连用 3~5 日。休药期,鸡 1 日。

盐酸氨丙啉乙氧酰胺苯甲酯预混剂。以本品计,混饲,每吨饲料,鸡 500 克。休药期,鸡 3 日。

盐酸氯丙啉乙氧酰胺苯甲酯磺胺喹噁啉可溶性粉。以本品计,混饮,每升水,鸡 0.25 克,连用 5 日。休药期,鸡 13 日。

盐酸氯丙啉乙氧酰胺苯甲酯磺胺喹噁啉预混剂。以本品计,混饲,每吨饲料,鸡 500 克。休药期,鸡 7 日。

2. 乙氧酰胺苯甲酯

【用途】本品对鸡巨型、布氏艾美耳球虫及其他小肠球虫具有较强的抑制作用,可弥补氨丙啉对这些球虫作用的不足,而乙氧酰胺苯甲酯又对柔嫩艾美耳球虫等缺乏活性,反之又可对氨丙啉的有效活性进行补偿,从而决定了本品不宜单用而多与氨丙啉并用。

【注意】不单独应用,多与氨丙啉、磺胺喹啉等配成预混剂。

【用法用量及休药期】参考其他预混剂项。

3. 氯羟吡啶

【用途】① 家禽。氯羟吡啶在我国是使用最广泛的抗球虫药之一,它的抗虫谱较广,对鸡的柔嫩、毒害、布氏、巨型、堆型、和缓和早熟艾美耳球虫均有良好的效果。本品对火鸡的球虫病亦有很好的预防效果。在临床上对聚醚类离子载体抗生素产生耐药性的球虫,换用氯羟吡啶后效果仍佳。

② 家兔。氯羟吡啶按 0.02% 混饲浓度能有效地控制家兔球虫病的暴发。

【注意】① 本品对球虫仅有抑制其发育作用,并对球虫免疫力产生有明显抑制效应,因此肉鸡必须连续应用而不能间断或停用。

② 本品化学结构与喹噁啉类抗球虫药如丁氧喹酯、癸氧喹酯和苄氧喹甲酯类似,有可能存在交叉耐药性。因此,鸡场一旦发现球虫对氯羟吡啶耐药,除立即停止应用外,亦不能换用喹噁啉类抗球虫药。

③ 产蛋供人食用的鸡,在产蛋期不得使用。

④ 后备鸡群可以连续喂至 16 周龄。

【用法用量及休药期】氯羟吡啶预混剂。以本品计,混饲,每吨饲料,鸡

500 克；兔 800 克。休药期，鸡、兔 5 日。

4. 盐酸氯苯胍

【用途】① 家禽。氯苯胍对柔嫩、毒害、布氏、巨型、堆型、和缓和早熟艾美耳球虫单独或混合感染均有良好的防治效果，其中对柔嫩、堆型、巨型、布氏艾美耳球虫预防效果优于氯羟吡啶。

② 家兔。氯苯胍除对兔肠艾美耳球虫作用稍差外，对大多数兔艾美耳球虫（如中型艾美耳球虫、无残艾美耳球虫等）均有良好的防治效果

【注意】① 由于氯苯胍长期广泛应用，临床上已引起严重的耐药性，对于是否继续使用应进行合理的评估。

② 本品使用较大的剂量如 60 毫克/千克拌料浓度，能使鸡肉、鸡肝甚至鸡蛋出现令人厌恶的不良气味，在较低的拌料浓度（30 毫克/千克）时则不会发生上述现象。因此，对急性暴发性球虫病，宜先用高剂量拌料浓度，经过 1~3 周再转用较低浓度维持为宜。

③ 本品在应用时不宜停药过早，否则常导致球虫病的复发。

④ 产蛋供人食用的鸡，在产蛋期不得使用。

【用法用量及休药期】盐酸氯苯胍片。以盐酸氯苯胍计，内服，一次量，每千克体重，鸡、兔 10~15 毫克。休药期，鸡 5 日，兔 7 日。

盐酸氯苯胍预混剂。以盐酸氯苯胍计，混饲，每吨饲料，鸡 30~60 克，兔 100~150 克。休药期，鸡 5 日，兔 7 日。

5. 氢溴酸常山酮

【用途】对多种球虫均有良好的抑杀作用，尤其对鸡柔嫩、毒害、巨型艾美耳球虫特别敏感（甚至在 1~2 毫克/千克拌料浓度即可产生良好效果），但对堆型、布氏艾美耳球虫及火鸡的小艾美耳球虫、腺艾美耳球虫、孔雀艾美耳球虫等效果稍差，须到 3 毫克千克以上拌料浓度才能阻止其卵囊的排泄。本品还用于牛泰勒虫以及绵羊、山羊的山羊泰勒虫感染。

【注意】① 本品的安全范围较窄，治疗浓度（3 毫克/千克）对鸡、火鸡、兔等较安全，但能抑制水禽生长（鹅、鸭）。其中珍珠鸡最为敏感，易出现中毒死亡。

② 本品在 6 毫克/千克拌料浓度时可影响适口性，鸡采食减少；在 9 毫克/千克时则多数鸡出现拒食现象。因此，药料必须充分拌匀，否则影响药效。

③ 常山酮在国内已出现严重的球虫耐药现象。

④ 禁与其他抗球虫药并用；禁用于 12 周龄以上火鸡、8 周龄以上雏鸡、产蛋鸡及水禽等。

【用法用量及休药期】氢溴酸常山酮预混剂。以氢溴酸常山酮计。混饲，每吨饲料。鸡3克。休药期，鸡5日。

二、抗锥虫药

喹嘧胺

【用途】喹嘧胺的抗锥虫作用谱较广，对伊氏锥虫、马疫锥虫、刚果锥虫、活跃锥虫作用明显，但对布氏锥虫作用较差。临床主用于防治马、牛、骆驼的伊氏锥虫病和马媾疫。

注射用喹嘧胺多在流行地区作预防性给药，通常用药一次的有效预防期，马为3个月，骆驼为3~5个月。

【注意】① 本品具有一定的毒性作用，尤以马属动物最为敏感。通常在注射后15分钟至2小时动物出现兴奋不安、呼吸急促、肌肉震颤、心率增快、频排粪尿、腹痛、全身出汗等症状，一般可自行耐过，但严重者可致死，因此，在用药后必须注意观察，必要时可注射阿托品及采用其他支持与对症疗法。

② 严禁采用静脉注射。在皮下或肌内注射时，常见注射部位出现肿胀，甚至引起硬结，经3~7日可消退。当用量过大时，宜分点多次注射。

③ 宜现用现配。

【用法用量及休药期】注射用喹嘧胺。以有效成分计，肌内、皮下注射，一次量，每千克体重，马、牛、骆驼4~5毫克。临用前用灭菌注射用水配成10%混悬液，现配现用。休药期，牛28日（暂定），弃奶期7日（暂定）。

三、抗梨形虫药

（一）三氮脒（贝尼尔）

【用途】① 牛。对不同种属梨形虫的效果不一。对牛双芽巴贝斯虫，疗效很好。对多数梨形虫的预防效果不佳，例如对分歧巴贝斯虫、牛巴贝斯虫的抗虫作用较差。

② 犬、猫。对大巴贝斯虫引起的临床症状具有明显的消除作用，但对犬吉氏巴贝斯虫需要使用大剂量才有效，且可引起犬明显的中枢神经系统症状。三氮脒对猫巴贝斯虫无效，但对猫的猫巴贝虫有效。

【注意】① 本品的毒性较大，安全范围窄，在治疗量时亦会出现不良反应，但通常能自行耐过。马的不良反应比牛更为严重。三氮脒注射液对局部肌肉组织的刺激性较强，大剂量应分点深部肌注。

② 骆驼对三氮脒敏感，不宜使用。水牛较黄牛敏感，在连续应用时极易出现毒性反应。

③ 大剂量三氮脒能引起乳牛的产奶量减少。

【用法用量及休药期】注射用三氮脒。以三氮脒计，肌内注射，一次量，每千克体重，马3~4毫克；牛、羊3~5毫克。临用前配成5%~7%溶液。休药期，牛、羊28日；弃奶期7日。

（二）双脒苯脲（咪多卡）

【用途】① 预防。对牛的多种巴贝斯虫均有良好的预防效果，例如给牛一次注射2毫克/千克，可保护牛群不受牛双芽巴贝斯虫、牛分歧巴贝斯虫、阿根廷巴贝斯虫侵害，而不影响牛群对虫体的免疫力。

② 治疗。对巴贝斯虫的疗效优于其他药物。对猫巴贝斯虫的治疗效果不理想。

【注意】① 本品的毒性虽比其他抗梨形虫药低，但2毫克/千克剂量能使半数牛出现胆碱酯酶抑制症状（如咳嗽、肌肉震颤、流涎、疝痛），但可在短时间内恢复；若反应严重，可用小剂量阿托品解除。由于本品对宿主具抗胆碱酯酶作用，因此，禁与胆碱酯酶抑制剂（如有机磷杀虫药等）联合应用。

② 本品禁止静脉注射，否则会引起强烈反应，甚至致死。

③ 较高剂量注射时，对局部肌肉组织有较大刺激性。

④ 马较敏感，驴、骡更敏感，应用高剂量时应慎重。

⑤ 为彻底清除机体的带虫状态，本品宜在用药14日后，再重复用药一次。

【用法用量及休药期】二丙酸咪多卡注射液。以咪多卡计，皮下注射，治疗用量为每千克体重，肉牛0.85毫克（相当于每100千克体重，肉牛1毫升）；预防用量为每千克体重，肉牛2.125毫克（相当于每100千克体重，肉牛2.5毫升）。休药期，牛224日。

（三）盐酸吖啶黄（曾用名黄色素、锥黄素）

【用途】吖啶黄对马巴贝斯虫、驽巴贝斯虫，牛双芽巴贝斯虫、牛巴贝斯虫，羊巴贝斯虫均有作用，但对泰勒虫和无浆体无效。在梨形虫发病季节，吖啶黄可每月注射一次，有良好预防效果。由于吖啶黄对革兰氏阳性菌有较强抑菌效应，至今仍广泛用于外伤、子宫及阴道内冲洗（0.1%溶液制剂）。

【注意】① 本品须静脉注射给药，为防止出现全身反应，静脉注射速率宜缓慢；对于体质虚弱病畜，可将一次用量分两次应用，间隔12小时。

② 盐酸吖啶黄注射液对局部肌肉组织具有强烈的刺激性，静脉注射时切

勿漏出血管。

【用法用量及休药期】盐酸吖啶黄注射液。以盐酸吖啶黄计，静脉注射，一次量，每千克体重，马、牛3~4毫克（极量2克）；羊、猪3毫克（极量0.5克）。休药期无须制定。

（四）青蒿琥酯

【用途】可用于防治牛、羊泰勒虫和双芽巴贝斯虫感染。还能杀灭红细胞内的配子体，减少细胞分裂及虫体代谢产物的致热原作用。

【注意】本品对实验动物具有明显的胚胎毒作用，妊娠畜慎用。

【用法用量及休药期】青蒿琥酯片。以青蒿琥酯计，内服，一次量，每千克体重，牛5毫克。一日2次，首次量加倍。连用2~4日。休药期无须制定。

四、抗滴虫药

（一）甲硝唑

【用途】广泛用于犬、猫以及马的贾第鞭毛虫病，牛、犬的生殖道毛滴虫病以及家禽的组织滴虫病。本品已禁用于食品性动物，以下与畜禽相关内容仅供参考。

① 毛滴虫。医学临床上广泛用于阴道滴虫、口腔滴虫、肝脏和肠道阿米巴原虫。对牛的毛滴虫病有良效。

② 贾第鞭毛虫。对犬、猫、马贾第鞭毛虫病，有良好治疗效果。

③ 阿米巴原虫。对犬溶组织阿米巴原虫，能获得与治疗大贾第鞭毛虫病同样的疗效。

④ 组织滴虫。对火鸡的组织滴虫病，有明显疗效。

⑤ 其他。对兔球虫病暴发，能有效控制症状。对密螺旋体所致仔猪血痢，可按10毫克/千克日用量，内服3日，有良好效果。

【注意】① 本品毒性较小，其代谢物常使尿液呈红棕色。当剂量过大，易出现舌炎、胃炎、恶心、呕吐、白细胞减少甚至神经症状，但均能耐过。

② 由于本品能透过胎盘屏障及乳腺屏障，哺乳及妊娠早期动物以不用为宜。

③ 本品静脉注射时应缓慢，对某些实验动物有致癌作用。

④ 本品禁用于所有食品动物的促生长用途；允许作治疗用，但不得在食品动物的任何可食性组织中检出。

【用法用量及休药期】甲硝唑片。以甲硝唑计，内服，每千克体重，牛60毫克，犬25毫克。休药期，牛28日。

氟苯尼考甲硝唑滴耳液（宠物用）。以本品计，滴耳，一次3~4滴，一日2次，连用5~7日。

（二）地美硝唑

【用途】 用于猪密螺旋体性痢疾和禽组织滴虫病。

【注意】 ① 本品有一定的毒性反应，不能与其他抗组织滴虫药物联合使用。

② 家禽连续使用，以不超过10天为宜。

③ 本品禁用于所有食品动物的促生长用途，允许作治疗用，但不得在食品动物的任何可食性组织中检出。

【用法用量及休药期】 地美硝唑预混剂。以地美硝唑计，混饲，每吨饲料，猪200~500克，鸡80~500克。休药期，猪、禽28天。

第三节 杀虫药

一、有机磷化合物

（一）敌敌畏

【用途】 ① 环境杀虫，杀虫效力强，杀虫速度快。

② 杀灭厩舍、家畜体表的寄生虫，如蜱、螨、蚤、虱、蚊、蝇等。

【注意】 ① 原液及乳油应避光密闭保存，稀水溶液易分解，宜现配现用。

② 喷洒药液时应避免污染饮水、饲料、饲槽、用具及动物体表。

③ 敌敌畏对人畜毒性较大，易从消化道、呼吸道及皮肤等途径吸收而中毒。其毒性较敌百虫大6~10倍。家畜出现中毒的主要表现及解救方法同敌百虫。

④ 禽对本品敏感，应慎用。

【用法用量及休药期】 敌敌畏项圈。将项圈系在猫、犬颈部。每只犬、猫1条，使用期2个月。

（二）辛硫磷（肟硫磷、倍腈松、腈肟磷）

【用途】 主要用于驱除家畜体表寄生虫，如羊、猪疥螨等，也可用于杀灭环境中的蚊蝇、蟑螂等节肢动物。

【注意】 本品对光敏感，应避光保存。室外应用残效期短。

【用法用量及休药期】 辛硫磷浇泼溶液。外用，每千克体重，猪30毫克。

沿猪脊背从两耳到尾根（感染严重者，可在每侧耳内另浇淋 75 毫克）。休药期，猪 1 日。

（三）巴胺磷（胺丙畏、烯虫磷）

【用途】主要驱杀牛、羊、猪等家畜体表螨、蚊、蝇、虱等害虫。

【注意】① 对严重感染的羊只，药浴时最好人工辅助擦洗，数日后再药浴一次，效果更好。

② 对家禽具明显毒性。

③ 禁止与其他有机磷化合物和胆碱酯酶抑制剂合用。

【用法用量及休药期】巴胺磷溶液。以本品计，药浴或喷淋，每 1 000 升水，羊 500 毫升。休药期，羊 14 日。

（四）马拉硫磷

【用途】① 治疗畜禽体表寄生虫病，如猪疥螨、羊痒螨、牛体虱、牛皮蝇等。

② 杀灭蚊、蝇、虱、臭虫、蟑螂等卫生害虫。

【药物相互作用】与西维因、敌敌畏、杀螟松等杀虫药混合使用，能显著提高药效。

【注意】① 本品对蜜蜂有剧毒。一月龄以内动物禁用。

② 为了增加水溶液的稳定性和除去药物的臭味，可在 50%马拉硫磷乳油 100 毫升中添加过氧化苯甲酰 1 克，振荡使之完全溶解，可获满意效果。

③ 家畜体表用马拉硫磷后应避免日光照射和风吹数小时；必要时隔 2~3 周可再处理一次。

④ 不可与碱性物质或氧化物质接触。

【用法用量及休药期】以马拉硫磷计。配成 0.2%~0.3%水溶液药浴或喷雾。休药期，28 日。

（五）蝇毒磷溶液

【用途】用于防治牛皮蝇蛆、蜱、螨、虱和蝇等外寄生虫病。

【注意】禁止与其他有机磷化合物以及胆碱酯酶抑制剂合用。

【用法用量及休药期】蝇毒磷溶液。以蝇毒磷计，外用，牛、羊，按 1：(2~5) 稀释，配成 0.02%~0.05%乳剂。休药期，28 日。

（六）倍硫磷

【用途】① 杀灭牛皮蝇蛆，除对第三期蝇蛆有效外，对移行期也有效。

② 杀灭猪体表虱、蜱、蚤、蚊、蝇等。

【注意】① 外用喷洒或浇淋，重复应用应间隔 14 天以上。

② 蜜蜂对倍硫磷敏感。

③ 皮肤接触中毒可用清水或碱性溶液冲洗，忌用高锰钾液洗。

【用法与用量】倍硫磷乳油，肌内注射。一次量，每 100 千克体重，牛 0.4~0.6 毫升（相当于每千克体重 4~6 毫克）；外用，配成 2% 液状石蜡溶液。休药期，牛 35 日。

（七）皮蝇磷

【用途】① 驱杀牛皮蝇蚴、牛瘤蝇蚴、纹皮蝇蚴等。

② 杀灭牛羊锥蝇蛆、蝇、虱、螨等。

【注意】① 本品对人畜毒性较低，但对植物具有严重药害，故不能用来杀灭农作物害虫。

② 在宿主体内残留期长，在蛋或乳中残留期可达 10 天以上，故泌乳牛禁用。

【用法用量】加水稀释成 0.25%~0.5% 液喷淋。

（八）二嗪农

【用途】主要用于驱杀家畜体表寄生的疥螨、痒螨、蜱及虱等。

【注意】① 二嗪农虽属中等毒性，但禽、猫、蜜蜂较敏感，毒性较大。

② 药浴时必须精确计量药液浓度，动物全身漫泡以 1 分钟为宜。为提高对猪疥癣病的治疗效果，可用软刷助洗。

③ 禁止与其他有机磷化合物及胆碱酯酶抑制剂合用。

【用法用量及休药期】二嗪农溶液。以二嗪农计，药浴，每水，牛初液 0.6~0.625 克，补充液 1.5 克；绵羊初液 0.25 克，补充液 0.75 克。休药期，牛、羊 14 日；弃奶期 72 小时。

二嗪农项圈。犬、猫，每只一次 1 条二嗪农项圈，使用期 4 个月。

二、有机氯化合物

三氯杀虫酯（蚊蝇净）

【用途】主要用于驱杀厩舍、环境中的蚊蝇，及家畜体表的虱、蚤等。

【用法用量】喷雾，用水稀释成 1% 浓度，按 0.4 毫升/立方米。喷洒，稀释成 1% 浓度喷洒于家畜体表。

三、拟除虫菊酯类化合物

（一）溴氰菊酯（敌杀死）

【用途】用于防治家畜体外寄生虫病及杀灭环境卫生昆虫。在虫螨并发时，要与专用杀螨剂混用。

【注意】① 溴氰菊酯属于中等毒类。皮肤接触可引起刺激症状，出现红色丘疹。急性中毒时，轻者有头痛、头晕、恶心、呕吐、食欲不振、乏力症状，重者还可出现肌束颤抖和抽搐。急性中毒无特效解毒药，主要以对症治疗为主，阿托品可对抗流涎症状，镇静巴比妥能拮抗中枢兴奋症状。误服中毒时可用4%碳酸氢钠溶液洗胃。用时应注意防护。

② 对鱼、虾、蜜蜂、家蚕毒性大，用该药时应远离其饲养场所，以免造成损失。

③ 不可与碱性物质混用，以免降低药效。

④ 该药对螨类的防治效果甚低，不可专门用作杀螨剂。

⑤ 使用前24小时和用药后72小时内不得使用消毒剂，严禁同其他药物合用。

【用法用量及休药期】溴氰菊酯溶液。以溴氰菊酯计，药浴，每升水，牛、羊5~15毫克（预防），30~50毫克（治疗）。休药期，28日。

（二）氰戊菊酯

【用途】① 驱杀畜禽体表寄生虫如各类螨、蜱、虱、虻等。尤其对有机氯、有机磷化合物敏感的禽，使用较安全。

② 杀灭环境、禽棚舍卫生昆虫，如蚊、蝇等。

【注意】① 不要与碱性物质混用。配制溶液时，水温以12℃为宜，水温不宜超过25℃，否则会降低药效或失效。

② 对蜜蜂、鱼虾、家蚕等毒性高，使用时注意不要污染河流、池塘、桑园、养蜂场所。

③ 使用前24小时和用药后72小时内不得使用消毒剂。

【用法用量及休药期】氰戊菊酯溶液。加水以1∶（1 000~2 000）稀释，喷雾。休药期28日。

（三）氯苯醚菊酯吡虫啉滴剂

【用途】用于预防和治疗犬体表蚤、蜱、虱的寄生，抑制白蛉、厩蝇和蚊子的叮咬，并可用作辅助治疗因蚤引起的过敏性皮炎。

【注意】① 怀孕及哺乳期的母犬亦可使用。

② 使用药品的犬在洗浴、游泳和淋雨后仍能保持药效。

③ 仅用于宠物犬，7周龄以下的幼犬请勿使用。

④ 避免犬只因舔身体而误食。

⑤ 勿用于猫。

【用法用量】二氯苯醚菊酯吡虫啉滴剂。仅供皮肤外用。

四、昆虫生长调节剂

环丙氨嗪（灭蝇胺）

【用途】用于控制动物厩舍内蝇蛆的生长繁殖，杀灭粪池内蝇蛆。

【注意】① 饲料中添加浓度达25毫克/千克时，可使饲料消耗量增加，达500毫克/千克以上可使饲料消耗量减少，1 000毫克/千克以上长期喂养可能因摄食过少而死亡。

② 以饲喂本品的鸡粪便施肥时，以每公顷1~2吨为宜，若超过9吨可能对植物生长不利。

【用法用量及休药期】环丙氨嗪预混剂。以环丙氨嗪计，混饲，每吨饲料，鸡5克，连用4~6周。休药期，鸡3日。

五、新烟碱类杀虫剂

烯啶虫胺

【用途】用于杀灭寄生于犬、猫体表的跳蚤。

【用法用量】内服给药，可同食物一起喂食，也可单独喂服。当有跳蚤寄生时，猫和体重1~11千克的小型犬，规格1.4毫克用药1片；体重在11.1~57千克的犬，规格57毫克用药1片；体重超过57千克的犬，规格57毫克用药2片。若跳蚤寄生严重，则每日用药或每隔日重复用药1次，直到跳蚤得到控制。如果跳蚤重新出现，应再次用药。

【不良反应】喂药后1小时内，宠物会出现比平时较频繁的抓挠动作，这是由于跳蚤对药品产生反应而导致的。极少数猫会有非常短暂的高度兴奋表现。

第五章

作用于神经系统药物

第一节 中枢兴奋药

中枢兴奋药指能选择性地兴奋中枢神经系统，提高其功能活动的药物。按其主要作用部位可分为：①大脑兴奋药。主要兴奋大脑皮层的药物，可引起动物觉醒、精神兴奋与运动亢进。代表药物如咖啡因。②延脑兴奋药。又称呼吸兴奋药，主要兴奋延脑呼吸中枢的药物。如尼可刹米、多沙普仑、贝美格等。③脊髓兴奋药。小剂量提高脊髓反射兴奋性，大剂量导致强直性惊厥。士的宁为典型代表药。

这类药物的作用强弱与给药剂量和动物中枢神经功能状态有关，通常中枢神经系统处于抑制状态时，药物的作用较明显。另外，随着剂量增大，中枢兴奋药的作用部位也随之扩大，过量都可引起中枢神经系统各个部位广泛兴奋，导致惊厥。严重的惊厥可因能量耗竭而转入抑制，此时，不能再用中枢兴奋药来对抗，否则由于中枢过度抑制而致死。对因呼吸麻痹引起的外周性呼吸抑制，中枢兴奋药无效。对循环衰竭导致的呼吸功能减弱，中枢兴奋药能加重脑细胞缺氧，应慎用。

（一）咖啡因

【用途】本品主要对抗中枢抑制药过量所致的抑制；严重传染病、过度劳役引起的呼吸衰竭；也可用于日射病、热射病和中毒引起的急性心力衰竭。与溴化物合用，还可调节大脑皮质的兴奋与抑制的平衡。与高渗葡萄糖、氯化钙配合静脉注射有缓解水肿的作用。

【注意】①大家畜心动过速（100次/分钟以上）或心律不齐时，慎用或禁用。

②忌与鞣酸、碘化物及盐酸四环素、盐酸土霉素等酸性药物配伍，以免发生沉淀。

③因用量过大或给药过频而发生中毒（惊厥）时，可用溴化物、水合氯醛或巴比妥类药物解救。但不能使用麻黄碱或肾上腺素等强心药物，以防毒性增强。

④与阿司匹林配伍可增强胃酸分泌，加剧消化道刺激反应。

⑤与氟喹诺酮类药物合用时，可使咖啡因代谢减少，从而使其血药浓度提高。

【用法用量】安钠咖注射液。静脉、皮下或肌内注射，一次量，马、牛2～5克；羊、猪0.5～2克；犬0.1～0.3克。

（二）尼可刹米

【用途】常用于各种原因引起的呼吸抑制，如中枢抑制药中毒、疾病引起的中枢性呼吸抑制、一氧化碳中毒、溺水、新生仔畜窒息等。在解救中枢抑制药中毒方面，本品对吗啡中毒的解救效果好于对巴比妥类中毒的效果。本品安全范围较宽，但剂量过大时，也可引起阵发性惊厥。

【用法用量】尼可刹米注射液。静脉、肌内或皮下注射：一次量，马、牛2.5～5克；羊、猪0.25～1克；犬0.125～0.5克。

【注意】①剂量过大已接近惊厥剂量时可致血压升高、出汗、心律失常、肌肉震颤及肌肉强直。

②本品静脉注射速度不宜过快。

③如出现惊厥，应及时静脉注射地西泮或小剂量硫喷妥钠。

（三）士的宁

【用途】主要用于治疗神经麻痹性疾患，特别是脊髓性不全麻痹，如后躯委顿、括约肌松弛不全、阴茎脱垂和四肢无力等。

【用法用量】硝酸士的宁注射液。皮下注射，一次量，马、牛15～30毫克；羊、猪2～4毫克；犬0.5～0.8毫克。

【注意】①怀孕及有中枢神经系统兴奋症状的动物禁用。

②肝肾功能不全、癫痫及破伤风患畜禁用。

③吗啡中毒时禁用。

④本品排泄缓慢，长期应用易引起蓄积中毒，故使用时间不宜过长，反复给药时应酌情减量。如出现惊厥，应立即静脉注射戊巴比妥加以对抗，或用较大量的水合氯醛灌肠。

(四) 樟脑磺酸

【用途】中枢兴奋药。用于心脏衰弱、呼吸抑制等辅助治疗以及中枢抑制药中毒。

【用法用量】樟脑磺酸钠注射液。静脉、肌内、皮下注射,一次量,马、牛1~2克;羊、猪0.2~1克;犬0.05~0.1克。

【注意】① 如出现结晶,可加温溶解后使用。

② 家畜屠宰前禁用。

③ 过量中毒时可静脉注射水合氯醛、硫酸镁和10%葡萄糖注射液解救。

第二节 镇静药和抗惊厥药

镇静药是能轻度抑制中枢神经系统而使动物安静的一类药物。主要用于消除动物的狂躁、不安和攻击行为等过度兴奋症状,便于诊疗和生产。大剂量还具抗惊厥作用。催眠药是能诱导睡眠或近似自然睡眠,维持正常睡眠并易于唤醒的药物。能诱导深度睡眠但仍能唤醒的药物称为安眠药。常用的镇静药和催眠药有水合氯醛类、巴比妥类、苯二氮䓬类、α_2受体激动剂和甲苯咪酯。

抗惊厥药是缓解和消除惊厥症状的药物。惊厥是在病理状态下中枢神经系统过度兴奋引起的全身骨骼肌突发性痉挛收缩或强直收缩。强烈而持久的惊厥可致窒息和循环衰竭,甚至危及生命,必须及早救治。

一、镇静药

(一) 氯丙嗪

【用途】① 镇静。用作大家畜破伤风的辅助治疗,或消除脑炎的狂暴症状及降低动物(犬、猫等)的攻击性。

② 麻醉前给药。用于强化麻醉,使水合氯醛的用量减少1/3~1/2,并能减少支气管腺或唾液腺的分泌,增加骨骼肌松弛度。

③ 解除平滑肌痉挛。用作大家畜食管梗塞及痉挛性腹痛的辅助治疗药。

④ 镇痛、降温、抗休克。用于严重外伤、骨折、烧伤和中暑等;在高温季节长途运输畜禽,使用本品可减少死亡。

⑤ 用于母猪分娩后无乳症的辅助治疗。

【注意】① 因可能引起兴奋,故马禁用。

② 有黄疸、肝炎和肾炎的患病动物及年老体弱动物慎用。

③ 遇光颜色变红后，不可再用。

④ 用药后，能改变动物的大多数生理常数（呼吸数、心率数、体温等），临床检查时需注意。

⑤ 急性过量，会引起共济失调、昏迷、行为改变、体温变化不规则、性激素和丘脑下部促激素释放紊乱、食欲增强、低血压、心动过速。

⑥ 本品用量过大引起血压降低时，禁用肾上腺素解救，以防血压进一步降低，但可用去甲肾上腺素等兴奋α受体的拟肾上腺素药解救。

⑦ 静脉注射时应进行稀释，速度宜慢。

⑧ 不可与pH值5.8以上的药液配伍，如青霉素钠（钾）、戊巴比妥钠、苯巴比妥钠、氨茶碱和碳酸氢钠等。

【用法用量及休药期】盐酸氯丙嗪片。内服，一次量，每千克体重，家畜3毫克，犬、猫2~3毫克。

盐酸氯丙嗪注射液。肌内注射，一次量，每千克体重，马、牛0.5~1毫克；羊、猪1~2毫克；犬、猫1~3毫克。休药期，牛、羊、猪28日；弃奶期7日。

（二）乙酰丙嗪

【用途】安定药；常用作犬、猫和马的麻醉前给药或与麻醉药合用。与哌替啶配合治疗痉挛疝，有良好的安定镇痛效果，此时用药量仅为原药的1/3量即可。

【用法用量】马来酸乙酰丙嗪片。内服，一次量，每千克体重，犬、猫0.55~2.2毫克。

马来酸乙酰丙嗪注射液。肌内或皮下注射，一次量，每千克体重，马0.004~0.11毫克；犬、猫0.025~0.5毫克。静脉注射，一次量，每千克体重，马0.01~0.08毫克；犬、猫0.025~0.2毫克。

（三）地西泮（安定）

【用途】主要用于肌肉痉挛、癫痫、惊厥、焦虑的治疗，作为肌松药配合全身麻醉。如治疗犬癫痫、破伤风及士的宁中毒、防止水貂等野生动物攻击、牛和猪麻醉前给药等。还可用作猫的短效健胃药。

【注意】① 妊娠动物禁用，肝、肾功能障碍的动物慎用。

② 静脉注射宜缓慢，以防造成心血管和呼吸抑制。

③ 本品有便秘等副作用，大剂量可致共济失调。

④ 很少单独使用，因能引起兴奋反应。

⑤ 除氯胺酮外，不能与其他药物混合使用。

【用法用量及休药期】地西泮片。内服,一次量,犬 5~10 毫克;猫 2~5 毫克;水貂 0.5~1 毫克。

地西泮注射液。肌内、静脉注射,一次量,每千克体重,马 0.1~0.15 毫克;牛、羊、猪 0.5~1 毫克;犬、猫 0.6~1.2 毫克;水貂 0.5~1 毫克。休药期,牛、羊、猪 28 日。

(四)水合氯醛

【用途】常作镇静催眠药,用于麻醉前动物保定、高热引起的兴奋不安。对马、猪的效果优于反刍动物。破伤风、脑炎、士的宁及其他中枢兴奋药中毒所致惊厥可用本品对抗。用于抗惊厥时,剂量应酌情增加。也可用作马、骡、骆驼、猪、犬、禽类的麻醉药或基础麻醉药。牛、羊敏感,一般不用。

【注意】① 大剂量水合氯醛对心肌与呼吸中枢有抑制作用。

② 中毒时,可用安钠咖、尼可刹米进行抢救,但一般预后不良。急救时不能用肾上腺素,因肾上腺素可导致心脏纤维颤动而致死。

③ 牛、羊可引起唾液分泌大量增加,易引起异物性肺炎,用水合氯醛前应注射阿托品。

④ 内服或灌肠,应加黏浆剂。

【用法用量】内服、灌肠。一次量、马、牛 10~25 克;羊、猪 2~4 克,犬 0.3~1 克。

(五)溴化钠

【用途】镇静药。用以缓解中枢神经兴奋性症状。解救猪、禽食盐中毒(宜用溴化钙)。

在马属动物腹痛时,可用安溴合剂进行辅助治疗。长途运输马匹时,可用本品作镇静药。目前已较少应用。

【注意】① 水肿病动物禁用。

② 本品在体内分布广泛,排泄缓慢,长期用药能发生蓄积中毒。

③ 高浓度对胃有一定刺激性,内服时宜加水稀释至 3% 左右。

④ 中毒时可静脉注射灭菌生理盐水,以促进溴离子排泄。

【用法用量】内服:一次量,马 10~50 克,牛 15~60 克,羊 5~15 克,猪 5~10 克,犬 0.5~2 克,家禽 0.1~0.5 克。

(六)阿扎哌隆

【用途】用于控制混群或断奶仔猪并窝或育成猪的攻击行为。在临床上也用作猪的全身性镇静剂,让攻击型母猪接受仔猪,或作为全身麻醉或剖腹产局部麻醉的手术前药物。也用作马的安定药。

【注意】① 可引起猪暂时性的流涎、呆立和战栗等不良反应。

② 止痛作用较弱，不能代替麻醉药或止痛药。

【用法用量】阿扎哌隆注射液。育成猪或断奶猪的混群镇静：深部肌内注射，每千克体重2.2毫克。麻醉前给药：肌内注射，每千克体重2～8毫克。镇静：肌内注射，每千克体重1～10毫克。

二、抗惊厥药

（一）苯巴比妥

【用途】临床上多用于缓解脑炎、破伤风、高热等疾病引起的中枢兴奋症状及惊厥。解救中枢兴奋药中毒，或与解热镇痛药配伍应用等。还可用作犬、猫的镇静药与抗癫痫药使用。

【注意】① 肝、肾功能障碍、支气管哮喘或呼吸抑制的动物禁用，严重贫血、心脏疾病的患畜和妊娠动物慎用。

② 剂量过大引起呼吸中枢抑制时可用安钠咖、尼可刹米等中枢兴奋药解救。

③ 内服中毒的初期，可用1∶2 000高锰酸钾溶液洗胃，并碱化尿液以加速本品的排泄。

④ 犬可能表现躁动不安综合征，有时出现运动失调；猫对本品敏感，易出现呼吸抑制。

⑤ 静注应缓慢给药，给药量不能大于60毫克/分钟。

⑥ 本品水溶液不可与酸性药物配伍。

【用法用量及休药期】苯巴比妥片。内服，一次量，每千克体重，犬、猫6～12毫克。

注射用苯巴比妥钠。肌内注射，一次量，羊、猪0.25～1克；每千克体重，犬、猫6～12毫克。休药期，羊、猪28日。弃奶期7日。

（二）硫酸镁

【用途】用于缓解破伤风、癫痫及中枢兴奋药中毒引起的惊厥，还可用于治疗膈肌、胆管痉挛。

【注意】① 患有肾功能不全、严重心血管疾病、呼吸系统疾病的患病动物慎用或不用。

② 静脉注射量过大或给药过速时，可致呼吸中枢麻痹，血压剧降而立即死亡。一旦发现中毒迹象，除应立即停药外，并静脉注射5%氯化钙注射液（马、牛150毫升）解救。

③ 与硫酸黏菌素、硫酸链霉素、葡萄糖酸钙、盐酸普鲁卡因、四环素、青霉素等药物存在配伍禁忌。

【用法用量】硫酸镁注射液。静脉、肌内注射；一次量，马、牛 10~25 克；羊、猪 2.5~7.5 克；犬、猫 1~2 克。

第三节　解热镇痛抗炎药

一、水杨酸类

（一）水杨酸钠

【用途】用于风湿症等。

【注意】① 仅供静脉注射，不能漏出血管外。

② 猪中毒时出现呕吐、腹痛等症状，可用碳酸氢钠解救。

③ 有出血倾向，肾炎及酸中毒的患畜禁用。

【用法用量】水杨酸钠注射液。以水杨酸钠计，静脉注射，一次量，马、牛 10~30 克；羊、猪 2~5 克；犬 0.1~0.5 克。

复方水杨酸钠注射液。静脉注射，一次量，马、牛 100~200 毫升；羊、猪 20~50 毫升。

（二）阿司匹林

【用途】用于发热、风湿症和神经、肌肉、关节疼痛及痛风症的治疗。

【注意】① 能抑制凝血酶原的合成，连续长期使用时若发生出血倾向，可用维生素 K 防治。

② 对消化道有刺激作用，剂量较大时，易致食欲不振、恶心、呕吐乃至消化道出血，故不宜空腹投药。胃炎、胃溃疡动物慎用。与碳酸钙同服可减少对胃的刺激性。

③ 治疗痛风时，可同服等量的碳酸氢钠，以防尿酸在肾小管内沉积。

④ 猫因缺乏葡萄糖苷酸转移酶，对本品代谢很慢，容易造成药物蓄积，故对猫的毒性较大，忌用。

⑤ 解热时，动物应多饮水，以利于排汗和降温，否则会因出汗过多而造成水和电解质平衡失调或昏迷。

⑥ 老龄动物、体弱或体温过高患畜，解热时宜用小剂量，以免大量出汗。

⑦ 动物发生中毒时，可采取洗胃、导泻、内服碳酸氢钠及静脉注射 5% 葡

萄糖和 0.9%氯化钠等解救。

【用法用量】阿司匹林片。内服，一次量，马、牛 15~30 克；羊、猪 1~3 克；犬 0.2~1 克。

二、苯胺类

对乙酰氨基酚

【用途】解热镇痛药。用于发热、肌肉痛、关节痛和风湿症。

【注意】① 猫禁用，因给药后可引起严重的毒性反应。

② 大剂量可引起肝脏、肾脏损害，在给药后 12 小时内使用乙酰半胱氨酸或甲硫氨酸可以预防肝损害。肝、肾功能不全的患畜及幼畜慎用。

③ 治疗量的不良反应较少，偶见厌食、呕吐、缺氧、发绀等副作用。

【用法用量】对乙酰氨基酚片。内服，一次量，马、牛 10~20 克；羊 1~4 克；猪 1~2 克；犬 0.1~1 克。

对乙酰氨基酚注射液。肌内注射，一次量，马、牛 5~10 克；羊 0.5~2 克；猪 0.5~1 克；犬 0.1~0.5 克。

对乙酰氨基酚栓。以本品计，便后将栓置于直肠，犬，体重 10 千克以内，一次 1 粒；体重大于 10 千克，一次 2 粒。一日 2 次。

三、吡唑酮类

（一）安乃近

【用途】用于肌肉痛、风湿症、发热性疾患和疝痛等，也常用于肠痉挛及肠臌气等。

【注意】① 长期应用，可引起粒细胞减少，应经常检查白细胞数。

② 不宜用于穴位注射，尤不适用于关节部位，以防引起肌肉萎缩及关节功能障碍。

③ 不能与氯丙嗪合用，以防引起体温剧降。

④ 不能与巴比妥类及保泰松合用，因其相互作用影响微粒体酶。

⑤ 可抑制凝血酶原的形成，加重出血倾向。

⑥ 有局部刺激作用，可使肌内注射部位出现红肿。

⑦ 曾发现其注射剂（含苯甲醇）可在个别病人中引起严重不良反应，如虚脱、过敏性休克乃至死亡。家畜中尚未见。人医中已淘汰此药。

【用法用量及休药期】安乃近片。内服，一次量，马、牛 4~12 克；羊、猪 2~5 克；犬 0.5~1 克。休药期，牛、羊、猪 28 日，弃奶期 7 日。

安乃近注射液。肌内注射，一次量，马、牛3~10克；羊1~2克；猪1~3克；犬0.3~0.6克。休药期，牛、羊、猪28日；弃奶期7日。

（二）氨基比林

【用途】主要用于动物的解热和抗风湿，亦可用于治疗肌肉痛、关节痛和神经痛，也用于马、骡疝痛，但镇痛效果欠佳。

【注意】长期连续用药，可能引起颗粒白细胞减少症。

【用法用量及休药期】复方氨基比林注射液。皮下、肌内注射，一次量，马、牛20~50毫升；羊、猪5~10毫升。休药期，牛、羊、猪28日；弃奶期7日。

四、吲哚类

（一）吲哚美辛（消炎痛）

【用途】主要用于治疗慢性风湿性关节炎、神经痛、腱炎、腱鞘炎及肌肉损伤等。

【注意】犬猫可见恶心、呕吐、腹泻、腹痛等消化道不良反应，有时引起消化道溃疡，可致肝和造血功能损害。肾病及胃溃疡动物慎用。

【用法用量】吲哚美辛片。内服，一次量，每千克体重，马、牛1毫克；羊、猪2毫克。

（二）依托度酸

【用途】用于犬骨关节炎引起的疼痛和炎症，也可用于各种情况导致的疼痛和炎症。

【注意】① 对本药过敏的犬禁用。

② 对先前或隐性存在胃肠道、肾脏、心血管或血液异常的犬慎用。

③ 12月龄以下犬慎用。

④ 繁殖期、妊娠期和哺乳期犬慎用，仅治疗作用明显大于潜在危险时才使用。

【用法用量】依托度酸无菌注射液。批准用于犬。每千克体重10~15毫克，肩胛前皮下注射，如有需要可在最后一次注射治疗24小时后，给予依托度酸刻痕片。

依托度酸刻痕片。用于犬，不用于猫。

五、丙酸类

(一) 萘普生

【用途】用于解除肌炎及软组织炎症的疼痛及跛行、关节炎。

【注意】① 副作用较阿司匹林、吲哚美辛、保泰松轻，但仍有胃肠反应，如溃疡甚至出血，消化道溃疡动物禁用。

② 犬对本品敏感，可见溃疡出血或肾损伤，慎用。

③ 能明显抑制白细胞的游走，对血小板黏着和聚集亦有抑制作用，可延长凝血时间。

【用法用量】萘普生片。内服，一次量，每千克体重，马5~10毫克；犬2~5毫克。

萘普生注射液。静脉注射，一次量，每千克体重，马5毫克。

(二) 酮洛芬

【用途】静脉注射剂专用于马。也可与适宜的抗菌药合用，治疗奶牛临床型乳腺炎引起的炎症、发热与肌肉疼痛等。

【注意】① 副作用较阿司匹林、吲哚美辛轻，但仍有胃肠反应。

② 用于奶牛临床型乳腺炎辅助治疗时，需与适宜的抗菌药配伍使用。

【用法用量及休药期】酮洛芬注射液。静脉注射，一次量，每千克体重，马2.2毫克。皮下注射，一次量，每千克体重，奶牛3毫克。肌内注射，一次量，每千克体重，牛3毫克，一日1次；连用3日。休药期，牛7日；弃奶期0日。

(三) 卡洛芬

【用途】用于缓解犬与骨关节炎有关的疼痛和炎症，也可用于犬的软组织和与外科手术有关的术后疼痛。对其他种类动物同样有效，但缺乏安全性资料。

【注意】① 有出血障碍或对其他丙酸类非甾体抗炎药有严重反应史的犬禁用。

②老年或有慢性疾病（如肠炎、肾或肝功能衰退）动物慎用。

③不满6周龄犬、妊娠犬、种犬或泌乳犬慎用。

【用法用量】卡洛芬咀嚼片（犬用）。以卡洛芬计，内服，每千克体重，犬4.4毫克，一日1次；或每千克体重，犬2.2毫克，一日2次。

卡洛芬注射液（犬用）。以卡洛芬计。皮下注射，每千克体重，犬4.4毫克，一日1次；或每千克体重，犬2.2毫克，一日2次。

六、芬那酸类

(一) 托芬那酸

【用途】用于治疗犬急性、慢性疼痛和/或炎症反应,以及猫的发热综合征。在欧洲已批准用于牛。

【注意】① 对本类药过敏动物、全麻动物,禁用。

② 有胃肠道溃疡和出血的动物禁用。

③ 肾功能或肝功能下降的动物慎用。

④ 妊娠动物慎用。

⑤ 请勿超剂量使用或延长使用时间。给药后的止痛效果可能会因疼痛严重的程度和给药持续时间的不同而受到影响。

⑥ 请勿在 24 小时内与非甾体抗炎药同时使用,一些非甾体抗炎药可能与血浆蛋白高度结合并与其他高结合药物共同作用,导致毒性作用,非甾体抗炎药可引起吞噬抑制作用,因此在治疗细菌感染的并发炎症时,与适当的抗生素类药物联合用药可增强疗效。不可与糖皮质激素联合用药。

⑦ 用于 6 周龄以下或年老的动物,可能会有风险,如果这种情况不可避免,可能需要降低使用剂量并加以临床观察。

⑧ 用于猫时不可使用肌内注射。

⑨ 对患有脱水、低血容或低血压的动物避免使用该药物,因为该药物会增加潜在的肾脏毒性风险。

【用法用量】托芬那酸片(进口)。内服,每千克体重,犬、猫 4 毫克,一日 1 次,连用 3 日;犬可以长期给药(连续 3 日给药,停药 4 日,持续 13 周)。

托芬那酸注射液(进口)。每千克体重 4 毫克,必要时可在 48 小时后重复给药。犬可皮下或肌内注射,猫仅皮下注射。

(二) 双氯芬酸

【用途】马局部用霜剂用于控制跗、腕、掌指骨、趾间关节和近指骨相关的疼痛和炎症,乙酰氨基酚双氯芬酸钠注射液,用于各种发热、关节炎、疼痛等的对症治疗。

【注意】① 对本品或辅料敏感的马禁用,小于 1 岁的马慎用。

② 超过推荐剂量或治疗多处关节可能产生不良反应。

③ 未评估本品局部用药在繁殖、妊娠或泌乳马的安全性。

【用法用量及休药期】双氯芬酸钠注射液。以双氯芬酸钠计,肌内注射,一次量，每千克体重，猪 2.5 毫克；或奶牛 2.2 毫克，每日 1 次，连用 3 日。休药期，猪 15 日，牛 19 日；弃奶期 144 小时。

对乙酰氨基酚双氯芬酸钠注射液。以本品计，肌内注射，一次量，每千克体重，猪 0.04 毫升。休药期，猪 9 日。

马局部用霜剂。用 12.7 厘米的带子，每日 2 次覆盖在感染关节上，使用 10 天。戴上橡胶手套，将药霜完全涂抹进感染关节表面的毛发中，直到药霜消失。

七、昔布类

（一）维他昔布

【用途】用于治疗犬、猫围手术期及临床手术等引起的急性、慢性疼痛和炎症。

【注意】① 对本品活性成分维他昔布或赋形剂中任何成分有过敏史的动物禁用。

② 由于非甾体抗炎药具有潜在的产生胃溃疡和/或穿孔的风险，因此在使用本品的同时应当避免使用其他抗炎类药物，如皮质类固醇类药。

③ 本品对患有胃肠道出血、血液病或其他出血性疾病的犬、猫禁用。

④ 如果患病犬之前对非甾体抗炎药不耐受，应在兽医的严格监测下使用本品。如果观察到下列症状应停止用药：反复腹泻、呕吐、粪便隐血、体重突然下降、厌食、嗜睡、肾或肝功能退化。

⑤ 繁殖、妊娠或泌乳雌犬、猫，非常幼小的犬（例如 10 周龄以下或体重小于 4 千克的犬）、幼猫（例如 6 周龄以下或体重小于 2 千克的猫）或疑似和确诊有肾、心脏或肝功能损害的犬、猫，应在兽医的指导下使用。

⑥ 宠物主人应该警惕诸如厌食、精神萎靡、无力等症状和体征，而且当有上述任何症状或体征发生后应该马上寻求兽医帮助。

【用法用量】维他昔布咀嚼片。以维他昔布计。内服，犬，每千克体重 2 毫克，一日 1 次，建议餐后给药，术前及术后可连续给药 7 天。猫，每千克体重 1 毫克，一日 1 次，术前及术后可连续给药 3 天。

维他昔布注射液。皮下注射，犬，每千克体重 2 毫克，一日 1 次，术前及术后可连续给药 3 日。或遵医嘱。

（二）吗伐考昔

【用途】用于治疗犬的退行性关节疾病相关的疼痛和炎症。

【注意】① 禁止用于小于 12 月龄和/或小于 5 千克体重犬。

② 禁止用于患有胃肠道疾病（包括溃疡和出血）犬。
③ 禁止在有出血性疾病犬上使用。
④ 禁止在犬肾或肝功能受损的情况下使用。
⑤ 在犬心功能不全的情况下，请勿使用。
⑥ 勿用于怀孕、繁殖或哺乳期犬。
⑦ 在犬对活性物质或任何赋形剂过敏的情况下，勿使用。
⑧ 在已知对磺胺类药物过敏的情况下，勿使用。
⑨ 禁止与糖皮质激素或其他非甾体抗炎药同时使用。
⑩ 避免在任何脱水、血容量不足或血压过低的动物中使用，因为存在增加肾毒性的潜在风险。

【用法用量】吗伐考昔咀嚼片。犬口服给药（非每日给药），每千克体重2毫克，在犬主餐前或随餐服用。14天后再次给药，以后给药间隔为1个月。一个治疗周期不应超过7个连续剂量（6.5个月）。

（三）西米昔布

【用途】用于治疗犬骨关节炎相关的疼痛和炎症，以及治疗犬的骨科或软组织手术的围手术期疼痛。

【注意】① 禁止用于10周龄以下犬。
② 禁止用于患有肠胃疾病或出血性疾病犬。
③ 禁止与皮质类固醇或其他非甾体抗炎药同时使用。
④ 在对西米考昔或任何赋形剂过敏的情况下不要使用。
⑤ 勿用于繁殖、怀孕和哺乳动物。

【用法用量】西米考昔咀嚼片。犬口服给药，每千克体重2毫克，每日1次。

（四）恩利昔布

【用途】用于治疗犬骨关节炎（或退行性关节病）相关的疼痛和炎症。

【注意】① 禁止用于患有胃肠道疾病、蛋白质或失血性疾病或出血性疾病的动物。
② 在肾或肝功能受损的情况下，勿使用。
③ 在犬心功能不全的情况下，勿使用。
④ 禁止用于怀孕或哺乳期犬。
⑤ 禁止在用于繁殖目的的动物中使用。
⑥ 禁止在对活性物质或任何赋形剂过敏的情况下使用。
⑦ 禁止在已知对磺胺类药物过敏的情况下使用。

⑧ 禁止在任何脱水、低血容量或低血压的动物中使用，因为有增加肾脏毒性的潜在风险。

【用法用量】恩利昔布片。犬口服给药，餐前或随餐服用，每周1次。首次剂量，每千克体重8毫克；维持剂量，每7天重复治疗一次，每千克体重4毫克。

（五）非罗昔布

【用途】非甾体抗炎药。

犬：缓解与骨关节炎相关的疼痛和炎症及与软组织和外科手术相关的术后疼痛和炎症。

马：缓解骨关节炎相关的疼痛和炎症。

【注意】① 对本品过敏，以及患有胃肠道溃疡或出血，肝脏、心脏或肾脏功能受损和出血紊乱的动物禁用。

② 只用于马、犬，犬仅能口服应用，供人食用的马禁用。

③ 不足7个月龄大的犬超出推荐剂量（5毫克/千克）应用，会引起严重不良反应，甚至死亡。

④ 脱水、血容量减少或低血压的动物慎用。

⑤ 尚未评估本品在幼龄（不到一岁）、用于繁殖的马、怀孕或哺乳期的母马中的安全使用情况，慎用。

⑥ 如果出现食欲不振、绞痛、大便异常或嗜睡等症状，应终止使用。

⑦ 非罗昔布注射液是一种非水溶液，不应与水溶液混合，请勿使用水冲洗液冲洗静脉管路。

【用法用量】非罗昔布片（有刻痕）。体重362.87~589.67千克的马，一天1次，1次57毫克，给药不得超过14天；为方便给药，可与食物一起服用。犬，口服：每千克体重5毫克，一天1次，可与食物一起服用，也可禁食服用；缓解手术疼痛建议可在术前2小时应用。

非罗昔布口服膏剂。马，每千克体重0.1毫克，每天1次，连续给药不超过14天。

非罗昔布注射液。马静脉注射，每千克体重0.09毫克，一天1次，连用不得超过5天；如需要可继续以每千克体重0.1毫克/天的剂量口服给药，但不能超过9天；静脉注射和口服的用药时间取决于临床反应。

（六）德拉昔布

【用途】本品用于治疗犬的术后疼痛和炎症［较高剂量，3~4毫克/（千克·天），最长7天］以及治疗骨关节炎引起的疼痛和炎症［较低剂量，1~2

毫克/（千克·天）］，定量给药。

【注意】① 对本品过敏的动物禁用。

② 并发溃疡性肠炎，心血管、肝、肾功能障碍和血液蛋白缺乏的动物慎用。

③ 未评估本品对孕畜和哺乳幼畜的安全性。

④ 仅用于犬，不能用于猫。

【用法用量】德拉普布咀嚼片（有刻痕）。犬内服，用于控制骨关节炎引起的疼痛和炎症，每千克体重1~2毫克，一日1次；用于治疗术后疼痛，每千克体重3~4毫克，一日1次，连续使用不得超过7日。

（七）罗贝昔布

【用途】非甾体抗炎药。犬：用于缓解4月龄以上犬软组织手术后的疼痛和炎症。猫：用于缓解大于4月龄猫骨科手术、卵巢子宫切除术和去势相关的术后疼痛和炎症。

【注意】① 对本品过敏，以及患有胃肠道溃疡或出血，肝脏、心脏或肾脏功能受损以及出血紊乱的动物禁用。

② 仅用于犬、猫。注射液仅用于皮下注射。

③ 未评估4月龄以下、繁殖动物、怀孕及哺乳期动物应用本品的安全性；未评估静脉注射和肌内注射给药的安全性。

④ 用药时长不得超过3天。

⑤ 应监测注射本品后的动物反应，可能会出现注射部位反应和过敏反应。如果动物出现食欲不振、呕吐或嗜睡，应停止使用。

⑥ 罗贝昔布容易降解形成γ-内酰胺。在犬、猫体内，内酰胺是罗贝昔布的一种次要代谢物，也是一种降解产物，神经系统症状与使用β内酰胺类药物有关。目前尚不清楚罗贝昔布产生的内酰胺是否会引起类似的神经症状。

⑦ 本品的注射液中含有焦亚硫酸氢钠，对亚硫酸盐过敏患者不宜注射。

【用法用量】罗贝昔布注射液。犬、猫皮下注射，每千克体重2毫克，一天1次，连用不得超过8天。

首次注射应在手术前（犬45分钟内、猫30分钟内），并同时给予麻醉药；后续给药可皮下注射，或内服罗贝昔布片（体重应大于2.5千克，或大于4月龄）；总给药量不得超过3天剂量，且每天剂量不得超过每千克体重2毫克。如果后续给药选择皮下注射，每次应注射于不同位点。注意猫皮下注射和内服给药剂量不同。

罗贝昔布风味片（犬用）。犬（体重应大于2.5千克，或大于4月龄）内服，每千克体重 2 毫克，一天 1 次，不得超过 3 天。

罗贝昔布风味片（猫用）。猫（体重应大于 2.5 千克，或大于 4 月龄）内服，每千克体重 1 毫克，一天 1 次，不得超过 3 天。

第四节　麻醉药及化学保定药

一、局部麻醉药

（一）普鲁卡因

【用途】主要用于浸润麻醉、传导麻醉、硬膜外麻醉和封闭疗法。

【注意】① 本品一般不引起毒性反应，但剂量过大或静脉注射时可引起中枢神经系统先兴奋，表现为出汗、脉速、狂躁、惊厥，然后转为抑制。动物中马对普鲁卡因比较敏感。

② 中毒时应进行对症治疗。

【用法用量】盐酸普鲁卡因注射液。以盐酸普鲁卡因计。

浸润麻醉、封闭疗法：0.25%~0.5%溶液。

传导麻醉：2%~5%溶液，每个注射点，大动物 10~20 毫升；小动物 2~5 毫升。

硬膜外麻醉：2%~5%溶液，马、牛 20~30 毫升。

（二）利多卡因

【用途】① 本品主要用于表面麻醉、传导麻醉、浸润麻醉和硬膜外麻醉。

② 用于治疗心律失常。

【注意】① 因本品渗透作用迅速而广泛，不宜做蛛网膜下腔麻醉。

② 大量吸收后可引起中枢兴奋如惊厥，甚至发生呼吸抑制，必须控制用量。

③ 推荐剂量使用有时出现呕吐。

④ 过量使用主要有嗜睡、共济失调、肌肉震颤等不良反应。

⑤ 当本品用于硬膜外麻醉和静脉注射时，不可加肾上腺素。

【用法用量】盐酸利多卡因注射液。

表面麻醉：配成 2%~5%溶液。

浸润麻醉：配成 0.25%~0.5%溶液。

传导麻醉：配成 2%溶液，每个注射点。马、牛 8~12 毫升；羊 3~4 毫升。

硬膜外麻醉：配成2%溶液，马、牛8~12毫升。

（三）丁卡因

【用途】主要用于眼、鼻、喉黏膜的表面麻醉，很少用于传导麻醉和硬膜外麻醉。因毒性大，一般不用于浸润麻醉。

【注意】① 本品毒性较大，注射后吸收迅速，故一般不作浸润麻醉。

② 药液中宜加入0.1%盐酸肾上腺素，一般每3毫升加1滴，以减少药物的吸收。

【用法用量】盐酸丁卡因注射液。黏膜或眼结膜表面麻醉：配成0.5%~1%溶液。

二、全身麻醉药

有吸入性局部麻醉药（如氟烷、异氟烷等）和非吸入性局部麻醉药（如硫喷妥等）。

（一）氟烷

【用途】常用于大、小动物的全身麻醉或基础麻醉。用于大动物时，一般先用巴比妥类麻醉剂或吩噻嗪类镇静剂。用于绵羊、山羊和猪时，宜配合麻醉前给药，注射硫酸阿托品。

与氧化亚氮合用，可减少氟烷对心肺系统的抑制作用。此外，也可用于猴子和猩猩的保定，家兔、鹦鹉及其他珍禽异兽的麻醉。

【注意】① 本药能使心肌对肾上腺素的反应敏感化，故应用本品麻醉时，不能并用肾上腺素或去甲肾上腺素，也不可并用六甲双铵、三碘季铵酚等药物，因其能促进氟烷诱发心率紊乱，或者降低动物的血压。

② 能抑制子宫平滑肌的张力，影响催产药的作用，甚至抑制新生幼畜呼吸，故不宜用于剖腹产麻醉。

③ 麻醉时，给药速度不宜过快，如呼吸运动减弱或肺通气量减少时，应立即输氧、人工呼吸，并迅速减少麻醉药或停止吸入。

④ 中等深度全麻时，对呼吸和循环功能具有抑制作用，镇痛效能差，骨骼肌松弛效能也差，使用时应注意。

【用法用量】多用半密闭式或密闭式麻醉方法给药。大动物先用硫喷妥钠做静脉诱导麻醉，在开始麻醉的第1小时内，每450千克体重马35~40毫升、牛25~30毫升。维持麻醉，用量可逐渐减少。小动物，可先用基础麻醉，再用2%~5%（按吸入气体的体积计算）浓度的氟烷维持。

(二) 异氟烷

【用途】吸入全麻药。本品可作为诱导或维持麻醉药而用于各种动物，如犬、猫、马、牛、猪、羊、鸟类、动物园动物和野生动物。

【注意】① 有恶性高热病史和倾向的动物，对异氟烷或其他卤化物过敏的动物禁用。

② 对脑脊液积多、脑损伤或严重肌无力的动物慎用。

③ 马对异氟烷的吸收速率高于氟烷，但更易引起伴随麻醉出现的肌病。

④ 使用本品增加麻醉深度可能会造成低血压和呼吸抑制，深度麻醉的脑电图以爆发抑制、尖峰和等电点标记。认为与使用的剂量有关。

⑤ 异氟烷为深度呼吸抑制剂，吸入麻醉时必须被严密监测，必要时需提供支持。

⑥ 麻醉程度可能会很容易且很快就发生改变，仅使用汽化器来制造可控的异氟烷使用浓度。

⑦ 一旦过量使用或可能发生过量使用，应停止药物使用，确保气管畅通并依据情况启动纯氧气辅助或控制设备。

⑧ 操作室应提供足够的通气设备以防止麻醉气体聚集。

⑨ 未获得足够多的关于异氟烷在怀孕和分娩犬中使用的安全性数据。

此外，术前用药方法，需根据动物的情况而定，为了避免吸入过程中受到刺激，可能还需准备抗胆碱药、镇定药、肌松药和短效巴比妥类药。

【用法用量】犬、猫：诱导麻醉5%，维持麻醉1.5%~2.5%，吸入麻醉0.5%~2.5%。

兔/啮齿动物/小型宠物：非循环系统，诱导麻醉2%~3%，维持麻醉0.25%~2%。

小型禽类：诱导麻醉，4%，15~30秒；3%~5%，1~2分钟；大多数禽类1.5%~2%，维持麻醉。

麻醉诱导：使用巴比妥类麻醉剂后，在2%~2.5%的异氟烷与氧气混合气中进行，通常在5~10分钟内产生麻醉。

麻醉维持：对于维持麻醉必要的蒸汽浓度应远小于麻醉诱导要求的浓度，在1.5%~1.8%异氟烷与氧气的混合气中进行。在麻醉维持阶段如果忽略其他复杂问题，血压水平与异氟烷浓度呈反函数关系。血压过多地降低（除非涉及血容量减少）可能是由于深度麻醉造成的，这种情况下，可通过减轻麻醉程度来矫正。异氟烷麻醉后恢复平稳。

异氟烷允许用于马（非食用性的）和犬。

第五章 作用于神经系统药物

（三）硫喷妥

【用途】主要用于各种动物的诱导麻醉和基础麻醉。在取得浅麻醉时，再改用较安全的麻醉药来维持深度。单独应用仅适用于小手术或对抗中枢兴奋药中毒、破伤风以及脑炎引起的惊厥。

【注意】① 对巴比妥类药物有过敏史和心血管疾病患畜禁用，肝脏和肾脏功能障碍、重病、衰弱、休克、腹部手术、支气管哮喘（可引起喉头痉挛、支气管水肿）等情况下禁用。

② 本品易引起喉头和支气管痉挛（特别是反刍动物），麻醉前宜给予阿托品预防。

③ 本品过量引起的呼吸与循环抑制，可用戊四氮等解救。

④ 反刍动物麻醉前注射阿托品，可减少腺体分泌。

⑤ 本品水溶液性质不稳定，宜现配现用，在室温中仅能保存 24 小时，如溶液呈深黄色或混浊，则不能使用。

⑥ 因本品可引起溶血，因此不得使用浓度小于 2% 的注射液。

⑦ 药液只供静脉注射，不可漏出血管，否则易引起静脉周围炎。大家畜最高浓度不宜超过 10%。因对呼吸中枢具有明显抑制作用，应用时注射速度不宜过快，剂量不宜过大。

【用法用量】注射用硫喷妥钠。静脉注射，一次量，每千克体重，马、牛、羊、猪 10~15 毫克；犊 15~20 毫克；犬、猫 20~25 毫克。临用前用灭菌注射用水或氯化钠注射液配成 2.5% 溶液。

（四）戊巴比妥

【用途】① 犬、猫麻醉。维持外科麻醉时间约 0.5 小时。麻醉前用赛拉嗪，可降低戊巴比妥钠 78% 的量。

② 马、牛、山羊、绵羊等动物的基础麻醉。因动物种属不同而差异很大，平均 30 分钟（山羊 20 分钟，绵羊 15~30 分钟）。

③ 45 千克以下的猪静注戊巴比妥钠可取得很好的麻醉效果。大型猪用本品镇静剂量配合局麻药可达到手术麻醉效果。

④ 兔、豚鼠、大鼠、小鼠等动物的麻醉。

⑤ 小动物的安乐死药。静脉注射 2 倍麻醉剂量使犬等小动物无痛苦死亡。

⑥ 用于治疗士的宁中毒所引起的惊厥或其他痉挛性惊厥，以及用作中枢兴奋药中毒的解救药。

【注意】① 新生幼猫不宜用戊巴比妥钠麻醉。猫用戊巴比妥麻醉，再给予氨基糖苷类抗生素易引起神经肌肉阻滞。

② 肝、肾功能不全的动物应慎用。

③ 犬、马、牛应用本品麻醉后在苏醒前通常伴有动作不协调、兴奋和挣扎现象，应防止造成外伤。动物苏醒后，若静脉注射葡萄糖溶液能使动物重新进入麻醉状态。因此，当麻醉过量时，禁用葡萄糖。

④ 由于麻醉剂量对呼吸肌呈明显抑制，因此静脉注射时宜先以较快速度注入半量，然后视动物反应而缓慢注射。

⑤ 反刍动物应用本品麻醉时，手术前应禁食1天，并注射硫酸阿托品。

【用法用量】注射用戊巴比妥钠。静脉注射：一次量，每千克体重，麻醉，马、牛15～20毫克（如先静脉注射水合氯醛0.06克/千克做基础麻醉，只需静脉注射戊巴比妥钠8～12.8毫克），犬、猫、兔30～35毫克，猪、羊20～25毫克，鼠35～50毫克；镇静、基础麻醉，马、牛、猪、羊5～15毫克。临用时用氯化钠注射液配成3%～6%的溶液。

（五）异戊巴比妥

【用途】主要用于镇静、抗惊厥和基础麻醉，亦用于实验动物麻醉。

【注意】① 肝功能、肾功能及肺功能不全患畜禁用。

② 苏醒期较长，动物手术后在苏醒期应加强护理。

③ 本品中毒可用戊四氮等解救。

④ 静脉注射不宜过快，否则可出现呼吸抑制或血压下降。

⑤ 在苏醒时有较强烈的兴奋现象。

【用法用量及休药期】以异戊巴比妥钠计。静脉注射：一次量，每千克体重，猪、犬、猫、兔2.5～10毫克。临用前用灭菌注射用水配成3%～6%溶液。休药期，猪28日。

（六）氯胺酮

【用途】用于全身麻醉及化学保定。兽医临床主要用于不需肌肉松弛的麻醉、短时间的手术及诊疗处置。如与赛拉嗪或芬太尼配合应用，能够延长麻醉时间并有肌松效果。用于妊娠绵羊麻醉，不影响呼吸和支气管分泌，较为安全。还用作野生动物的化学保定，制止野生动物的攻击和反抗，便于临床检查和治疗。灵长类动物用药后能使性情温驯。

【注意】① 驴、骡对本品不敏感，不宜应用。

② 马应用本品会引起心跳加快、血压升高，宜缓慢静脉注射，还应并用氯丙嗪。

③ 反刍动物应用时，麻醉前常需禁食12～24小时，并给予小剂量阿托品抑制腺体分泌，以防支气管分泌物增多而造成异物性肺炎。

④ 动物苏醒后不易自行站立，呈反复起卧，需注意护理。猪应用本品易出现苏醒期兴奋，如与硫喷妥钠并用，可以消除。

⑤ 若大剂量快速静脉注射，可能引起暂时性呼吸减慢，甚至一过性呼吸暂停。

⑥ 常与赛拉嗪合用，可得到较好麻醉效果。

⑦ 对咽喉或支气管的手术不宜单用本品，必须合用肌松药。

【用法用量及休药期】盐酸氯胺酮注射液。以氯胺酮计，静脉注射，一次量，每千克体重，马、牛2~3毫克；羊、猪2~4毫克。肌内注射，一次量，每千克体重，羊、猪10~15毫克；犬10~20毫克；猫20~30毫克；水貂6~14毫克。

复方氯胺酮注射液。以本品计，肌内注射，每千克体重，猪0.1毫升，犬0.033~0.067毫升；猫0.017~0.02毫升；马、鹿0.015~0.025毫升。休药期，畜、禽28日；弃奶期7日。

三、化学保定药

（一）氯化琥珀胆碱

【用途】骨骼肌松弛药。主要用于动物的化学保定和外科辅助麻醉。

① 广泛用于野生动物的化学保定，养鹿场、动物园用于梅花鹿、马鹿的锯茸，以及各种动物的捕捉、驯养、运输及疾病诊治等方面。给鹿肌内注射后，先出现呆滞，站立一旁，前肢及臀部肌肉颤动，继则四肢无力，经5~15分钟倒地，30~40分钟后恢复起立。

② 本品也用于配合麻醉，增加骨骼肌的松弛性。

【注意】① 体质瘦弱、患有传染性疾病以及妊娠动物应慎用或禁用。高血钾、心肺患疾、电解质紊乱和使用抗胆碱酰酶药时慎用。

② 由于本品的有效量与致死量较接近，为安全起见，必须精确计量。用量偏大，出现呼吸抑制或停止时，应立即将舌拉出，施以人工呼吸或输氧，同时静脉注射尼可刹米，但不可应用新斯的明、毒扁豆碱解救。

③ 本品种属差异极为明显，特别对反刍动物的安全性更低，用时慎重。用药前应停食半天，以防影响呼吸或造成异物性肺炎。用药前可注射阿托品，以制止唾液腺和支气管腺的分泌。

【用法用量】氯化琥珀胆碱注射液。肌内注射，一次量，每千克体重，马0.07~0.2毫克；牛0.01~0.016毫克；猪2毫克；犬、猫0.06~0.11毫克；鹿0.08~0.12毫克。

(二) 羟吗啡酮

【用途】主要用于犬、猫，作为镇静/保定剂、镇痛和麻醉前用药；偶尔也作为镇痛和麻醉诱导剂用于马。用于猪，作为氯胺酮/赛拉嗪的辅助麻醉剂；小型啮齿动物小型手术前使用，作为镇痛/麻醉剂。

【注意】① 对麻醉性镇痛药过敏、正使用单胺氧化酶抑制剂、食物中毒腹泻的动物禁用。

② 甲状腺功能减退、严重的肾脏功能不全、肾上腺皮质功能减退、老年和体质虚弱的动物慎用。

③ 可引起呼吸抑制和心动过缓。大剂量用于猫时，会出现共济失调、感觉过敏、行为异常、胃肠动力降低并伴有便秘现象。

【用法用量】犬：①小手术镇静，静脉注射，每千克体重 0.05~0.1 毫克，或肌内、皮下注射，每千克体重 0.1~0.2 毫克。②止痛（剧痛），肌内、皮下或静脉注射，每千克体重 0.1~0.2 毫克。③止痛，硬膜外给药，每千克体重 0.05 毫克，准确称量稀释。④健康犬的麻醉前给药，肌内或静脉注射，每千克体重 0.1~0.2 毫克。⑤老年犬或病犬的诱导麻醉，肌内或静脉注射，每千克体重 0.1~0.2 毫克；根据效果可增加用量。

猫：①小手术的保定/镇静，皮下或静脉注射，每千克体重 0.05 毫克，或肌内注射，每千克体重 0.02~0.03 毫克。②麻醉前给药/镇痛，静脉注射，每千克体重 0.1~0.4 毫克。③用作镇痛剂（剧痛），肌内、皮下或静脉注射，每千克体重 0.05~0.1 毫克。

兔：静脉注射 0.2 毫克，每 2~4 小时给药 1 次。

马：镇痛，静脉注射，每千克体重 0.01~0.2 毫克。

第五节 拟胆碱药与抗胆碱药

一、拟胆碱药

直接作用于副交感神经的拟胆碱药，或称 M 受体激动剂。包括胆碱酯类化合物和植物碱类，前者有氨甲酰胆碱和氨甲酰甲胆碱，后者有毛果芸香碱、毒蕈碱、槟榔碱等。主要用于治疗胃肠和膀胱弛缓、青光眼和缩瞳。

间接作用于副交感神经的拟胆碱药，或称乙酰胆碱酯酶抑制剂。主要有新斯的明、吡斯的明、加兰他敏等。主要用于治疗肠胃弛缓、积尿、青光眼、重症肌无力、抗胆碱药中毒等。

（一）氨甲酰甲胆碱

【用途】拟胆碱药。主要用于胃肠弛缓，也用于膀胱积尿、胎衣不下和子宫蓄脓等。用于刺激小动物的膀胱收缩。也可用作食管或胃肠道的兴奋剂。

【注意】① 甲状腺功能亢进、消化性溃疡和肠道完全阻塞、支气管哮喘、显著心动过缓及怀孕动物禁用。

② 不可作静脉或肌内注射给药。

③ 毒性远小于氨甲酰胆碱，过量中毒时可用阿托品对抗。

【用法用量】氯化氨甲酰甲胆碱注射液。皮下注射，一次量，每千克体重，马、牛 0.05~0.1 毫克；犬、猫 0.25~0.5 毫克。

（二）新斯的明

【用途】用于胃肠弛缓、便秘、尿潴留、重症肌无力和胎衣不下等；也可用于阿托品过量中毒的解救。

【注意】① 肠变位动物、支气管哮喘及孕畜等禁用。

② 肠胃机械性损伤、泌尿道阻塞和腹膜炎禁用。

③ 过量中毒时，可用阿托品解救。

④ 与非去极化型肌松药产生拮抗作用。

⑤ 可延长和加强去极化型肌松药氯化琥珀胆碱的肌肉松弛作用。

【用法用量】甲硫酸新斯的明注射液。皮下、肌内注射，一次量，马 4~10 毫克；牛 4~20 毫克；羊、猪 2~5 毫克；犬 0.25~1 毫克。

二、抗胆碱药

（一）阿托品

【用途】① 缓解胃肠道平滑肌的痉挛性疼痛。

② 缓慢型心律失常，如窦房传导阻滞、房室传导阻滞等。

③ 全身麻醉前给药，可减少呼吸道分泌。

④ 抗休克。

⑤ 解救有机磷农药中毒。

⑥ 局部给药用于虹膜睫状体炎及散瞳检查眼底。

【注意】① 肠梗阻、尿潴留患畜禁用。

② 较大剂量可强烈收缩胃肠括约肌，对马、牛有引起急性胃扩张、肠臌胀及瘤胃臌气的危险。

③ 过量中毒时可出现瞳孔散大、心动过速、肌肉震颤、烦躁不安、运动

亢进、兴奋随之转抑制，常死于呼吸麻痹。解救时宜作对症治疗，可注射拟胆碱药对抗其周围作用，如注射毒扁豆碱等或用水合氯醛、安定、短效巴比妥类药物以对抗中枢兴奋症状，禁用吩噻嗪类药物治疗。

④ 肉食动物比草食动物敏感，猪对阿托品非常敏感。

【用法用量】硫酸阿托品片。内服，一次量，每千克体重，犬、猫0.02~0.04毫克。

硫酸阿托品注射液。肌内、皮下或静脉注射，一次量，每千克体重，麻醉前给药，马牛、羊、猪、犬、猫0.02~0.05毫克。解救有机磷酸酯类中毒，马、牛、羊、猪0.5~1毫克；犬、猫0.1~0.15毫克；禽0.1~0.2毫克。

硫酸阿托品粉。用于蜜蜂有机磷中毒，饲喂，每标准箱，一次量，蜂0.6克，加糖水（1:1）250毫升混匀。

（二）东莨菪碱

【用途】与阿托品相似。

【注意】① 马属动物麻醉前给药应慎重，因本品对马可产生明显兴奋作用。

② 心率紊乱患畜慎用。

【用法用量】氢溴酸东莨菪碱注射液。皮下注射，一次量，马、牛1~3毫克；羊、猪0.2~0.5毫克；犬0.1~0.3毫克。

第六节　拟肾上腺素药和抗肾上腺素药

一、拟肾上腺素药

（一）肾上腺素

【用途】① 心室内注射，抢救心功能骤然减弱或心脏骤停。

② 皮下注射、肌内注射或缓慢静脉注射抢救过敏性休克。

③ 皮下注射或肌内注射治疗荨麻疹、血清病和血管神经性水肿等过敏反应，缓解支气管哮喘。

④ 局部用1:（5 000~100 000）溶液，制止鼻衄、牙龈出血、术野渗血等出血。

⑤ 每100毫升局麻药液中，加入0.1%肾上腺素溶液0.5~1毫升，使局麻药液含1:（100 000~200 000）肾上腺素，以收缩局部小血管，延缓局麻药

吸收，从而延长局麻时间并避免吸收中毒。

【注意】① 器质性心脏疾患、甲状腺功能亢进、外伤性及出血性休克等患病动物慎用。

② 可引起心律失常，表现为过早搏动、心动过速，甚至心室纤维性颤动。

③ 用药过量尚可致心肌局部缺血、坏死。

④ 皮下注射误入血管或静脉注射剂量过大、速度过快，可使血压骤升、中枢神经系统抑制和呼吸停止。

⑤ 注射液如变色即不得使用。

【用法用量】盐酸肾上腺素注射液。皮下注射，一次量，马、牛 2～5 毫克；羊、猪 0.2～1 毫克；犬 0.1～0.5 毫克。静脉注射，一次量，马、牛 1～3 毫克；猪、羊 0.2～0.6 毫克；犬 0.1～0.3 毫克。

（二）**去甲肾上腺素**

【用途】用于由外周循环衰竭引起的早期休克。

【注意】① 出血性休克禁用，器质性心脏病、少尿、无尿及严重微循环障碍等禁用。

② 限用于休克早期的抢救，并在短时间内小剂量静脉滴注。长期大量应用可导致血管持续地强烈收缩，而加重组织缺血、缺氧，反使休克恶化，并因肾血流量减少，而引起急性肾功能衰竭。用药期间，应监测尿量。

③ 因静脉注射后药物在体内迅速被组织吸收，作用仅维持几分钟。故应采用静脉滴注，以维持有效血药浓度。

④ 静脉滴注时严防药液外漏，以免引起局部组织坏死。如发现外漏时，应更换注射部位，热敷；并用 0.5%普鲁卡因或 1%酚妥拉明局部浸润注射。

【用法用量】重酒石酸去甲肾上腺素注射液。静脉滴注，一次量，马、牛 8～12 毫克；羊、猪 2～4 毫克。临用前稀释成每毫升含 4～8 微克的药液。

（三）**异丙肾上腺素**

【用途】① 可治疗房室传导阻滞（缓慢静脉滴注）和抢救心脏骤停（心室内注入）。

② 可用于血容量已补足而心输出量较低，外周阻力较高的休克。抢救休克时，在补足血容量的前提下，静脉滴注可改善微循环。

③ 异丙肾上腺素也用于解除支气管痉挛。

【注意】① 心肌炎及甲状腺功能亢进时禁用。

② 剂量过大，特别是在缺氧情况下，易引起心律失常。

③ 抗休克时，应事先补足血容量，否则可导致血压下降。

【用法用量】盐酸异丙肾上腺素注射液。静脉滴注,一次量,马、牛1~4毫克,猪、羊0.2~0.4毫克,用时加入5%葡萄糖溶液500毫升中;犬1毫克,猫0.5毫克,用时加入5%葡萄糖溶液250毫升中。

二、抗肾上腺素药

(一)酚妥拉明

【用途】犬休克治疗。解除微循环障碍。适用于感染性、心源性和神经性休克。

【注意】① 胃溃疡、胃炎及十二指肠溃疡慎用。

② 注意补充血容量,最好与去甲肾上腺素配伍用。

③ 与拟交感胺类药同用,使后者周围血管收缩作用抵消或减弱。

【用法用量】甲磺酸酚妥拉明注射液。用于犬、猫休克静脉滴注,一次量,5毫克,以5%葡萄糖注射液100毫升稀释缓慢静注。

(二)阿替美唑

【用途】用于解除犬和猫右美托咪定的镇静和止痛作用及逆转其他作用,如心血管作用和呼吸作用。

【用法用量】盐酸阿替美唑注射液。肌内注射,给药剂量与之前给予的盐酸右美托咪定注射液(多咪静)相比,①按毫升计算,对于犬,为之前给予的盐酸右美托咪定注射液体积相同;对于猫,减半。②按微克/千克计算,对于犬,为之前给予的盐酸右美托咪定注射液剂量的10倍;对于猫,为之前的5倍。

(三)盐酸苯噁唑

【用途】用于赛拉嗪麻醉的动物催醒或过量中毒时的解救。

【注意】① 用于拮抗盐酸赛拉嗪过量中毒急救时,应增加1倍用量。

② 食品动物禁用。

【用法用量】盐酸苯噁唑注射液。肌内注射,一次量,每千克体重,鹿0.1~0.3毫克。

(四)普萘洛尔

【用途】抗心律失常。如犬节律障碍,猫不明原因的心肌疾病等。

【注意】① 患有明显心力衰竭、对此类药物敏感、高于1级的心脏传导阻滞、窦性心动过缓时禁用此药,患有支气管痉挛肺病的病例也应禁用。

② 用药过量时,可能导致低血压和心动过缓症状,也可能出现中枢神经系统症状(抑制,甚至发生癫痫)、支气管痉挛、低血糖、高钾血症、呼吸抑

制、肺水肿、心律失常、心搏暂停等症状。

③ 普萘洛尔对抗拟交感神经药（间羟异丙肾上腺素、特布他林、肾上腺素、苯丙醇胺等）的作用；与抑制心肌的麻醉药共同使用时，可加剧心肌的抑制；西咪替丁可降低普萘洛尔的代谢，提高其血药浓度；呋塞米可增强普萘洛尔的作用；苯巴比妥、利福平和苯妥因诱导转氨酶可加快其代谢；普萘洛尔可增强筒箭毒碱和琥珀胆碱的作用。

【用法用量】犬、猫用于心律失常，缓慢静注，每千克体重 0.02 毫克。若内服，开始每千克体重 0.1~0.2 毫克，每 8 小时一次，最高到每千克体重 1.5 毫克；心衰竭的辅助治疗，内服，每千克体重 0.1~0.2 毫克，每 8 小时一次；用于噪声恐惧症，内服，5~40 毫克/只，每 8 小时一次。

第六章

作用于消化系统药物

第一节 健胃药和助消化药及利胆药

一、健胃药

(一)苦味健胃药

1. 龙胆

龙胆为龙胆科植物条叶龙胆、龙胆、三花龙胆或坚龙胆的干燥根茎和根。

【用途】临床主要用于动物的食欲不振、消化不良或某些热性病的恢复期等。

【用法用量】龙胆末。内服,一次量,马、牛 30~60 克;骆驼 50~100 克;羊、猪 5~15 克;犬 1~5 克;猫 0.5~1 克;兔、禽 1.5~3 克。

龙胆酊。由龙胆末 100 克,加 40%乙醇 1 000 毫升浸制而成。马、牛 50~100 毫升;骆驼 60~150 毫升;羊、猪 5~10 毫升;犬、猫 1~3 毫升。

复方龙胆酊(苦味酊)。由龙胆 100 克、陈皮 40 克、草豆蔻 10 克,加 60%乙醇适量浸制而成 1 000 毫升。马、牛 50~100 毫升;羊、猪 5~20 毫升;犬、猫 1~4 毫升。

龙胆碳酸氢钠片。内服,羊、猪 10~30 片;犬、猫 2~5 片。

2. 马钱子

马钱子为马钱科植物马钱的干燥成熟种子,冬季采集成熟果实,取出种子晒干而成。

【用途】临床作健胃药和中枢兴奋药时,用于治疗家畜的食欲不振、消化不良。前胃迟缓、瘤胃积食等。

【注意】① 本品安全范围较窄，其所含的士的宁易被吸收引起中枢兴奋，不宜生用、不宜多服久服。应用时严格控制剂量，连续用药不得超过1周，以免发生蓄积中毒。中毒时可用巴比妥类药物或水合氯醛解救，并保持环境安静、避免各种刺激。

② 孕畜禁用。

【用法用量】马钱子粉。内服，一次量，马、牛1.5~6克；羊、猪0.3~1.2克。

马钱子流浸膏。内服，一次量，马1~2毫升；牛1~3毫升；羊、猪0.1~0.25毫升；犬0.01~0.06毫升。

马钱子酊。由马钱子流浸膏83.4毫升，加45%乙醇稀释到1000毫升制成。马10~20毫升；牛10~30毫升；羊、猪1~2.5毫升；犬、猫0.1~0.6毫升。

（二）芳香健胃药

1. 肉桂

肉桂为樟科植物肉桂的干燥树皮，又称桂皮。

【用途】临床用于治疗风寒感冒、消化不良、胃肠臌气、产后虚弱、四肢厥冷等。

【注意】出血性疾病及妊娠动物慎用，以免引起流产。

【用法与用量】肉桂酊。由桂皮末200克加70%乙醇1000毫升浸制而成。马、牛30~100毫升；羊、猪10~20毫升。

2. 小茴香

小茴香为伞形科植物茴香的干燥成熟果实。

【用途】临床作健胃药，用于治疗消化不良、积食、胃肠臌气等。与氯化铵合用可用于祛浓痰、制止干咳。

【用法用量】茴香散。由小茴香、肉桂、槟榔、白术、木通等制成。内服，马、牛200~300克；羊、猪30~60克。

小茴香酊。由20%小茴香末和适量60%乙醇制成的酊剂。内服，一次量，马、牛40~100毫升；羊、猪15~30毫升。

3. 干姜

干姜为姜科植物姜的根茎的干燥物。

【用途】临床用于机体虚弱、消化不良、食欲不振、胃肠胀气等。

【注意】① 干姜对消化道黏膜有强烈的刺激性，使用其制剂时应加水稀释后服用，以减少对黏膜的刺激。

② 孕畜禁用，以免引起流产。

【用法用量】姜流浸膏。由干姜1 000克，加适量90%乙醇浸制而成。马、牛5~10毫升；羊、猪1.5~6毫升；犬2~5毫升。

姜酊。由姜流浸膏200毫升和90%乙醇1 000毫升制成。马、牛40~60毫升；羊、猪15~30毫升；犬、猫2~5毫升。

（三）盐类健胃药

1. 人工矿泉盐

【用途】临床用于消化不良、胃肠弛缓、慢性胃肠卡他、早期大肠便秘等。

【注意】① 因本品为弱碱性类药物，禁与酸类健胃药配合使用。

② 内服作泻剂应用时宜大量饮水。

【用法用量】内服，健胃，一次量，马50~100克，牛50~150克，羊、猪10~30克；缓泻，一次量，马、牛200~400克；羊、猪50~100克。

2. 碳酸氢钠

俗称小苏打。

【用途】临床作酸碱平衡药，用于健胃、胃肠卡他、酸血症和碱化尿液等。

【注意】本品为弱碱性药物，禁止与酸性药物混合应用。在中和胃酸后，因可继发性引起胃酸过多，因此一般认为碳酸氢钠不是一个良好的制酸药。

【用法与用量】碳酸氢钠片。内服，一次量，马15~60克，牛30~100克，羊5~10克，猪2~5克，犬05~2克。

二、助消化药和利胆药

（一）稀盐酸

【用途】临床常用于因胃酸分泌不足或缺乏引起的消化不良，食欲不振，胃内异常发酵以及马属动物急性胃扩张、碱中毒等。

【注意】① 禁与碱类、盐类健胃药，有机酸，洋地黄及其制剂配合使用。

② 用药浓度和用量不可过大，否则因食糜酸度过高，反射性地引起幽门括约肌痉挛，影响胃的排空，而产生腹痛。

【用法用量】10%稀盐酸。以本品计，内服，一次量，马10~20毫升；牛15~30毫升；羊2~5毫升；猪1~2毫升；犬0.1~0.5毫升。用时稀释20倍以上。

（二）稀醋酸

【用途】临床多用于治疗幼畜的消化不良，反刍动物的瘤胃臌气、前胃弛缓和马属动物的急性胃扩张等。

【注意】用前加水稀释成0.5%左右浓度。

【用法用量】以本品计。内服，一次量，马、牛50~200毫升；羊、猪2~10毫升。

（三）干酵母

【用途】临床用于动物的食欲不振、消化不良以及B族维生素缺乏症的辅助治疗。

【注意】用量过大会发生轻度下泻。密封干燥保存。

【用法与用量】干酵母片（粉）。内服，一次量，马、牛120~150克；羊、猪30~60克；犬8~12克。

（四）乳酶生

【用途】临床主要用于防治消化不良、肠内臌气和幼畜腹泻等。

【注意】① 由于本品为活乳酸杆菌，故不宜与抗菌药物、吸附剂、酊剂、鞣酸等配合使用，以防失效。

② 应在饲喂前服药。

【用法与用量】乳酶生片。内服，一次量，驹、犊10~30克；羊、猪2~10克。

（五）胃蛋白酶

【用途】临床常用于胃液分泌不足或幼畜因胃蛋白酶缺乏引起的消化不良。

【注意】① 使用时应同服稀盐酸。

② 忌与碱性药物、鞣酸、重金属盐等配合使用。

③ 温度超过70℃时迅速失效；剧烈搅拌可破坏其活性。

【用法用量】以胃蛋白酶计。内服，一次量，马、牛4 000~6 000单位；羊、猪800~1 600单位；驹、犊1 600~4 000单位；犬80~800单位；猫80~240单位。

（六）胰酶

【用途】临床用于胰功能障碍如胰腺疾病或胰液分泌不足所引起的消化不良。

【注意】本品遇热、酸、强碱、重金属盐等易失效。

【用法与用量】胰酶片。内服，一次量，猪0.5~1克，犬0.2~0.5克。

（七）孟布酮

【用途】用于猪消化不良、食欲减退和便秘腹胀等胃肠功能障碍。可以单独使用，也可作为辅助治疗药与其他药物联合使用。

【注意】孟布酮粉不宜用于小于 10 日龄的仔猪。孟布酮注射液禁用于心律失常、高热或胆道阻塞以及妊娠晚期（妊娠期后 1/3 段）的猪，禁用于猫；肌内注射时给药部位的注射量不超过 20 毫升；猪若出现心脏传导阻滞可注射强心药解救。

【用法用量及休药期】10% 孟布酮粉。以孟布酮计，内服，一次量，猪 10~30 毫克/千克，一日 1 次，连用 1~5 日。休药期，猪 6 日。

孟布酮注射液。肌内注射，一次量，猪 10 毫克/千克，一日 1 次。必要时，对于病情严重的猪可在 24 小时后重复使用。休药期，猪 7 日。

第二节　瘤胃兴奋药和胃肠运动促进药

（一）甲硫酸新斯的明

【用途】临床主要用于胃肠弛缓，轻度便秘，子宫收缩无力，子宫蓄脓，胎衣不下以及重症肌无力和尿潴留等。

【注意】① 机械性肠道梗阻的患畜及孕畜禁用。

② 发生中毒时，可用阿托品解救。

【用法用量】甲硫酸新斯的明注射液。肌内、皮下注射，一次量，马 4~10 毫克；牛 4~20 毫克；羊、猪 2~55 毫克；犬 0.25~1 毫克。

（二）浓氯化钠注射液

【用途】临床用于反刍动物前胃弛缓、瘤胃积食，马属动物胃扩张和便秘疝等。

【注意】① 静脉注射时不能稀释，静注速度宜慢，不可漏至血管外。

② 心力衰竭和肾功能不全患畜慎用。

【用法用量】浓氯化钠注射液。以氯化钠计，静脉注射，一次量，每千克体重，家畜 0.1 克。

（三）西沙必利

【用途】适用小动物食管反流和初期胃潴留。西沙必利对猫的便秘和巨结肠症也有效果。

【注意】① 本品不宜与抗胆碱药物及肝药酶抑制剂同时使用。

② 有严重肝脏损伤的病患应降低剂量。

【用法用量】犬：促消化，内服，0.5毫克/千克，每日3次，若出现腹痛和胃肠道反应应降低剂量。缓解由食管扩张引起的反胃，内服，0.55毫克/千克，每日1~3次；止吐，内服，0.1~0.5毫克/千克，每8小时1次；食管炎，内服，0.25毫克/千克，每8~12小时1次。预防食管炎复发尤其有效；用于排尿障碍时刺激膀胱收缩，内服，1.05毫克/千克，每8小时1次。

马：助消化。内服，0.1毫克/千克；用于幼驹围产期昏厥，内服10毫克（总剂量），每8~12小时1次。

（四）甲氧氯普胺

【用途】可用作小动物胃溃疡、胃炎，反流性食管炎及各种原因引起的腹胀和呕吐（机械性梗阻者忌用）。

【注意】① 患有消化道出血、阻塞或穿孔的动物禁用。

② 抗胆碱药物和麻醉止痛药可拮抗该药的作用。

【用法用量】犬、猫：止吐，皮下注射或肌内注射，0.1~0.4毫克/千克，每隔6小时1次或连续静脉滴注1~2毫克/（千克·天）；胃功能紊乱，饲前30分钟内服，0.2~0.4毫克/千克，每日3次。

马：持续静注（可刺激中枢神经系统），0.1~0.25毫克/（千克·小时）；驹，静注或肌内注射，0.02~0.1毫克/千克，每日3~4次。

第三节　制酵药与消沫药

一、制酵药

鱼石脂

【用途】临床用于胃肠道制酵，治疗瘤胃臌胀、前胃弛缓、胃肠臌气、急性胃扩张以及大肠便秘等。

【注意】① 临用时先加2倍量乙醇溶解后再用水稀释成3%~5%的溶液灌服。

②禁与酸性药物如稀盐酸、乳酸等混合使用。

【用法用量】10%鱼石脂软膏。以鱼石脂计，内服，一次量，马、牛10~30克；羊、猪1~5克；兔0.5~0.8克。

二、消沫药

二甲硅油

【用途】临床主要用于治疗反刍动物的瘤胃臌胀,特别是泡沫性臌气等。

【用法用量】二甲硅油片。内服,一次量,牛 3~5 克;羊 1~2 克。

第四节　泻药与止泻药

一、泻药

(一) 容积性泻药

1. 干燥硫酸钠

【用途】临床上小剂量内服可健胃,用于消化不良,常配合其他健胃药使用。大剂量用于大肠便秘,排出肠内毒物、毒素,或驱虫药的辅助用药。

【注意】① 治疗大肠便秘时,硫酸钠的适宜浓度为 4%~6%。

② 因易激发胃扩张,不适用于小肠便秘的治疗。

③ 脱水动物、肠炎患畜不宜用。

④ 使用时注意补液。

【用法用量】内服,一次量,马 100~300 克,牛 200~500 克,羊 20~50 克,猪 10~25 克,犬 5~10 克。用时配成 3%~4% 水溶液。

2. 硫酸镁

【用途】临床上小剂量内服可健胃,用于消化不良,常配合其他健胃药使用。大剂量用于大肠便秘,排出肠内毒物、毒素,或作为驱虫药的辅助用药。

【注意】① 在某些情况下(如机体脱水、肠炎等)Mg^{2+} 吸收增多会产生毒副作用。

② 中毒时表现为呼吸浅表、肌腱反射消失,应迅速静注氯化钙进行解救。对 Mg^{2+} 中毒引起的骨骼肌松弛,可用新斯的明拮抗。

③ 因易继发胃扩张,不适用于小肠便秘的治疗。

④ 肠炎患畜不宜用。

【用法用量】内服,一次量,马 200~500 克;牛 200~800 克;羊 50~100 克;猪 25~50 克;犬 10~20 克;猫 2~5 克。用时配成 6%~8% 溶液。

(二) 刺激性泻药

1. 蓖麻油

【用途】临床多用于小家畜的小肠便秘,对大肠便秘作用较小。对大家畜,特别是牛的泻下效果不确实。

【注意】① 本品忌用于孕畜、患肠炎家畜。

② 由于多数驱虫药尤其是脂溶性驱虫药能溶于油,所以使用驱虫药后不能用蓖麻油等泻药,以免增进吸收而中毒。

③ 由于蓖麻油内服后易黏附于肠黏膜表面,影响消化功能,故不可长期使用。

【用法用量】内服,一次量,马 250~400 毫升;牛 300~600 毫升;羊、猪 50~150 毫升;犬 10~30 毫升;兔、禽 1~3 毫升。

2. 大黄

【用途】临床常用作健胃药和泻药,如用于食欲不振、消化不良。

【用法用量】大黄末。马、牛 50~150 克;骆驼 100~200 克;羊、猪 10~20 克;犬、猫 3~10 克;兔、禽 1~3 克。用于健胃时酌减。外用适量,调敷患处。

大黄流浸膏。由大黄 1 000 克,加 60% 乙醇适量浸制而成。马 10~25 毫升;牛 20~40 毫升;羊 2~10 毫升;猪 1~5 毫升;犬 0.5~2 毫升。

复方大黄酊。由大黄 100 克、陈皮 20 克、草豆蔻 20 克,加 60% 乙醇浸制而成。马、牛 30~100 毫升;羊、猪 5~20 毫升;犬、猫 1~4 毫升。

(三) 润滑性泻药

液状石蜡

【用途】临床可用于小肠阻塞、瘤胃积食及便秘,或用于猫预防"毛球"的形成。本品可用于孕畜和患肠炎病畜。

【注意】① 虽然本品作用温和,但亦不宜反复使用,以免影响消化及阻碍脂溶性维生素及钙、磷的吸收等。

② 猫可加温水灌服。

【用法用量】内服,一次量,马、牛 500~1 500 毫升;驹、犊 60~120 毫升;羊 100~300 毫升;猪 50~100 毫升;犬 10~30 毫升;猫 5~10 毫升。

二、止泻药

(一) 保护性止泻药

1. 鞣酸

【用途】临床主要用于非细菌性腹泻和肠炎的止泻。在某些毒物（如铅、银、铜、士的宁、洋地黄等）中毒时，可用鞣酸溶液（1%~2%）洗胃或灌服，以沉淀胃肠道中未被吸收的毒物，但沉淀物结合不牢固，解毒后必须及时使用盐类泻药以加速排出。

【注意】鞣酸吸收后对肝脏有毒性。

【用法用量】以鞣酸计。内服，一次量，马、牛 5~30 克；羊、猪 2~5 克。

2. 鞣酸蛋白

【用途】临床主要用于非细菌性腹泻和急性肠炎等。

【注意】① 在细菌性肠炎时，应先用抗菌药物控制感染后再用本品。② 猫对本品较敏感，应慎用。

【用法用量】内服，一次量，马 10~20 克；牛 10~25 克；羊 3~5 克；猪 2~5 克；犬 0.3~2 克。

3. 碱式硝酸铋

【用途】临床常用于胃肠炎和腹泻症。

【注意】在治疗肠炎和腹泻时，可能因肠道中细菌如大肠杆菌等可将硝酸根离子还原成亚硝酸而中毒，目前多改用碱式碳酸铋。

【用法用量】碱式硝酸铋片。内服，一次量，马、牛 15~30 克；羊、猪、驹、犊 2~4 克；犬 0.3~2 克。

4. 碱式碳酸铋

【用途】临床常用于胃肠炎和腹泻症。

【用法用量】碱式碳酸铋片。内服，一次量，马、牛 15~30 克；羊、猪、驹、犊 2~4 克；犬 0.3~2 克。

5. 碱式水杨酸铋

【用途】在兽医临床，碱式水杨酸铋被用来治疗腹泻，也可治疗幽门螺杆菌引起的感染。

【注意】① 由于可能发生水杨酸盐的吸收，原先患有出血障碍的患畜应慎用。

② 因为水杨酸盐成分有可能引起不良反应，本品用于猫应十分谨慎。猫

对水杨酸盐敏感,不能经常使用或给予高剂量。

【用法用量】驹:内服,每45千克体重85~113毫升,每6~8小时1次,或内服60毫升,每日2~4次,连用2日。

犊牛:内服60毫升,每日2~4次,连用2日。

成年马:内服,每8千克体重28毫升,每日3~4次。

仔猪腹泻:内服,1.2~5毫升,每日2~4次,连用2日。

犬急性腹泻:内服,每5千克体重1毫升,每日3次,治疗不应超过5日。

(二) 抑制肠蠕动性止泻药

盐酸地芬诺酯

【用途】本品为控制急性腹泻的有效药物,主要用于犬、猫的急性和慢性功能性腹泻的对症治疗。如与抗菌药物合用可治疗细菌性腹泻。

【注意】① 不宜用于细菌毒素引起的腹泻,否则因毒素在肠中停留时间过长反而会加重腹泻。

② 用于猫时可能会引起咖啡样兴奋,犬则表现镇静。

【用法用量】内服,一次量,每千克体重,犬0.1~0.2毫克,每隔12小时1次,或0.05~0.2毫克,每隔8~12小时1次;猫0.08~0.1毫克,每隔12小时1次。

(三) 吸附性止泻药

1. 药用炭

【用途】临床主要用于治疗腹泻、肠炎、胃肠胀气和排出毒物(如生物碱等中毒)。

【注意】① 本品能吸附其他药物和影响消化酶活性。

② 在用于吸附生物碱和重金属等毒物时必须以盐类泻药促其迅速排出。

③ 对于同一病例不宜反复使用,以免影响动物的食欲、消化以及营养物质的吸收等。

④ 使用时加水制成混悬液灌服。

【用法用量】内服,一次量,马20~150克;牛20~200克;羊5~50克;猪3~10克;犬0.3~2克。

2. 白陶土

【用途】临床主要用于治疗幼畜的腹泻病。

【用法与用量】内服,一次量,马、牛50~150克;羊、猪10~30克;犬1~5克。

第五节　治疗动物胃肠道溃疡药物和止吐药

一、治疗动物胃肠道溃疡药

（一）抗酸药

1. 碳酸钙

【用途】作为食管炎、胃酸过多症、消化性溃疡和胃炎的辅助药物。

【注意】① 大剂量或长期服用碳酸钙，大量的钙会经肠道吸收，导致患畜出现高钙血症。

② 碳酸钙在中和胃酸时会产生二氧化碳，引起嗳气。

③ Ca^{2+} 进入小肠可促进胃泌素分泌，导致胃酸分泌反弹现象。

【用法用量】内服，一次量，马、牛 30~120 克；羊、猪 3~10 克；犬 0.5~2 克。

2. 氢氧化镁

【用途】用于胃酸过多、反流性食管炎和胃炎等病症。

【注意】禁用于肾病患畜。

【用法与用量】镁乳。内服，一次量，犬 5~30 毫升，猫 5~15 毫升。

3. 氢氧化铝

【用途】用于中和胃酸和胃肠黏膜保护。

【注意】本品能影响磷酸盐、四环素类、强的松、氯丙嗪、奎尼丁、异烟肼等药物的吸收和消除，长期使用会影响磷的吸收而引起磷缺乏症，严重者引起骨质疏松和肾结石。

【用法用量】内服，一次量，马 15~30 克；猪 3~5 克。

（二）抑制胃酸分泌药

1. 西咪替丁

【用途】用于减轻犬慢性胃炎引起的呕吐的对症治疗。

【注意】① 本品仅用于对症治疗，建议出现持续性呕吐症状的犬在治疗前进行适当的检查以诊断病因。

② 对于肾功能不全的犬，需适当调整给药剂量。

③ 本品未进行妊娠期和哺乳期靶动物的相关研究，应在执业兽医指导下进行妊娠期和哺乳期用药。

④ 本品可能与β受体拮抗剂、钙通道拮抗剂、苯二氮䓬类、巴比妥类、苯妥英、茶碱、氨茶碱、华法林和利多卡因等药物产生临床相互作用，当合并用药时，应减少这些药物的使用剂量。

⑤ 本品可能引起胃酸升高导致药物吸收降低，需要借助酸性介质促进吸收；与氢氧化铝或氢氧化镁、甲氧氯普胺、地高辛和酮康唑的用药间隔至少为2小时。

【用法用量】西咪替丁片（宠物用）。内服，6~10千克的犬使用1/2片，体重11~20千克的犬使用1片，一日3次，连用28日。

2. 雷尼替丁

【用途】主要用于治疗胃肠道溃疡、胃炎、胰腺炎和急性胃肠（消化道前段）出血。

【用法用量】雷尼替丁片。内服，一次量，驹150毫克，马、犬每千克体重0.5毫克，每日2次。

3. 法莫替丁

【用途】用于治疗或预防胃和十二指肠溃疡、尿毒症性胃炎、应激性或药物诱导的腐蚀性胃炎，食管炎、十二指肠胃返流和食管反流。

【注意】① 对本药物过敏的动物禁用。对老年动物和肝肾功能严重损伤的动物要慎用。严重肾功能不全的动物可以考虑减少剂量。法莫替丁可能有负性肌力作用和致心律失常性，有心脏病的动物慎用。

② 法莫替丁应与抗酸剂、甲氧氯普胺、硫糖铝、地高辛、酮康唑分开服用，给药时间至少间隔2小时。与其他骨髓抑制药合用时，可能会加剧白细胞减少症。

【用法用量】犬、猫减少胃酸分泌，内服、皮下注射、肌内注射、静注0.5毫克/千克，每隔12~24小时1次；急性反射性食管炎内服，0.55~1.1毫克/千克，每隔12小时1次，连用2~3周。

辅助治疗溃疡，静脉注射，马0.23毫克/千克每隔8小时1次或0.35毫克/千克每隔12小时1次。内服1.88毫克/千克每隔8小时1次或2.8毫克/千克每隔12小时1次。

4. 奥美拉唑

【用途】主要用于治疗十二指肠溃疡，也用于治疗胃溃疡并能预防或治疗由致胃溃疡性药物（如非甾体抗炎药）引起的胃溃疡。

【注意】① 因持续抑制胃酸分泌而改变胃内酸性环境，致使胃排空延迟，出现细菌移位，菌群发生改变，致使胃内细菌过度生长；另外，反射性地增加血浆胃泌素浓度，可能增加患畜胃内肿瘤的发生风险，故不宜长期使用。

②可对肝药酶产生抑制作用；也可能会增加酮康唑、伊曲康唑和多潘立酮的口服生物利用度。

③不能用于妊娠及泌乳雌马，用药后动物禁止被食用。

【用法用量】奥美拉唑内服糊剂。以奥美拉唑计，内服，治疗马胃溃疡，每千克体重4毫克，每日1次，连续给药28日；预防马胃溃疡复发，每千克体重2毫克，每日1次，在治疗基础上，再连续给药至少4周。

二、止吐药

甲磺酸多拉司琼

【用途】多拉司琼可有效治疗犬、猫严重的恶心和呕吐，特别是由肿瘤化疗药物引起的恶心呕吐。

【注意】①多拉司琼禁用于对本品过敏、Ⅱ到Ⅲ房室传导阻滞或显著QT间期延时的患畜。

②慎用于易产生心脏传导间隔延时、低钾血症、低镁血症的动物。

③与抗心律失常药或利尿药合用能诱发电解质平衡紊乱、先天性QT综合征或蒽环类抗生素化疗药的高剂量蓄积。

④阿替洛尔或西咪替丁可降低其清除率，增加氢化多拉司琼的血药浓度。利福平可降低氯化多拉司琼的血药浓度。

【用法用量】镇吐，静注，犬、猫0.6毫克/千克；每日1次；化疗有关的患病动物镇吐药，内服、皮下注射或静注，犬、猫0.5毫克/千克，每日1次。

第七章

作用于呼吸系统药物

第一节 祛痰镇咳药

1. 氯化铵

【用途】主要适用于支气管炎初期,特别是黏膜干燥以致稠痰不易咳出的咳嗽。

【注意】① 单胃动物用后有恶心、呕吐反应。

② 肝脏、肾脏功能异常的患畜,内服氯化铵容易引起血氯过高性酸中毒和血氨升高,应慎用或禁用。

③ 忌与碱性药物、重金属盐、磺胺药等配伍应用。

【用法用量】内服,一次量,马 8~15 克;牛 10~25 克;羊 2~5 克;猪 1~2 克;犬、猫 0.2~1 克。

2. 碳酸铵

【用途】本品作用、应用与氯化铵类似,但较弱。在体内不易引起酸血症。

【用法用量】内服,一次量,马 10~25 克;牛 10~30 克;羊、猪 2~3 克;犬、猫 0.2~1 克。

3. 碘化钾

【用途】用于动物慢性支气管炎。

【注意】① 碘化钾在酸性溶液中能析出游离碘。

② 肝、肾功能低下患畜慎用。

③ 不适用于急性支气管炎症。

【用法用量】碘化钾片。内服，一次量，马、牛 5~10 克；羊、猪 1~3 克；犬 0.2~1 克。

4. 盐酸溴己新

【用途】用于慢性支气管炎的黏稠痰液不易咳出症状，以及黏液堵塞呼吸道为主要特征的鸡呼吸道疾病的辅助治疗。

【注意】① 内服可引起胃不适，患胃部疾病的动物慎用。

② 蛋鸡产蛋开始前 4 周和产蛋期不得使用。

③ 临床应用时，配制好的药液应在 12 小时内使用，未用完部分应废弃。

④ 包装开启后 60 日内有效，过期未用完部分应废弃。

⑤ 不宜在对活性物质或任何辅料过敏的情况下使用。

【用法用量及休药期】1%盐酸溴己新可溶性粉。混饮，每升水，鸡 3.3 毫克，每日 1 次，连用 3~10 日。休药期，鸡 0 日。

5. 乙酰半胱氨酸

【用途】用于痰液黏稠引起的呼吸困难和咳嗽困难症状。

【注意】① 不宜与铁、铜等金属及橡胶、氧化剂接触，喷雾容器应采用玻璃或塑料制品。

② 使用时应新鲜配制，未用完溶液应置冰箱内保存，48 小时内用完。

③ 支气管哮喘患畜慎用或禁用。

④ 小动物于喷雾后宜运动，以促进痰液咳出，或叩击动物的两侧胸腔诱导咳嗽，以促进痰液排出。

【用法用量】喷雾用乙酰半胱氨酸。以 10%~20%溶液喷雾吸入：中等动物，一次量 2~5 毫升。一日 2~3 次，一般喷雾 1~3 日或连续 7 日。

以 5%溶液气管内滴入：一次量，马、牛 3~5 毫升。一日 2~4 次。

6. 磷酸可待因

【用途】用于各种原因引起的剧烈干咳和刺激性咳嗽的镇咳，尤适于伴有胸痛的剧烈干咳；亦用于中等程度疼痛的镇痛。

【注意】① 大剂量或长期使用易出现恶心、呕吐、便秘，以及胰腺、胆管痉挛等副作用。

② 剂量过高会导致呼吸抑制，猫可见中枢兴奋症状。

【用法用量】内服，止咳，一次量，每千克体重，犬 1~2 毫克；猫 0.5~2 毫克，每 6~8 小时 1 次；镇痛，一次量，每千克体重，犬、猫 0.5~2 毫克，每 6~12 小时 1 次。

第二节 平喘药

1. 氨茶碱

【用途】用于缓解动物支气管哮喘等。用于缓解气喘症状。

【注意】① 内服可引起恶心、呕吐等反应。

② 静注或静脉滴注如用量过大、浓度过高或速度过快，都可强烈兴奋心脏和中枢神经，故需稀释后注射并注意掌握速度和剂量。

③ 注射液碱性较强，可引起局部红肿、疼痛，应深部肌内注射。

④ 肝功能低下、心衰患畜慎用。

【用法用量】氨茶碱注射液。肌内、静脉注射，一次量，马、牛 1~2 克；羊、猪 0.25~0.5 克；犬 0.05~0.1 克。

氨茶碱片。内服，一次量，每千克体重，马 5~10 毫克；犬、猫 10~15 毫克。

2. 盐酸异丙肾上腺素

【用途】适用于治疗支气管哮喘、心源性或感染性休克，以及完全性房室传导阻滞，心脏骤停。

【用法用量】异丙肾上腺素片。内服，一次量，马、牛 50~100 毫克；羊、猪 20~30 毫克。

异丙肾上腺素注射液。静脉注射，一次量，马、牛 1~4 毫克；羊、猪 0.2~0.4 毫克。1 日 2~3 次。

静脉注射时加适量等渗葡萄糖溶液稀释，开始宜用小剂量并注意控制心率，大家畜每 1 分钟不超过 100 次。

3. 盐酸麻黄碱

【用途】用于缓解气喘症状，如治疗支气管哮喘等。

【注意】① 哺乳期家畜禁用。

② 对肾上腺素、异丙肾上腺素等拟肾上腺素类药过敏的动物，对本品亦过敏。

③ 不可与糖皮质激素、巴比妥类及硫喷妥钠合用。

④ 与巴比妥类同用时，后者可减轻本品的中枢兴奋作用。

【用法用量】盐酸麻黄碱片。内服，一次量，马、牛 0.05~0.3 克；羊、猪 0.02~0.05 克；犬 0.01~0.03 克。

盐酸麻黄碱注射液。皮下注射，一次量。马、牛 0.05~0.3 克；羊、猪 0.02~0.05 克；犬 0.01~0.03 克。

第八章

作用于血液循环系统药物

第一节 强心药

1. 洋地黄毒苷

【用途】主要用于慢性充血性心力衰竭，阵发性室上性心动过速和心房颤动等。

【用法用量】以洋地黄毒苷计。全效量，静脉注射，每100千克体重，马、牛0.6~1.2毫克；犬0.1~1毫克。维持量应酌情减少。

2. 地高辛

【用途】适用于治疗各种原因所致的急性心衰、阵发性室上性心动过速、心房颤动和扑动等。

【注意】① 近期用过其他洋地黄类强心药的患畜慎用。

② 心内膜炎忌用，用药期间忌用钙注射剂。

③ 心包炎、急性心肌炎慎用。

④ 其他参见洋地黄毒苷。

【用法用量】地高辛片。内服，洋地黄化量，每千克体重，马0.06~0.08毫克，每8小时一次，连用5~6次；犬0.025毫克，每12小时1次，连用3次。维持量，每千克体重，马0.01~0.02毫克，犬0.01毫克，每12小时一次。

地高辛注射液。静脉注射，洋地黄化量，每千克体重，马0.014毫克，犬0.01毫克；维持量。每千克体重，马0.007毫克，犬0.005毫克，每12小时一次。

3. 毒毛花苷 K

【用途】主要用于充血性心力衰竭。

【用法用量】毒毛花苷 K 注射液。以毒毛花苷 K 计。静脉注射，一次量，马、牛 1.25~3.75 毫克；犬 0.25~0.5 毫克。临用前以 5%葡萄糖注射液稀释，缓慢注射。

4. 匹莫苯丹

【用途】用于治疗由心脏瓣膜关闭不全（二尖瓣和/或三尖瓣反流）或扩张型心肌病引起的犬充血性心力衰竭；亦可用于大型犬临床前扩张型心肌病的治疗，以及犬临床前黏液瘤性二尖瓣疾病，延缓充血性心力衰竭临床症状的发生。

【注意】① 肥大型心肌病患犬、严重肝功能不全犬禁用本品。

② 应用后可能出现轻微的正性变时效应和呕吐。

③ β 受体阻断剂和钙离子通道阻断剂（尤其是维拉帕米）可减弱本品的正性肌力作用。

【用法用量】匹莫苯丹咀嚼片。内服，每千克体重，犬 0.25 毫克。1 日 2 次。

第二节　止血药与抗凝血药

一、止血药

1. 肾上腺素色腙

也叫安特诺新、安络血。

【用途】用于毛细血管损伤所致的出血性疾患，如鼻出血、内脏出血、血尿、视网膜出血、手术后出血及产后出血等。

【注意】① 本品中含有水杨酸，长期应用可产生水杨酸反应。

② 抗组胺药能抑制本品作用，用前 48 小时应停用抗组胺药。

③ 对大出血、动脉出血疗效差。

④ 禁与垂体后叶素、青霉素、盐酸氯丙嗪混合注射。

【用法用量】肾上腺素色腙注射液。肌内注射，一次量，马、牛 25~100 毫克；羊、猪 10~20 毫克。

2. 亚硫酸氢钠甲萘醌

又名维生素 K_3。

【用途】用于维生素 K 缺乏症和因维生素 K 缺乏所致的出血症状。

【用法用量】亚硫酸氢钠甲萘醌注射液。以维生素 K_3 计。肌内注射，一次量，马、牛 100～300 毫克；羊、猪 30～50 毫克；犬 10～30 毫克；禽 2～4 毫克。

3. 维生素 K_1

【用途】用于维生素 K 缺乏症及维生素 K 缺乏所致出血症状。

【用法用量】维生素 K_1 注射液。以维生素 K_1 计。肌内、静脉注射，一次量，每千克体重，犊 1 毫克；犬、猫 0.5～2 毫克。注射液用生理盐水、5%葡萄糖注射液或 5%葡萄糖生理盐水稀释后应立即注射，未用完部分应弃之不用。

4. 硫酸鱼精蛋白

【用途】用于注射肝素过量所致出血症状。

【用法用量】静脉注射，用量应与所用肝素量相等（1 毫克鱼精蛋白可中和 100 单位肝素钠）。

5. 酚磺乙胺

又名止血敏。

【用途】用于各种出血，如内脏出血、鼻出血及手术后出血的预防和止血等。

【用法用量】酚磺乙胺注射液。肌内、静脉注射，一次量、马、牛 1.25～2.5 克；羊、猪 0.25～0.5 克。

【注意】预防外科手术出血，应在术前 15～30 分钟用药。

6. 明胶

【用途】用于创口渗血区止血；如手术、外伤性出血、毛细血管渗血、鼻出血等的止血。

【用法用量】吸收性明胶海绵。贴于出血处，再用纱布压迫。

二、抗凝血药

1. 肝素钠

【用途】① 治疗马和小动物的弥散性血管内凝血（DIC）。

② 各种急性血栓性疾病，如手术后血栓的形成、血栓性静脉炎等。

③ 输血及检查血液时的体外血样的抗凝。

【用法用量】肝素钠注射液。肌内或静脉注射，每千克体重，马、牛、羊、猪 100～130 单位；犬 150～250 单位；猫 250～375 单位。

体外抗凝：每 500 毫升血液加肝素钠 100 单位。

实验室血样抗凝：每毫升血样加肝素钠10单位。
动物交叉循环抗凝：肌内注射，每千克体重，黄牛300单位。

2. 枸橼酸钠

【用途】用于防止体外血液凝固。主要用于血液样品的抗凝。

【用法用量】枸橼酸钠注射液。间接输血：每100毫升血液加本品10毫升。

第三节　抗贫血药

1. 硫酸亚铁

【用途】用于防治缺铁性贫血。

【用法用量】内服，一次量，马、牛2～10克；羊、猪0.5～3克；犬0.05～6.5克；猫0.05～0.1克。临用前配成0.2%～1%溶液。

2. 枸橼酸铁铵

【用途】适用于治疗轻度缺铁性贫血。

【用法用量】10%枸橼酸铁铵溶液。内服，一次量，马、牛5～10克；猪1～2克。

【注意】本品遇光易变质；禁用于消化道溃疡、肠炎等。

3. 右旋糖酐铁注射液

【用途】用于驹、犊、仔猪、幼犬和毛皮兽的缺铁性贫血。

【用法用量】右旋糖酐铁注射液。以Fe计，肌内注射，一次量，驹、犊200～600毫克；仔猪100～200毫克；犬20～200毫克；狐狸50～200毫克；水貂30～100毫克。

第四节　体液补充药与酸碱平衡调节药

一、血容量补充药

1. 右旋糖酐40

【用途】主要用于扩充和维持血容量，治疗失血、创伤、烧伤及中毒性休克。

【用法用量】右旋糖酐 40 葡萄糖注射液、右旋糖酐 40 氯化钠注射液。静脉注射，一次量，马、牛 500~1 000 毫升；羊、猪 250~500 毫升。

2. 右旋糖酐 70

【用途】主要用于扩充和维持血容量，治疗失血、创伤、烧伤及中毒性休克，也用于手术后血栓形成和血栓性静脉炎。

【用法用量】右旋糖酐 70 葡萄糖注射液、右旋糖酐 70 氯化钠注射液。静脉注射，一次量，马、牛 500~1 000 毫升；羊、猪 250~500 毫升。

二、水、电解质及酸碱平衡调节药

1. 氯化钠

【用途】用于脱水症。在大量出血而又无法进行输血时，可输入本品以维持血容量进行急救。

【用法用量】氯化钠注射液、复方氯化钠注射液。静脉注射，一次量，马、牛 1 000~3 000 毫升；羊、猪 250~500 毫升；犬 100~500 毫升。

浓氯化钠注射液见作用于消化系统的药物。

2. 葡萄糖

【用途】5%等渗溶液用于补充营养和水分，10%及以上高渗溶液用于提高血液渗透压和利尿脱水。

【用法用量】葡萄糖注射液。静脉注射，一次量，马、牛 50~250 克；羊、猪 10~50 克；犬 5~25 克。

葡萄糖氯化钠注射液。静脉注射，一次量，马、牛 1 000~3 000 毫升；羊、猪 250~500 毫升；犬 100~500 毫升。

【注意】① 高渗注射液应缓慢注射，以免加重心脏负担，切勿漏出血管外。

② 低钾血症患畜慎用。

③ 易致肝、肾功能不全患病动物水钠潴留。应注意控制剂量。

3. 氯化钾

【用途】主要用于低钾血症，亦可用于强心苷中毒引起的阵发性心动过速等。

【不良反应】应用过量或滴注过快易引起高钾血症。

【用法用量】氯化钾注射液。静脉注射，一次量，马、牛 2~5 克；羊、猪 0.5~1 克。使用时必须用 5%葡萄糖注射液稀释成 0.3%以下的溶液。

【注意】① 高浓度溶液或快速静脉注射可能导致心脏骤停。

② 肾功能严重减退或尿少时慎用，无尿或血钾过高时禁用。

③ 脱水病例一般先给不含钾的液体，等排尿后再补钾。

4. 碳酸氢钠

【用途】用于酸血症，调节酸碱平衡；内服治疗胃肠卡他；碱化尿液，加速磺胺类及其代谢物的排泄，防止对肾脏的损害。

【用法用量】碳酸氢钠片。内服，一次量，马 15~60 克；牛 30~100 克；羊 5~10 克；猪 2~5 克；犬 0.5~2 克。

碳酸氢钠注射液。静脉注射，一次量，马、牛 15~30 克；羊、猪 2~6 克；犬 0.5~1.5 克。

【注意】① 充血性心力衰竭、肾功能不全、水肿、缺钾等患病动物慎用。

② 碳酸氢钠注射液应避免与酸性药物、复方氯化钠、硫酸镁、盐酸氯丙嗪注射液等混合应用。

③ 注射液对组织有刺激性，静注时勿漏出血管外。

④ 用量要适当，纠正严重中毒时，应测定二氧化碳结合力，作为用量依据。

5. 乳酸钠

【用途】主要用于治疗代谢性酸中毒，特别是高钾血症等引起的心律失常伴有酸血症患畜。

【用法用量】乳酸钠注射液。静脉注射，一次量，马、牛 22.4~44.8 克，羊、猪 4.48~6.72 克。用时稀释 5 倍。

【注意】① 水肿患畜慎用。

② 肝功能障碍、休克、缺氧、心功能不全动物慎用。

③ 不宜用生理盐水或其他含氯化钠溶液稀释本品，以免成为高渗溶液。

第九章

作用于泌尿生殖系统的药物

第一节 利尿药与脱水药

一、利尿血容量补充药

1. 呋塞米

又名速尿。

【用途】用于各种类型的水肿。

【不良反应】① 可诱发低钠血症、低钾血症、低钙血症与低镁血症等电解质平衡紊乱。另外,脱水动物易出现氮质血症。

② 大剂量静注可能使犬听觉丧失。

③ 可引起胃肠道功能紊乱、贫血、白细胞减少和衰弱等症状。

【用法用量】呋塞米片。内服,一次量,每千克体重,马、牛、羊、猪 2 毫克;犬、猫 2.5~5 毫克。

呋塞米注射液。肌内、静脉注射,一次量,每千克体重,马、牛、羊、猪 0.5~1 毫克;犬、猫 1~5 毫克。

【注意】① 无尿患畜禁用;电解质紊乱或肝损害的患畜慎用。

② 长期大量用药可出现低血钾、低血钠、低血钙、低血镁及脱水,应与补钾或与保钾性利尿药配伍或交替使用,并定时监测水和电解质平衡状态。

③ 应避免与氨基糖苷类抗生素和糖皮质激素合用。

2. 氢氯噻嗪

【用途】适用于各种类型水肿。

【不良反应】① 大量或长期应用可引起体液和电解质平衡紊乱,导致低钾性碱血症、低氯性碱血症。

② 本品可导致高尿酸血症、高血钙症。

③ 其他不良反应有胃肠道反应(呕吐、腹泻)等。

【用法用量】氢氯噻嗪片。内服,一次量,每千克体重,马、牛1~2毫克;羊、猪2~3毫克;犬、猫3~4毫克。

【注意】① 严重肝、肾功能障碍,电解质平衡紊乱及高尿酸血症等患畜慎用。

② 宜与氯化钾合用,以免发生低钾血症。

3. 螺内酯

【用途】治疗与醛固酮升高有关的顽固性水肿,对肝硬化、肾病综合征患者水肿有效。

【不良反应】久用可引起高血钾,尤其当肾功能不全时更易出现。

【用法用量】螺内酯片、螺内酯胶囊。内服,一次量,每千克体重,马、牛、羊、猪0.5~1.5毫克;犬、猫2~4毫克。

【注意】肾功能衰竭及高血钾患畜忌用。

二、脱水药

脱水药又称渗透性利尿药,是一种非电解质类物质。

1. 甘露醇

【用途】用于脑水肿、脑炎的辅助治疗。

【不良反应】① 大剂量或长期应用可引起水和电解质平衡紊乱。

② 静注过快可能引起心血管反应如肺水肿及心动过速等。

③ 静注时药物漏出血管可使注射部位水肿,皮肤坏死。

【用法用量】甘露醇注射液。静脉注射,一次量,马、牛1 000~2 000毫升;羊、猪100~250毫升。

【注意】① 严重脱水、肺充血或肺水肿、充血性心力衰竭以及进行性肾功能衰竭患畜禁用。

② 脱水动物在治疗前应补充适当体液。

③ 静脉注射时勿漏出血管外,以免引起局部肿胀、坏死。

2. 山梨醇

【用途】用于脑水肿、脑炎的辅助治疗。

【用法用量】山梨醇注射液。静脉注射,一次量,马、牛250~500克;

羊、猪 25~62.5 克。

【不良反应】同甘露醇。

【注意】同甘露醇，但局部刺激比甘露醇大。

第二节　作用于生殖系统药物

一、子宫收缩药

1. 缩宫素

俗称催产素，从牛或猪脑垂体后叶中提取或人工合成。

【用途】用于催产、产后子宫出血和胎衣不下等。

【用法用量】缩宫素注射液。皮下、肌内注射，一次量，马、牛 30~100 单位；羊、猪 10~50 单位；犬 2~10 单位。

【注意】产道阻塞、胎位不正、骨盆狭窄及子宫颈尚未开放时忌用于催产。

2. 卡贝缩宫素

【用途】用于预防母牛胎衣不下；缩短母猪产程和产仔间隔。

【用法用量】卡贝缩宫素注射液。肌内注射，一次量，母牛娩出犊牛后 210~350 微克；母猪分娩至少一头仔猪后 35 微克。

【注意】① 如果宫口未开或有机械原因导致分娩延迟，如产道阻塞、胎位和胎势异常、产时抽搐、子宫破裂、子宫扭转、胎儿相对过大或产道畸形时，严禁用于催产。

② 两次给药间隔时间不少于 24 小时。

③ 孕产妇和哺乳期妇女避免接触本品。

3. 垂体后叶激素

【用途】用于催产、产后子宫出血和胎衣不下等。

【用法用量】垂体后叶注射液；皮下、肌内注射，一次量，马、牛 30~100 单位；羊、猪 10~50 单位；犬 2~10 单位；猫 2~5 单位。

【注意】① 临产时，若产道阻塞、胎位不正、骨盆狭窄、子宫颈尚未开放等禁用。

② 用量大时可引起血压升高、少尿及腹痛。

4. 马来酸麦角新碱

【用途】主要用于产后止血及加速子宫复旧。

【用法用量】马来酸麦角新碱注射液。肌内、静脉注射，一次量，马、牛 5~15 毫克；羊、猪 0.5~1 毫克；犬 0.1~0.5 毫克。

【注意】① 胎儿未娩出前或胎盘未剥离排出前均禁用。

② 不宜与缩宫素及其他麦角制剂联用。

二、性激素、促性腺激素及促性腺激素释放激素

1. 丙酸睾酮

【用途】用于雄性激素缺乏时的辅助治疗。

【用法用量】丙酸睾酮注射液。肌内、皮下注射，一次量，每千克体重，种畜 0.25~0.5 毫克。

【注意】① 具有水钠潴留作用，肾、心或肝功能不全病畜慎用。

② 仅用于种畜。

【最大残留限量】残留标志物：睾酮。

所有食品动物：所有可食组织不得检出。

2. 苯丙酸诺龙

【用途】用于营养不良慢性消耗性疾病的恢复期。也可用于某些贫血性疾病的辅助治疗。

【用法用量及休药期】苯丙酸诺龙注射液。皮下、肌内注射，一次量，家畜 0.2~1 毫克。每 2 周 1 次。休药期 28 日，弃奶期 7 日。

【注意】① 可以作治疗用，但不得在动物食品中检出。

② 禁止作促生长剂应用。

③ 肝、肾功能不全时慎用。

【最大残留限量】残留标志物：诺龙。

所有食品动物：所有可食组织不得检出。

3. 苯甲酸雌二醇

【用途】用于发情不明显动物的催情及胎衣、死胎排出。

【用法用量及休药期】苯甲酸雌二醇注射液。肌内注射，一次量，马 10~20 毫克；牛 5~20 毫克；羊 1~3 毫克；猪 3~10 毫克；犬 0.2~0.5 毫克。休药期 28 日，弃奶期 7 日。

【注意】① 妊娠早期的动物禁用，以免引起流产或胎儿畸形。

② 可以作治疗用，但不得在动物食品中检出。

【最大残留限量】残留标志物：雌二醇。

所有食品动物：所有可食组织不得检出。

4. 黄体酮

又名孕酮。

【用途】用于预防流产和控制母畜同期发情。

【用法用量及休药期】黄体酮注射液。预防流产（肌内注射），一次量，马、牛50~100毫克；羊、猪15~25毫克；犬2~5毫克。休药期，羊、猪30日。

复方黄体酮缓释圈（插入阴道内用于控制母牛同期发情）。每一个螺旋形弹性橡胶圈含黄体酮1.55克，含苯甲酸雌二醇10毫克。一次量，每头牛一个弹性橡胶圈。宰前取出。

黄体酮阴道缓释剂（插入阴道内用于控制母牛同期发情）。每一个缓释剂含黄体酮1.38克。每次一个，5~8天取出。

【注意】① 长期应用可使妊娠期延长。

② 产乳供人食用的家畜，在泌乳期不得使用。

③ 使用复方黄体酮缓释圈12天后取出残余胶圈，并在48~72小时内配种。

④ 使用黄体酮阴道缓释剂时需戴橡胶手套，阴道畸形禁用。

5. 醋酸氟孕酮

【用途】用于绵羊、山羊的诱导发情或同期发情。

【用法用量及休药期】醋酸氟孕酮阴道海绵。阴道给药，一次量，羊1个，给药后12~14天取出。休药期，羊30日。

【注意】泌乳期禁用；食品动物禁用。

【最大残留限量】残留标志物：醋酸氟孕酮。羊，肌肉0.5微克/千克。

6. 烯丙孕素

又名四烯雌酮。

【用途】用于后备母猪和乏情经产母猪的同期发情。

【用法用量及休药期】0.4%烯丙孕素内服溶液。内服，一次量，后备母猪20毫克，直接饲喂或喷洒在饲料上内服，连用18日。休药期，猪9日。

【注意】① 仅用于至少发情过一次的性成熟的母猪。

② 每头动物单独给药，确保每日给药剂量。

③ 有急性、亚急性、慢性子宫内膜炎的母猪慎用。

④ 妊娠和育龄妇女应避免接触本品。

7. 绒促性素

又名绒毛膜促性腺激素。

【用途】用于性功能障碍、习惯性流产及卵巢囊肿。

【注意】① 不宜长期应用，以免产生抗体和抑制垂体促性腺功能。

② 本品溶液极不稳定，且不耐热，应在短时间内用完。

③ 使用复方绒促性素后一般不能再使用其他类激素。

④ 用量过大可致催产失败。

【用法用量】注射用绒促性素。肌内注射，一次量，马、牛 1 000~6 000 单位；羊 100~500 单位；猪 500~1 000 单位；犬 25~300 单位。一周 2~3 次。

8. 血促性素

又名孕马血清。

【用途】主要用于母畜催情和促进卵泡发育；也用于胚胎移植时的超数排卵。

【用法用量】注射用血促性素。皮下、肌内注射，一次量，催情，马、牛 1 000~2 000 单位；羊 100~500 单位；猪 200~800 单位；犬 25~200 单位；猫 25~100 单位；兔、水貂 30~50 单位。

超排，母牛 2 000~4 000 单位；母羊 600~1 000 单位。临用前，用灭菌生理盐水 2~5 毫升稀释。

9. 垂体促卵泡素

又名卵泡刺激素、促卵泡激素，从猪、羊的垂体前叶提取。

【用途】用于治疗卵巢静止，持久黄体，卵泡发育停滞等，也用于牛羊超数排卵。

【用法用量】注射用垂体促卵泡激素。临用前，以灭菌生理盐水 2~5 毫升稀释。

治疗卵巢静止、持久性黄体、卵泡发育停滞，肌内注射。一次量、马、驴 200~300 单位，每日或隔日一次，2~5 次为一疗程；奶牛 100~150 单位，隔 2 日一次，2~3 次为一疗程。

超排，肌内注射，牛总剂量 450~500 单位，一日 2 次，间隔 12 小时，递减法连用 4 日；山羊总剂量 180~220 单位。一日 2 次，递减法连用 3 日。

【注意】① 用药前，必须检查卵巢变化，并依此修正剂量和用药次数。

② 禁用于促生长，用药前必须检查生殖功能是否正常，正常者才能使用，并根据母畜体重和胎次修正剂量。

10. 垂体促黄体素（LH）

又名黄体生成素、促黄体素，从猪、羊的垂体前叶提取。

【用途】用于治疗排卵延迟、卵巢囊肿和习惯性流产等。

【用法用量】注射用垂体促黄体素。肌内注射，一次量，马 200~300 单位；牛 100~200 单位。临用前，用灭菌生理盐水 2~5 毫升稀释。

【注意】治疗卵巢囊肿时，剂量应加倍。

11. 促性腺激素释放激素（GnRH）

【用途】用于治疗奶牛排卵迟滞、卵巢静止、持久黄体、卵巢囊肿。

【用法用量】注射用促黄体素释放激素 A_2。肌内注射，一次量，奶牛，排卵迟滞，输精的同时肌内注射 12.5~25 微克；卵巢静止，25 微克，每天 1 次，可连续 1~3 次，总剂量不超过 75 微克；持久黄体或卵巢囊肿，25 微克，每天 1 次，可连续注射 1~4 次，总剂量不超过 100 微克；早期妊娠诊断，配种后 5~8 日，12.5~25 毫克，35 日内无重发情判为已妊娠。

注射用促黄体素释放激素 A_3。肌内注射，一次量，奶牛 25 微克。

【注意】① 使用本品后一般不能再用其他类激素。

② 剂量过大时可致催产失败。

三、前列腺素

1. 氨基丁三醇前列腺素 $F_{2\alpha}$

又名黄体溶解素、地诺前列腺素。

【用途】用于控制母牛同期发情，怀孕母猪诱导分娩。也用于治疗持久性黄体和卵果黄体囊肿和排出死胎。

【用法用量及休药期】氨基丁三醇前列腺素 $F_{2\alpha}$ 注射液。肌内注射，一次量，牛 25 毫克，猪 5~10 毫克；每千克体重，马 0.02 毫克，犬 0.05 毫克。休药期，牛、猪 1 日。

【注意】患急性或亚急性血管系统、胃肠道系统、呼吸系疾病的牛禁用。

2. 甲基前列腺素 $F_{2\alpha}$

【用途】用于同期发情、同期分娩；也用于治疗持久性黄体、诱导分娩和催排死胎，以及治疗子宫内膜炎等。

【用法用量及休药期】甲基前列腺素 $F_{2\alpha}$ 注射液。肌内注射或宫颈内注入，一次量，每千克体重，马、牛 2~4 毫克，羊、猪 1~2 毫克。休药期，牛、猪、羊 1 日。

【注意】① 妊娠母畜忌用，以免引起流产。

② 治疗持久黄体时用药前应仔细进行直肠检查，以便针对性治疗。

3. 氯前列醇

【用途】兽医临床可用于诱导母畜同期发情，治疗母牛持久黄体、黄体囊肿和卵泡囊肿等疾病；也可用于妊娠猪、羊的同期分娩，以及治疗产后子宫复旧不全、胎衣不下、子宫内膜炎和子宫蓄脓等。主要用于控制母牛同期发情和怀孕母猪诱导分娩。

【不良反应】在妊娠 5 个月后应用本品，动物出现难产的风险将增加，且药效下降。

【用法用量及休药期】氯前列醇注射液。肌内注射：牛 0.3~0.6 毫克；猪 0.15 毫克。宫内注射：牛 0.15~0.3 毫克。休药期，牛、猪 1 日。

【注意】① 不需要流产的妊娠动物禁用。

② 因药物可诱导流产及急性支气管痉挛，妊娠妇女和患有哮喘及其他呼吸道疾病的人员操作时应特别小心，不应接触药物。

③ 氯前列醇易通过皮肤吸收，不慎接触后应立即用肥皂和水进行清洗。

④ 不能与非类固醇类抗炎药同时应用。

4. 氯前列醇钠

【用途】同氯前列醇注射液。

【用法用量及休药期】氯前列醇钠注射液。肌内注射，一次量，牛 0.2~0.3 毫克；猪，妊娠第 112~113 天，0.05~0.1 毫克。休药期无须制定。

注射用氯前列醇钠。肌内注射，一次量，牛 0.4~0.6 毫克，11 天后再用药一次；猪，母猪诱导分娩预产期前 3 日内 0.05~0.2 毫克。休药期无须制定。

第十章 影响组织代谢药物

第一节 肾上腺皮质激素类

1. 醋酸可的松

【用途】主要用于：① 肾上腺皮质功能减退症的替代疗法。
② 炎症性、过敏性疾病。
③ 牛酮血病、羊妊娠毒血症等。

【用法用量及休药期】醋酸可的松注射液。肌内注射，一次量，马、牛 250~750 毫克，羊 12.5~25 毫克，猪 50~100 毫克，犬 25~100 毫克。滑囊、腱鞘或关节囊内注射，马、牛 50~250 毫克。休药期无须制定。

【最大残留限量】允许用于食品动物，不需要制定残留限量。

2. 氢化可的松

【用途】用于炎症性、过敏性疾病，牛酮血症和羊妊娠毒血症。

【用法用量及休药期】氢化可的松注射液。静脉注射，一次量，马、牛 0.2~0.5 克，羊、猪 0.02~0.08 克。休药期暂无规定。

醋酸氢化可的松注射液。滑囊、腱鞘或关节囊内注射，一次量，马、牛 50~250 毫克。肌内注射，一次量，马、牛 250~750 毫克，羊 12.5~25 毫克；猪 50~100 毫克，犬 25~100 毫克。休药期，牛、羊、猪 0 日。

醋酸氢化可的松滴眼液。滴眼。休药期无须制定。

【最大残留限量】外用允许用于食品动物，但不需要制定残留限量。其他给药途径暂无规定。

3. 醋酸泼尼松

【用途】用于炎症性、过敏性疾病，牛酮血症和羊妊娠毒血症等。

【用法用量及休药期】醋酸泼尼松片。内服，一次量，牛 100~300 毫克，羊、猪 10~20 毫克，犬、猫每千克体重 0.5~2 毫克。休药期，牛、羊、猪 0 日。

0.5%醋酸泼尼松眼膏。眼部涂敷，一日 2~3 次。休药期无须制定。

【最大残留限量】暂无规定。

4. 醋酸泼尼松龙

又名强的松龙。

【用途】用于炎症性、过敏性疾病，牛酮血症和羊妊娠毒血症等。

【用法用量及休药期】醋酸泼尼松片。内服，一次量，马、牛 100~300 毫克，羊、猪 10~20 毫克；每千克体重，犬、猫 0.5~2 毫克。休药期，牛、羊、猪 0 日。

0.5%醋酸泼尼松软膏。眼部外用，一日 2~3 次。无须制定休药期。

【最大残留限量】（试行）残留标志物：泼尼松龙。

牛：肌肉、脂肪 4 微克/千克，肝脏、肾脏 10 微克/千克，牛奶 6 微克/千克。

5. 地塞米松

又名氟美松。

【用途】用于炎症性、过敏性疾病，牛酮血症和羊妊娠毒血症等。

【注意】易引起孕畜早产。急性细菌性感染时应与抗菌药物配伍使用。禁用于骨质疏松症和疫苗接种期。

【用法用量及休药期】醋酸地塞米松片。内服，一次量，马、牛 5~20 毫克，犬、猫 0.5~2 毫克。休药期，牛、马 0 日。

地塞米松磷酸钠注射液。肌内、静脉注射，一日量，马 2.5~5 毫克，牛 5~20 毫克，羊、猪 4~12 毫克，犬、猫 0.125~1 毫克；关节腔内注射，一次量、马、牛 2~10 毫克。休药期，牛、羊、猪 21 日；弃奶期 3 日。

【最大残留限量】残留标志物：地塞米松。牛、马、猪：肌肉 1 微克/千克，肝脏 2 微克/千克，肾脏 1 微克/千克。牛：牛奶 0.3 微克/千克。

6. 倍他米松

【用途】用于炎症性、过敏性疾病，牛酮血症和羊妊娠毒血症等。

【注意】易引起孕畜早产。急性细菌性感染时应与抗菌药物配伍使用。禁用于骨质疏松症和疫苗接种期。

【用法用量】倍地米松片。内服，一次量，犬、猫 0.25~1 毫克。

【最大残留限量】残留标志物：倍他米松。牛、猪：肌肉 0.75 微克/千克，肝脏 2 微克/千克，肾脏 0.75 微克/千克。牛：牛奶 0.3 微克/千克。

7. 醋酸氟轻松

【用途】用于炎症性、过敏性疾病，牛酮血症和羊妊娠毒血症等。

【用法用量】醋酸氟轻松乳膏。外用，涂患处适量。

8. 促肾上腺皮质激素

【用途】用于炎症性、过敏性疾病，牛酮血症和羊妊娠毒血症等。

【用法用量】注射用促皮质素。肌内注射，一次量，牛 30~200 单位，羊 20~40 单位，犬 5~10 单位。一日 2~3 次。静脉注射剂量减半。临用前用 5% 葡萄糖注射液溶解。

【注意】① 使用本品，必须有完整的肾上腺皮质功能。

② 长期应用可引起水钠潴留、创伤愈合延缓、感染扩散等，还可引起过敏反应。

③ 其他参见氢化可的松。

第二节　维生素

一、脂溶性维生素

1. 维生素 A

【用途】①本品主要用于防治角膜软化症、眼干燥症、夜盲症及皮肤粗糙等维生素 A 缺乏症。②本品也可用于增强机体对感染的抵抗力，用于体质虚弱的畜禽、妊娠和泌乳母畜。③本品局部应用能促进创伤、溃疡愈合，可局部用于烧伤及皮肤、黏膜炎症的治疗，有促进愈合的作用。

【注意】维生素 A 不易从体内迅速排出，摄入量超过正常量的 50~500 倍时出现过多症，多发生于幼龄动物，鸡表现精神抑郁，采食量下降，以至完全拒食。猪常为被毛粗糙，对触觉特别敏感，易骨折，腹部和腿部瘀点性出血，粪尿带血，不时发抖，最终导致死亡。兔能引起流产。母畜于妊娠早期应用维生素 A 过量可引起胚胎死亡，后期则导致胎儿畸形。猫表现以局部或全身性骨质疏松为主要症状的骨质疾患。中毒时，一般停药 1~2 周中毒症状可逐渐缓解和消失。

【用法用量】维生素 AD 油。内服，一次量，马、牛 20~60 毫升，羊、猪 10~15 毫升，犬 5~10 毫升，禽 1~2 毫升。

鱼肝油。内服，一次量，马、牛 20~60 毫升，羊、猪 10~15 毫升，犬 5~10 毫升，鸡 1~2 毫升。

维生素 AD 注射液。肌内注射，一次量，马、牛 5~10 毫升，驹、犊、羊、猪 2~4 毫升，仔猪、羔羊 0.5~1 毫升。

2. 维生素 D

【用途】① 用于防治维生素 D 缺乏所致的疾病，如佝偻病、骨软症等。

② 乳牛于产前 1 周，每日肌内注射维生素 D_3，能有效地预防乳热症和产后瘫痪。

③ 维生素 D 也可用于骨折患畜，以促进骨的愈合。

④ 妊娠和泌乳母畜，还有幼畜对钙、磷的需要量大，需要补充维生素 D，以促进饲料中钙、磷的吸收。

【用法用量及休药期】维生素 AD 油、鱼肝油和维生素 AD 注射液可参见维生素 A。

维生素 D_2 胶性钙注射液。肌内、皮下注射，一次量，马、牛 2.5 万~10 万单位，羊、猪 1 万~2 万单位，犬 0.25 万~0.5 万单位。休药期无须制定。

维生素 D_3 注射液。肌内注射，一次量，每千克体重，家畜 1 500~3 000 单位。休药期无须制定。

【注意】① 长期应用大剂量的维生素 D，可使骨脱钙变脆，并易于变形和发生骨折，同时导致血液中钙和磷酸盐的含量过高。因维生素 D 代谢缓慢，中毒常呈慢性经过，表现食欲不振和腹泻，猪还出现肌肉震颤和运动失调。常因肾小管过度钙化产生尿毒症而导致动物死亡。

② 应用维生素 D 同时应给动物补充钙剂。

3. 维生素 E

【用途】① 主要用于防治畜禽的各种因维生素 E 缺乏所致的不孕症、白肌病和雏鸡渗出性素质等。

② 用于防治因缺乏维生素 E 导致的犊、羔、驹和猪的营养性肌萎缩，猪肝脏坏死和黄疸病，雏鸡的脑软化症。

③ 维生素 E 也常与维生素 A、维生素 D 和 B 族维生素配合，用于畜禽的生长不良、营养不足等综合性缺乏症。

【注意】① 动物对维生素 E 的需要量取决于日粮成分，尤其是日粮中硒和不饱和脂肪酸水平以及其他抗氧化剂的存在与否。饲料中不饱和脂肪酸含量愈高，动物对维生素 E 的需要量愈大。

② 饲料中矿物质、糖的含量变化，其他维生素的缺乏，等等，均可加重维生素 E 缺乏症。

③ 日粮中高浓度可诱导雏鸡生长，并可加重因钙、磷缺乏引起的骨钙化不全。

④ 高剂量可诱导雏鸡、犬的凝血障碍。

⑤ 注射给药时，偶尔可引起死亡、流产或早产等过敏反应，如出现这种反应应立即注射肾上腺素或抗组胺药物治疗。注射体积超过 5 毫升时应分点注射。

【用法用量及休药期】维生素 E 注射液。皮下、肌内注射，一次量，驹、犊 0.5~1.5 克，羔羊、仔猪 0.1~0.5 克，犬 0.03~0.1 克。休药期无须制定。

亚硒酸钠维生素 E 预混剂（含 0.04%亚硒酸钠、0.5%维生素 E）。混饲，每吨饲料，畜禽 500~1 000 克。休药期无须制定。

亚硒酸钠维生素 E 注射液（含 0.1%亚硒酸钠、5%维生素 E）。肌内注射，一次量，驹、犊 5~8 毫升，羔羊、仔猪 1~2 毫升。休药期无须制定。

4. 维生素 K_1

【用途】主要用于治疗维生素 K 缺乏所引起的出血性疾病。如禽类缺乏维生素 K 引起的出血性疾患；预防幼雏维生素 K 缺乏；动物因肝病引起胆汁缺乏时，维生素 K 难以吸收，导致维生素 K 缺乏，而发生的出血性疾患；长期使用抗菌药物，由于肠内正常菌群失调引起维生素 K 缺乏所造成的出血；霉烂的苜蓿干草或青贮料中所含双香豆素导致低凝血酶原血症而发生的出血。

【注意】① 维生素 K_1 注射液静脉注射时应缓慢。

② 维生素 K_1 注射液要遮光、密闭、防冻保存，如有油滴析出或分层，则不宜使用，但可在遮光条件下加热至 70~80℃，振摇使其自然冷却，如澄明度正常仍可继续使用。

【用法用量】维生素 K_1 注射液。肌内、静脉注射，一次量，每千克体重，犊 1 毫克，犬、猫 0.5~2 毫克。

二、水溶性维生素

1. 维生素 B_1

【用途】① 主要用于防治维生素 B_1 缺乏症，如多发性神经炎等。

② 也可用于重剧劳役所引起的疲劳或衰弱，尤其是伴有食欲不振、胃肠弛缓等症状时，用以改善代谢功能而促使机体康复。

③ 当动物发热，甲状腺功能亢进，大量输入葡萄糖液时，应适当补充维生素 B_1。

④ 本品还用作牛酮血症、神经炎、心肌炎等的辅助治疗。

⑤ 维生素 B_1 常与其他 B 族维生素或维生素 C 合并应用。

【注意】① 生鱼肉、某些海鲜产品内含大量硫胺素酶，能破坏维生素 B_1 活性，故不可生喂。

② 牛、羊饲喂高蛋白精饲料后，可增加或活化瘤胃内的硫胺素酶，导致维生素 B_1 缺乏症。

③ 快速静脉注射可出现轻度血管扩张，血压微降，抑制神经节传递，在神经肌肉接头处呈现轻度箭毒样作用，产生支气管收缩和轻度抑制胆碱酯酶作用。

④ 维生素 B_1 易被热、碱破坏，在弱酸溶液中十分稳定。加工、贮存时应予注意。

⑤ 维生素 B_1 的需要量与饲料中可溶性碳水化合物含量有关，可溶性碳水化合物含量愈高，维生素 B_1 需要量增加。

【用法用量】维生素 B_1 片。内服，一次量，马、牛 100~500 毫克，羊、猪 25~50 毫克，犬 10~50 毫克，猫 5~30 毫克。

维生素 B_1 注射液。皮下、肌内注射，一次量，马、牛 100~500 毫克，羊、猪 25~50 毫克，犬 10~25 毫克，猫 5~15 毫克。

2. 维生素 B_2

【用途】主要用于维生素 B_2 缺乏症，如口炎、皮炎、角膜炎等。常与维生素 B_1 合并应用。

【注意】① 动物对维生素 B_2 的需要量与日粮组成和环境温度有关，日粮营养浓度高，则需要量增加，环境温度低亦应给较多的维生素 B_2。

② 种禽和妊娠动物需要量较高。

③ 内服后尿呈黄绿色。

【用法用量】维生素 B_2 片。内服，一次量，马、牛 100~150 毫克，羊、猪 20~30 毫克，犬 10~20 毫克，猫 5~10 毫克。

维生素 B_2 注射液。皮下、肌内注射，用量同内服。

3. 维生素 B_6

【用途】① 主要用于皮炎和周围神经炎等。

② 临床上在治疗家畜的维生素 B_1、维生素 B_2 和烟酸或烟酰胺等缺乏症

时，常同时并用维生素 B_6 以提高疗效。

③ 本品亦用于治疗氰乙酰肼、异烟肼、青霉胺、环丝氨酸等药物中毒引起的胃肠道反应和痉挛等兴奋症状，可能是上述药物中毒时，维生素 B_6 经尿排出量增加，体内缺乏，即使谷氨酸脱羧酶的辅酶减少，导致谷氨酸脱羧形成 γ-氨基丁酸（中枢神经系统内的抑制递质）的过程受阻，使产生神经兴奋症状。

【用法用量】维生素 B_6 片。内服，一次量，马、牛 3~5 克，羊、猪 0.5~1 克，犬 0.02~0.08 克。

维生素 B_6 注射液。皮下、肌内或静脉注射，用量同内服。

4. 复合维生素 B 溶液

为维生素 B_1、维生素 B_2、维生素 B_6、烟酰胺及泛酸钙等制成的水溶液。

【用途】主要用于营养不良、消化障碍、厌食，糙皮病、口腔炎及因 B 族维生素缺乏导致的各种疾患的辅助治疗。

【用法用量】内服，一日量，马、牛 30~70 毫升，羊、猪 7~10 毫升；混饮，每升水，禽 10~30 毫升。

5. 复合维生素 B 注射液

为维生素 B_1、维生素 B_2、维生素 B_6 制成的水溶液。

【用途】主要用于营养不良、食欲不振、多发性神经炎、糙皮病以及 B 族维生素缺乏所引起的各种疾病的辅助治疗。

【用法用量】肌内注射，一日量，马、牛 10~20 毫升，羊、猪 2~6 毫升，犬、猫、兔 0.5~1 毫升。

6. 复合维生素 B 可溶性粉

为维生素 B_1、维生素 B_2、维生素 B_6、烟酰胺及泛酸钙等制成的可溶性粉。

【用途】用于防治 B 族维生素缺乏所致的多发性神经炎、消化障碍、口腔炎等。

【注意】现用现配。

【用法用量】混饮，每升水，禽 0.5~1.5 克。连用 3~5 日。

7. 维生素 B_{12}

【用途】主要用于维生素 B_{12} 缺乏所致的贫血、幼畜生长迟缓等。

【用法用量】维生素 B_{12} 注射液。肌内注射，一次量，马、牛 1~2 毫克，羊、猪 0.3~0.4 毫克，犬、猫 0.1 毫克。

8. 维生素 C

【用途】① 临床上除用于防治维生素 C 缺乏症外,亦常于家畜高热、心源性和感染性休克、中毒、贫血等时作辅助治疗。

② 作为早期断奶幼畜人工乳中的添加物。

③ 各种应激情况下,如高温、生理紧张、运输、饲料改变、疾病等不仅动物合成维生素 C 能力降低,同时对维生素 C 的需要量也增加。

④ 在临床上为了加速创口愈合或解毒也常用维生素 C。

【注意】① 注射液中若含碳酸氢钠,易与微量钙生成碳酸钙沉淀,本品亦不能与钙剂混合注射。

② 本品在碱性溶液中易氧化失效,故不可与氨茶碱等碱性较强的注射液混合注射。

③ 对氨苄西林、氯唑西林、头孢菌素Ⅰ、头孢菌素Ⅱ、四环素、金霉素、土霉素、多西环素、红霉素、竹桃霉素、新霉素、卡那霉素、链霉素、林可霉素和多黏菌素等,均具不同程度的灭活作用,因此维生素 C 不宜与这些抗生素混合注射。

④ 本品在瘤胃内可被破坏,故反刍动物不宜内服。

【用法用量】维生素 C 片。以维生素 C 计。内服,一次量,马 1~3 克,猪 0.2~0.5 克,犬 0.1~0.5 克。

维生素 C 注射液。肌内、静脉注射,一次量,马 1~3 克,牛 2~4 克;羊、猪 0.2~0.5 克,犬 0.02~0.1 克。

维生素 C 可溶性粉。混饮,每升水,禽 30 毫克,自由饮用。连用 5 日。

9. 泛酸钙

【用途】主要用于畜禽的泛酸缺乏症。在防治 B 族维生素等其他维生素缺乏症时,同时给予泛酸可提高疗效。

【用法用量】以泛酸钙计。混饲,每吨饲料,猪 10~13 克,禽 6~15 克。

10. 烟酸

【用途】主要用于烟酸缺乏症。本品也常与维生素 B_1 和维生素 B_2 合用,对多种疾病进行综合治疗。

【用法用量】烟酸片。内服,一次量,每千克体重,家畜 3~5 毫克。

11. 烟酰胺

【用途】同烟酸。

【用法用量】烟酰胺片。内服,一次量,每千克体重,家畜 3~5 毫克。

烟酰胺注射液。肌内注射,一次量,每千克体重,家畜 0.2~0.6 毫克,幼畜不得超过0.3毫克。

12. 叶酸

【用途】主要用于防治因叶酸缺乏而引起的贫血症。

【用法用量】叶酸片。内服,一次量,犬、猫2.5~5毫克。

第三节 钙、磷与微量元素

一、钙、磷制剂

1. 氯化钙

【用途】钙补充药,用于低钙血症以及毛细血管通透性增加所致疾病。

① 主要用于低钙血症,如心脏衰弱、肠绞痛等。

② 用于慢性钙缺乏症,如家畜维生素D缺乏性骨软症或佝偻病及乳牛产后瘫痪等。

③ 用于毛细血管渗透性增高导致的各种过敏性疾病,如荨麻疹、血管神经性水肿、瘙痒性皮肤病等。

④ 用于硫酸镁中毒的解毒剂。

【注意】① 静脉注射必须缓慢,以免血钙浓度骤升,导致心律失常,甚至心搏骤停。

② 在应用强心苷、肾上腺素期间或停药7日内,禁止注射钙剂。

③ 氯化钙溶液刺激性强,不宜肌内或皮下注射。5%的氯化钙注射液不可直接静注,应在注射前以等量的葡萄糖液稀释。

④ 静脉注射时严防漏出血管,以免引起局部肿胀或坏死。若不慎外漏,可迅速将漏出的药液吸出,再局部注入25%硫酸钠10~25毫升,以形成无刺激性的硫酸钙。严重时应做切开处理。

【用法用量】氯化钙注射液。静脉注射,一次量,马、牛5~15克,羊、猪1~5克,犬0.1~1克。

氯化钙葡萄糖注射液。静脉注射,一次量,马、牛100~300毫升,羊、猪20~100毫升,犬5~10毫升。

2. 葡萄糖酸钙

【用途】钙补充药。含量较氯化钙低。对组织的刺激性较小,注射时比氯化钙安全,常与镇静剂合用,其余同氯化钙。

第十章 影响组织代谢药物

【注意】① 葡萄糖酸钙注射液应为无色澄明液体，如析出沉淀，微温后能溶时可供注射用，不溶者不可应用。

② 缓慢静脉注射，亦应注意对心脏的影响，忌与强心苷并用。

【用法用量】葡萄糖酸钙注射液。静脉注射，一次量，马、牛 20~60 克，羊、猪 5~15 克，犬 0.5~2 克。

硼葡萄糖酸钙注射液。静脉注射，一次量，每 100 千克体重，牛 1 克。

3. 碳酸钙

【用途】① 主要用于内服作钙补充剂，补充饲料中钙离子不足，或防治骨软症、佝偻病、产后瘫痪及家禽产软壳蛋、薄壳蛋等缺钙性疾病。可根据饲料中所含钙量和钙磷比例在饲料中添加本品。

② 妊娠动物、泌乳动物、产蛋家禽和成长期幼畜需钙量增高，在饲料中也可添加本品。

【注意】内服给药对胃肠道有一定的刺激性。

【用法用量】内服，一次量，马、牛 30~120 克；羊、猪 3~10 克，犬 0.5~2 克。

4. 乳酸钙

【用途】主要用作内服钙补充剂，用于防治缺钙性疾病。

【用法用量】乳酸钙片。内服，一次量，马、牛 10~30 克，羊、猪 0.5~2 克，犬 0.2~0.5 克。

5. 磷酸氢钙

【用途】主要用作内服钙、磷补充剂，用于防治钙、磷缺乏性疾病。

【用法用量及休药期】磷酸氢钙片。内服，一次量，马、牛 12 克；羊、猪 2 克；犬、猫 0.6 克。休药期无须制定。

6. 复方布他磷注射液

【用途】矿物质补充药。用于动物急性、慢性代谢紊乱性疾病。

【用法用量及休药期】复方布他磷注射液。以本品计，静脉、肌内或皮下注射；一次量，马、牛 10~25 毫升，羊 2.5~8 毫升，猪 2.5~10 毫升，犬 1~2.5 毫升，猫、毛皮动物 0.5~5 毫升，驹、犊、羔羊、仔猪相应减半。休药期，可食性动物 28 日。

二、微量元素

1. 亚硒酸钠

【用途】亚硒酸钠主要用于防治犊牛、羔羊、驹、仔猪的白肌病和雏鸡渗出性素质。在补硒的同时，添加维生素 E，则防治效果更好。

【注意】① 肌内或皮下注射亚硒酸钠有明显的局部刺激性，动物表现不安，注射部位肿胀、脱毛。马臀部肌内注射后，往往引起注射侧后肢跛行，但一般能自行恢复。

② 亚硒酸钠的治疗量和中毒量很接近，确定剂量时应谨慎。急性中毒可用二巯丙醇解毒，慢性中毒时，除改用无硒饲料外，犊牛和猪可以在饲料中添加 50~100 毫克/千克对氨基苯砷酸，促进硒由胆汁排出。

③ 补硒的猪在屠宰前至少停药 60 天。

【不良反应】硒毒性较大，猪单次内服亚硒酸钠的最小致死剂量为 17 毫克/千克；幼年羔羊一次内服 10 毫克亚硒酸钠将引起精神抑制、共济失调、呼吸困难、尿频、发绀、瞳孔扩大、腹胀和死亡，病理损伤包括水肿、充血和坏死，可涉及许多系统。

【用法用量及休药期】亚硒酸钠注射液。肌内注射，一次量，马、牛 30~50 毫克；驹、犊 5~8 毫克，羔羊、仔猪 1~2 毫克。休药期暂无规定。

亚硒酸钠维生素 E 注射液。肌内注射，一次量，驹、犊 5~8 毫升，羔羊、仔猪 1~2 毫升。休药期无须制定。

亚硒酸钠维生素 E 预混剂。以本品计。混饲，每吨饲料，畜禽 500~1 000 克。休药期无须制定。

2. 氯化钴

【用途】主要用于防治反刍动物的钴缺乏症。

【注意】① 本品只能内服，注射无效，因为注射给药，钴不能为瘤胃微生物所利用。

② 钴摄入过量可导致红细胞增多症。

【用法用量】氯化钴片、氯化钴溶液。内服，治疗时，一次量，牛 0.5 克、犊 0.2 克，成年羊 0.1 克，羔羊 50 毫克。预防时，一次量，牛 25 毫克，犊 10 毫克，成年羊 5 毫克，羔羊 2.5 毫克。

3. 硫酸铜

【用途】用于防治铜缺乏症。

【注意】应用过程中应注意用法和用量，防止中毒。绵羊和犊牛对铜较敏感，灌服或摄取大量铜能引起急性或慢性中毒，其主要症状为溶血性贫血、血红蛋白尿、黄疸和肝损害，严重时可因缺氧和休克而死。对铜中毒的绵羊，每日给予钼酸铵 50~100 毫克、硫酸钠 0.1~1 克内服，连用 3 周，可减少小肠对铜的吸收，加速血液和肝中铜的排泄。

【用法用量】内服。一日量，牛2克，犊1克，羊每千克体重20毫克。混饲，以硫酸铜计。每吨饲料，猪800克，禽20克。

4. 硫酸锌

【用途】硫酸锌用于防治锌缺乏症。

【注意】锌对畜禽毒性较小，但摄入过多可影响蛋白质代谢和钙的吸收，并可导致铜缺乏。猪可发生骨关节周围出血、步态僵直、生长受阻。绵羊和牛发生食欲减退和异食癖。

【用法用量】内服，一日量，牛0.05~0.1克，驹0.2~0.5克，羊、猪0.2~0.5克，禽0.05~0.1克。

5. 硫酸锰

【用途】用于防治锰缺乏症。

【注意】畜禽很少发生锰中毒，但日粮中锰含量超过2 000毫克/千克时，可影响钙的吸收和钙、磷在体内的停留。

【用法用量】混饲，每吨饲料，禽100~200克。

三、其他药物

1. 二氢吡啶

【药理】本品能抑制脂类化合物的氧化，促进矿物质的吸收，从而促进畜禽生长发育和改善动物繁殖性能。

【用法用量及休药期】5%二氢吡啶预混剂。以二氢吡啶计，混饲，每吨饲料，牛100~150克，肉种鸡150克。临用前与饲料混合均匀。休药期，牛、肉鸡7日，弃乳期7日。

2. 氯化胆碱

【用途】用于畜禽等动物促生长和胆碱缺乏症。

【用法与用量】氯化胆碱溶液、氯化胆碱粉。以氯化胆碱计，混饲，每吨饲料，猪250~300克，鸡500~800克。

第十一章 常用解毒药

第一节 金属络合剂

一、氨羧络合剂

依地酸钙钠

又名乙二胺四乙酸二钠钙。

【用途】用于解救铅中毒,对无机铅中毒有特效。也可用于锌、铬、锰、镉、镍、钴、铁和铜中毒,但效果较差;对汞和砷中毒无效。

【用法用量】静脉注射,一次量,马、牛3~6克,猪、羊1~2克。一日2次,连用4日。

二、巯基络合剂

1. 二巯丙醇

【不良反应】二巯丙醇对肝脏、肾脏具有损害作用;有收缩小动脉作用,可引起暂时性心动过速、血压上升。过量使用可引起动物呕吐、震颤、抽搐、昏迷甚至死亡。由于药物排出迅速,多数不良反应为时短暂。

【用途】主要用于解救砷中毒,对汞和金中毒也有效。与依地酸钙钠合用,可治疗幼龄小动物的急性铅脑病。本品对其他金属的促排效果如下:排铅不及依地酸钙钠;排铜不如青霉胺;对锑和铋无效。本品还能减轻由发泡性砷化物(战争毒气)引起的损害。

【注意】①本品为竞争性解毒剂,应及早足量使用。当重金属中毒严重或解救过迟时疗效不佳。

② 本品仅供肌内注射，由于注射后会引起剧烈疼痛，务必作深部肌内注射。

③ 肝、肾功能不良动物慎用。

④ 碱化尿液可减少复合物重新解离，从而使肾脏损害减轻。

⑤ 本品可与镉、硒、铁、铀等金属形成有毒复合物，其毒性作用高于金属本身。故本品应避免与硒或铁盐同时应用。在最后一次使用本品，至少经过24小时后才能应用硒、铁制剂。

【用法用量】肌内注射，一次量，每千克体重，家畜2.5~5毫克。

2. 二巯丙磺钠

【用途】金属络合物解毒药。作用大致与二巯丙醇相同，但毒性较小。除对砷、汞中毒有效外，对铋、铬、锑亦有效。主要用于解救汞、砷中毒，亦用于铅和镉中毒。

【注意】① 注射液为无色澄明液体，浑浊变色时不能使用。

② 一般多采用肌内注射，静脉注射速度宜慢。

【用法用量】二巯丙磺钠注射液。静脉或肌内注射，一次量，每千克体重，马、牛5~8毫克；猪、羊7~10毫克。

3. 二巯丁二钠

【用途】主要用于锑、汞、砷、铅中毒，也可用于铜、锌、镉、钴、镍、银等金属中毒。

【用法与用量】静脉注射，一次量，每千克体重，家畜20毫克。临用前以灭菌生理盐水稀释成5%~10%溶液。慢性中毒时每日一次，5~7日为一疗程，急性中毒时每日4次，连用3日。

4. 青霉胺

又名二甲基半胱氨酸。

【用途】青霉胺能络合铜、铁、汞、铅、砷等，形成稳定和可溶性复合物由尿迅速排出。内服吸收迅速，副作用小，不易破坏，可供轻度重金属中毒或其他络合剂有禁忌时选用。对铜中毒的解毒效果强于二巯丙醇，对铅和汞中毒的解毒作用不及依地酸钙钠和二巯丙磺钠。毒性低于二巯丙醇，无蓄积作用。

【注意】① 本品可引起皮肤瘙痒、荨麻疹、发热、关节疼痛、淋巴结肿大等过敏反应；对青霉素过敏动物可能对本品发生交叉过敏反应。本品应每日连续服用，即使暂时停药数日，在再次用药时也可能发生过敏反应，因此需再从小剂量开始。

②对肾脏有刺激性，可出现蛋白尿及肾病综合征，应经常检查尿蛋白。肾病患畜忌用。

③长期应用，在症状改善后可间歇给药，并加用维生素B_6，以预防发生视神经炎。

④本品可影响胚胎发育，动物试验发现骨骼畸形和腭裂等。

【用法用量】内服，一饮量，每千克体重，家畜5~10毫克，一日4次，5~7日为一疗程，间歇2日，一般用1~3个疗程。

三、羟肟酸络合剂

去铁胺

【用途】主要用于急性铁中毒的解毒药。由于本品与其他金属的亲和力小，故不适于其他金属中毒的解救。

【用法用量】肌内注射，试用一次量，每千克体重，家畜起始量20毫克，维持量10毫克，每4小时1次，注射2次后每4~12小时一次，总日量，每千克体重，不超过120毫克。静脉注射，剂量同肌内注射，注射速度应保持每小时每千克体重15毫克。

第二节 胆碱酯酶复活剂

（一）碘解磷定

【用途】用于解救有机磷中毒。

【注意】①对碘过敏动物禁用本品。

②有机磷内服中毒的动物先以2.5%碳酸氢钠溶液彻底洗胃；由于消化道下部也可吸收有机磷，本品应用至少维持48~72小时，以防延迟吸收的有机磷加重中毒程度，甚至致死。

③用药过程中定时测定血清胆碱酯酶水平，作为用药监护指标。血清胆碱酯酶应维持在50%~60%。必要时应及时重复应用本品。

④在碱性溶液中易分解，禁与碱性药物配伍。

⑤因本品能增强阿托品的作用，与阿托品联合应用时，可适当减少阿托品剂量。

【用法用量】碘解磷定注射液。静脉注射，一次量，每千克体重，家畜15~30毫克。

（二）其他胆碱酯酶复活剂

1. 氯解磷定

氯解磷定注射液。肌内或静脉注射，一次量，每千克体重，家畜 15~30 毫克。

2. 双复磷

本品具有阿托品样作用，故对有机磷所致烟碱样和毒蕈碱样症状均有效；对中枢神经系统症状的清除作用较强；对有机磷军事毒剂-中毒也有疗效。供肌内或静脉注射。剂量同氯解磷定。

3. 双解磷

作用较碘解磷定强且持久，不易透过血脑屏障，有阿托品样作用。粉针剂规格为 0.15 克。

第三节　高铁血红蛋白还原剂

亚甲蓝

曾名美蓝。

【用途】低剂量（1~2 毫克/千克）用于亚硝酸盐中毒；高剂量（5~10 毫克/千克，最大剂量为 20 毫克/千克）用于氰化物中毒。

【注意】① 禁止皮下或肌内注射（可引起组织坏死）。

② 由于亚甲蓝溶液与多种药物、强碱性溶液、氧化剂、还原剂和碘化物配伍禁忌，因此不得将本品与其他药物混合注射。

【用法用量】亚甲蓝注射液。静脉注射，一次量，每千克体重，解救家畜高铁血红蛋白血症 1~2 毫克，解救氰化物中毒 5~10 毫克。

第四节　氰化物解毒剂

1. 亚硝酸钠

【用途】用于解救氰化物中毒。

【注意】① 治疗氰化物中毒时，宜与硫代硫酸钠合用。

② 应密切注意血压变化，避免引起血压下降。

③ 注射中出现严重不良反应，应立即停止给药，因过量引起的中毒，可

用亚甲蓝解救。

④ 马属动物慎用。

【用法用量】亚硝酸钠注射液。静脉注射，一次量，马、牛2克；羊、猪0.1~0.2克。

2. 硫代硫酸钠

【用途】主要用于解救氰化物中毒，也可用于砷、汞、铅、铋、碘等中毒。

【注意】① 本品解毒作用产生较慢，应先静脉注射亚硝酸钠再缓慢注射本品，但不能将两种药液混合静注。

② 对内服中毒动物，还应使用本品的5%溶液洗胃，并于洗胃后保留适量溶液于胃中。

【用法用量】硫代硫酸钠注射液。静脉、肌内注射，一次量，马、牛5~10克；羊、猪1~3克；犬、猫1~2克。

第五节　其他解毒剂

乙酰胺

【药理与用途】本品为有机氟杀虫药和杀鼠药氟乙酰胺、氟乙酸钠等中毒的解毒剂，故又名解氟灵。用于解救氟乙酰胺等有机氟中毒。

【注意】本品酸性强，肌内注射时局部疼痛，可配合应用普鲁卡因或利多卡因，以减轻疼痛。

【用法用量】乙酰胺注射液。静脉、肌内注射，一次量，每千克体重，家畜50~100毫克。

第十二章

药物预混剂

第一节 抗菌药物预混剂

1. 硫酸黏菌素预混剂

【用途】主要用于敏感革兰氏阴性菌引起的牛、猪、鸡肠道感染。

【用法用量及休药期】硫酸黏菌素预混剂、硫酸黏菌素预混剂（发酵）。以有效成分计。混饲，每吨饲料，牛、猪、鸡75~100克，连用3~5日。休药期，牛、猪、鸡7天，蛋鸡产蛋期禁用。

【注意】超剂量使用时，会引起肾功能损伤。

2. 磷酸泰乐菌素预混剂

【用途】用于猪、鸡革兰氏阳性菌及支原体感染。治疗产气荚膜梭菌引起的鸡坏死性肠炎。

【药物相互作用】① 若饮水中含较多铁、铜、铝等金属离子时，可与本品形成络合物而失效。

② 泰乐菌素与红霉素等大环内酯类抗生素有交叉耐药现象，使用时应合理选择。

【用法用量及休药期】磷酸泰乐菌素预混剂。以有效成分计。混饲，每吨饲料，用于猪、鸡革兰氏阳性菌及支原体感染，猪10~100克，鸡4~50克。休药期，猪、鸡5日，蛋鸡产蛋期禁用。

3. 吉他霉素预混剂

【用途】主要用于治疗革兰氏阳性菌、支原体及钩端螺旋体等感染。

【用法用量及休药期】吉他霉素预混剂。以有效成分计。每吨饲料，猪

80~300克（8 000万~30 000万单位）；鸡100~300克（1 000万~30 000万单位），连用5~7日。休药期，猪、鸡7日，蛋鸡产蛋期禁用。

4. 金霉素预混剂

【用途】用于治疗断奶仔猪腹泻；治疗猪气喘病、增生性肠炎等。

【注意】① 成年草食动物长期饲喂金霉素易引起胃肠道菌群紊乱，导致消化功能失常，造成肠炎和腹泻，甚至形成二重感染，应慎用。

② 低钙日粮（含钙0.4%~0.55%）中添加100~200毫克/千克剂量金霉素时，连续用药不得超过5天。

③ 在猪丹毒疫苗接种前2天和接种后10天内，不得使用金霉素。

【用法用量及休药期】以有效成分计。混饲，每吨饲料，猪400~600克，连用7日。休药期，猪7日。

5. 延胡索酸泰妙菌素预混剂

【用途】用于防治由密螺旋体引起的猪痢疾，对有痢疾病史的猪场，可在病症未出现前连续饲喂或于治疗后连续饲喂，以巩固疗效。

【用法用量及休药期】延胡索酸泰妙菌素预混剂。以有效成分计。混饲，每吨饲料，猪40~100克。连用5~10日。休药期，猪7日。

6. 硫酸安普霉素预混剂

【用途】主要用于猪大肠杆菌、沙门菌及部分支原体感染的治疗。

【注意】本品遇铁锈易失效，混饲器械要注意防锈，也不宜与微量元素制剂混合使用。

【用法用量及休药期】硫酸安普霉素预混剂。以有效成分计。混饲，每吨饲料，猪80~100克。连用7日。休药期，猪21日。

7. 磺胺对甲氧嘧啶二甲氧苄啶预混剂

【用途】主要用于畜禽肠道感染、球虫病。亦可用于其他敏感细菌引起的疾病。

【用法用量及休药期】磺胺对甲氧嘧啶二甲氧苄啶预混剂。以有效成分计。混饲，每吨饲料，猪、鸡480克，连续用药不得超过10天。休药期，猪28日，鸡10日，蛋鸡产蛋期禁用。

8. 磺胺间甲氧嘧啶预混剂

【用途】用于治疗鸡敏感菌所引起的感染性疾病及鸡球虫病、鸡住白细胞虫病等。

【用法用量及休药期】磺胺间甲氧嘧啶预混剂。以有效成分计。混饲，鸡每吨饲料加480克，连用5~7天。首次用量加倍。休药期，鸡28日，蛋鸡产蛋期禁用。

9. 复方磺胺间甲氧嘧啶预混剂

【用途】用于敏感菌所引起的呼吸道、胃肠道、泌尿道感染及球虫病、猪弓形虫病、鸡住白细胞虫病等。

【注意】① 连续用药不宜超过 1 周。

② 长期使用应同服碳酸氢钠以碱化尿液。

【用法用量及休药期】复方磺胺间甲氧嘧啶预混剂。以本品计。混饲，每吨饲料，猪、鸡 2~2.5 千克。休药期，猪、鸡 28 日，蛋鸡产蛋期禁用。

10. 联磺甲氧苄啶预混剂

【用途】用于敏感菌引起的感染。

【注意】用药期间宜充分饮水，以减少在尿中结晶损害肾脏。

【用法用量及休药期】联磺甲氧苄啶预混剂。以本品计。混饲，每吨饲料，猪 1 千克。连用 3~5 日。休药期，猪 28 日。

11. 氟苯尼考预混剂

【用途】用于治疗猪敏感菌所致的感染，如猪放线菌性胸膜肺炎、巴氏杆菌病、伤寒、副伤寒等。

【注意】超过 10 倍剂量个别猪会发生轻度腹泻。

【用法用量及休药期】氟苯尼考预混剂。以有效成分计。混饲，每吨饲料，猪 20~40 克，连用 7 天。休药期，猪 14 日。

12. 盐酸林可霉素硫酸大观霉素预混剂

【用途】主要用于防治猪痢疾、沙门氏菌病、大肠杆菌肠炎及支原体肺炎。

【用法用量及休药期】盐酸林可霉素硫酸大观霉素预混剂。以有效成分计。混饲，每吨饲料，猪 44 克，连用 1~3 周。休药期，猪 5 日。

13. 酒石酸泰万菌素预混剂

【用途】用于猪、鸡支原体感染。

【用法用量及休药期】酒石酸泰万菌素预混剂。以有效成分计。混饲，每吨饲料，猪 50~75 克；鸡 100~300 克。连用 7 日。休药期，猪 3 日，鸡 5 日，蛋鸡产蛋期禁用。

14. 替米考星预混剂

【用途】主要用于治疗猪胸膜肺炎放线菌、巴氏杆菌及支原体引起的感染。

【用法用量及休药期】替米考星预混剂。以有效成分计。混饲，每吨饲料,猪 200~400 克。连用 15 日。休药期,猪 14 日。

15. 盐酸沃尼妙林预混剂

【用途】用于治疗与预防猪痢疾、猪地方性肺炎、猪结肠螺旋体病(结肠炎)、猪增生性肠病(肠炎)。

【用法用量及休药期】10%盐酸沃尼妙林预混剂。以有效成分计。混饲,每吨饲料,治疗猪痢疾 75 克,至少连用 10 日至症状消失;预防和治疗猪由肺炎支原体引起的支原体肺炎 200 克,连用 21 日。休药期,猪 2 日。

16. 博落回散

【功能主治】抗菌消炎,开胃,促生长。用于促进猪、鸡、肉鸭生长。

【用法用量】博落回散。以(100 克:0.375 克)规格产品计。混饲,每千克饲料,猪 200~500 毫克;雏鸡 300~500 毫克;成年鸡 200~300 毫克;肉鸭 200~300 毫克。

以有效成分计。混饲,每千克饲料,猪 0.75~1.875 毫克;雏鸡 1.125~1.875 毫克,成年鸡 0.75~1.125 毫克;肉鸭 0.75~1.125 毫克。

17. 山花黄芩提取物散

【功能主治】抗炎、抑菌,促生长。用于促进肉鸡、断奶仔猪生长;提高妊娠母猪产

仔成活率、健仔率、仔猪初生窝重、泌乳期母猪泌乳能力。

【用法用量】山花黄芩提取物散。以本品计。混饲,每千克饲料,鸡 0.5 克,可长期添加使用;断奶仔猪 0.5 克,连用 2 个月;妊娠母猪 0.5~1 克,妊娠中后期至仔猪断奶使用。

18. 越霉素 A 预混剂

【用途】主要用于驱除猪、鸡消化道线虫。

【用法与用量及休药期】越霉素 A 预混剂。以有效成分计。混饲,每吨饲料,猪、鸡 10~20 克。休药期,猪 15 日,鸡 3 日,蛋鸡产蛋期禁用。

19. 盐酸氯苯胍预混剂

【用途】抗球虫药。用于禽、兔球虫病。

【不良反应】按规定的用法用量使用尚未见不良反应。

【注意】① 可在商品饲料和养殖过程中使用。

② 长期或高浓度(60 毫克/千克饲料浓度)混饲,可引起鸡肉、鸡蛋异臭。但较低浓度(≤30 毫克/千克饲料浓度)不会产生上述现象。

③ 应用本品防治某些球虫病时停药过早,常导致球虫病复发,应连续用药。

【用法用量及休药期】10%盐酸氯苯胍预混剂。混饲，每吨饲料添加，鸡30~60克，兔100~150克，连用3~5日。休药期，鸡5日，蛋鸡产蛋期禁用；兔7日。

20. 盐酸氨丙啉乙氧酰胺苯甲酯预混剂

【用途】用于鸡球虫病。

【不良反应】按规定的用法用量使用尚未见不良反应。

【注意】① 可在商品饲料和养殖过程中使用。

② 饲料中的维生素B_1含量在10毫克/千克以上时，能对本品的抗球虫作用产生明显的拮抗作用。

【用法用量及休药期】盐酸氨丙啉乙氧酰胺苯甲酯预混剂。以本品计，混饲，每吨饲料，鸡500克。休药期，鸡3日，蛋鸡产蛋期禁用。

21. 盐酸氨丙啉乙氧酰胺苯甲酯磺胺喹噁啉预混剂

【用途】用于鸡球虫病。

【不良反应】按规定的用法用量使用尚未见不良反应。

【注意】① 可在商品饲料和养殖过程中使用。

② 饲料中的维生素B_1含量在10毫克/千克以上时，能对本品的抗球虫作用产生明显的拮抗作用。

③ 连续饲喂不得超过5日。

【用法用量及休药期】盐酸氨丙啉乙氧酰胺苯甲酯磺胺喹噁啉预混剂。以本品计。混饲，每吨饲料，鸡500克。休药期，鸡7日，蛋鸡产蛋期禁用。

22. 氯羟吡啶预混剂

【注意】① 可在商品饲料和养殖过程中使用。

② 本品能抑制鸡对球虫产生免疫力，停药过早易导致球虫病暴发。

③ 后备鸡群可以连续喂至16周龄。

④ 对本品产生耐药球虫的鸡场，不能换用喹啉类抗球虫药，如癸氧喹酯等。

【用途】主要用于预防禽和兔球虫病。

【用法用量及休药期】25%氯羟吡啶预混剂。以有效成分计。混饲，每吨饲料，鸡125克；兔200克。休药期，鸡5日，兔5日，蛋鸡产蛋期禁用。

23. 二硝托胺预混剂

【用途】主要用于鸡的球虫病。

【注意】① 可在商品饲料和养殖过程中使用。

② 停药过早，常致球虫病复发，因此肉鸡宜连续应用。

③二硝托胺粉末颗粒的大小会影响抗球虫作用,应为极微细粉末。

④饲料中添加量超过250毫克/千克(以二硝托胺计)时,若连续饲喂15日以上可抑制雏鸡增重。

【用法用量及休药期】25%二硝托胺预混剂。以有效成分计。混饲,每吨饲料,鸡125克。休药期,鸡3日,蛋鸡产蛋期禁用。

24. 尼卡巴嗪预混剂

【用途】用于预防鸡球虫病。

【不良反应】①夏天高温季节使用本品时,会增加应激和死亡率。

②本品能使产蛋率、受精率及鸡蛋质量下降和棕色蛋壳色泽变浅。

【注意】①夏天高温季节慎用。

②鸡球虫病暴发时禁用作治疗。

③可在商品饲料和养殖过程中使用。

【用法用量及休药期】尼卡巴嗪预混剂。以有效成分计。混饲,每吨饲料,鸡100~125克。休药期,鸡4日,蛋鸡产蛋期禁用,

25. 氢溴酸常山酮预混剂

【用途】主要用于鸡的球虫病。

【注意】①本品适口性较差,饲料中添加量大时,会影响鸡的采食量,而影响生长。

②对鱼类、水禽及其他水生动物毒性较大,禁止使用。

③对皮肤和眼睛有刺激,应避免接触。

【用法用量及休药期】氢溴酸常山酮预混剂。以有效成分计。混饲,每吨饲料,鸡3克。休药期,鸡5日。

26. 磺胺喹噁啉二甲氧苄啶预混剂

【用途】主要用于禽的抗球虫药。

【用法用量及休药期】磺胺喹噁啉二甲氧苄啶预混剂。以本品计。混饲,每吨饲料,鸡500克,连续用药不得超过5天。休药期,鸡10日,蛋鸡产蛋期禁用。

27. 复方磺胺氯吡嗪钠预混剂

【用途】用于治疗鸡球虫病、禽霍乱及伤寒病。

【不良反应】长期或大剂量使用可发生磺胺药中毒症状,增重减慢,蛋鸡产蛋率下降。

【用法用量及休药期】复方磺胺氯吡嗪钠预混剂。以本品计。混饲,每吨饲料,鸡2千克,连用3日。休药期,火鸡4日,肉鸡1日,蛋鸡产蛋期

禁用。

28. 莫能菌素预混剂

【用途】用于防治鸡球虫病；辅助缓解奶牛酮病症状，提高产奶量。

【不良反应】饲料中添加量超过 120 毫克/千克时，可引起鸡增长率和饲料转化率下降。

【注意】① 可在商品饲料和养殖过程中使用。

② 10 周龄以上火鸡、珍珠鸡及鸟类对本品较敏感，不宜应用；超过 16 周龄的鸡禁用。

③ 饲喂前必须将莫能菌素与饲料混匀，禁止直接饲喂未经稀释的莫能菌素。

④ 禁止与泰妙菌素、竹桃霉素同时使用，以免发生中毒。

⑤ 马属动物禁用。

⑥ 搅拌配料时防止与人的皮肤、眼睛接触。

【用法用量及休药期】莫能菌素预混剂。以有效成分计。混饲，每吨饲料，鸡 90~110 克。奶牛（泌乳期）一日量，每头 150~450 毫克。休药期，鸡 5 日。

29. 盐霉素预混剂

产蛋鸡用药后，蛋黄中可检出盐霉素，停药 5 天后残留消失。

【用途】用于禽球虫病。

【注意】① 可在商品饲料和养殖过程中使用。

② 对成年火鸡、鸭和马属动物毒性大，禁用。

③ 禁与泰妙菌素、竹桃霉素及其他抗球虫药合用。

④ 本品安全范围较窄，应严格控制混饲浓度。

【用法用量及休药期】盐霉素预混剂。以有效成分计。混饲，每吨饲料，鸡 60 克（2 400 万单位）。休药期，鸡 5 日，蛋鸡产蛋期禁用。

30. 拉沙洛西钠预混剂

【用途】用于预防肉鸡球虫病。

【注意】① 应根据球虫感染严重程度和疗效及时调整用药浓度。

② 严格按规定浓度使用，饲料中药物浓度超过 150 毫克/千克（以拉沙洛西钠计）会导致鸡生长抑制和中毒。高浓度混料对饲养在潮湿鸡舍的雏鸡，能增加热应激反应，使死亡率增高。

③ 拌料时应注意防护，避免本品与眼、皮肤接触。

④ 马属动物禁用。

⑤ 可在商品饲料和养殖过程中使用。

【用法用量及休药期】拉沙洛西钠预混剂。以有效成分计。混饲，每吨饲料，肉鸡75~125克。休药期，肉鸡3日，蛋鸡产蛋期禁用。

31. 马度米星铵预混剂

【用途】用于预防鸡球虫病。

【不良反应】毒性较大，安全范围窄，较高浓度（7毫克/千克饲料浓度）混饲即可引起鸡不同程度的中毒甚至死亡。

【注意】① 可在商品饲料和养殖过程中使用。

② 用药时必须精确计量，并使药料充分搅拌均匀，勿随意加大使用浓度。

③ 鸡喂马度米星后的粪便切不可再加工作动物饲料，否则会引起动物中毒，甚至死亡。

【用法用量及休药期】马度米星铵预混剂。以有效成分计。混饲，每吨饲料，鸡5克。休药期，鸡5日，蛋鸡产蛋期禁用。

32. 马度米星铵尼卡巴嗪预混剂

【用途】用于防治鸡球虫病。

【不良反应】① 高温季节使用本品时，会出现热应激反应，甚至死亡。

② 本品主要成分尼卡巴嗪对产蛋鸡所产鸡蛋的质量和孵化率有一定影响。

【注意】① 本品主要成分马度米星的毒性较大，安全范围窄，7毫克/千克混饲即可引起鸡中毒，甚至死亡，不宜过量使用。

② 高温季节慎用。

【用法用量及休药期】马度米星铵尼卡巴嗪预混剂、复方马度米星铵预混剂。以本品计。混饲，每吨饲料，鸡500克，连用5~7日。休药期，鸡7日，蛋鸡产蛋期禁用。

33. 甲基盐霉素预混剂

【用途】用于防治鸡球虫病。

【不良反应】本品毒性比盐霉素更强，对鸡的安全范围较窄，超剂量使用，会引起鸡的死亡。

【注意】① 使用时必须精确计算用量。

② 本品仅限用于肉鸡，蛋鸡、火鸡及其他鸟类禁用。

③ 马属动物禁用。

④ 本品对鱼类毒性较大，防止用药后的鸡粪便及残留药物的用具污染水源。

⑤ 禁止与泰妙菌素、竹桃霉素合用。

⑥ 操作人员须注意防护，应戴手套和口罩，如不慎溅入眼睛，需立即用水冲洗。

【用法用量及休药期】5%甲基盐霉素预混剂。以有效成分计。混饲，每吨饲料，鸡60~80克。休药期，鸡5日。

34. 甲基盐霉素尼卡巴嗪预混剂

【用途】用于预防鸡球虫病。

【不良反应】① 本品毒性较大，超剂量使用，会引起鸡的死亡。

② 高温季节使用本品时，会出现热应激反应，甚至死亡。

【注意】① 防止与人眼、皮肤接触。

② 禁止与泰妙菌素、竹桃霉素合用。

③ 火鸡及马属动物禁用。

④ 仅用于肉鸡。

【用法用量及休药期】甲基盐霉素尼卡巴嗪预混剂。以本品计。混饲，每吨饲料，鸡375~625克。休药期，鸡5日。

35. 地克珠利预混剂

【用途】用于预防禽、兔球虫病。

【注意】① 可在商品饲料和养殖过程中使用。

② 本品药效期短，停药1日，抗球虫作用明显减弱，2日后作用基本消失。因此，必须连续用药以防球虫病再度暴发。

③ 本品混料浓度极低，药料应充分拌匀，否则影响疗效。

【用法用量及休药期】地克珠利预混剂。以有效成分计。混饲，每吨饲料，禽、兔1克。休药期，鸡5日，兔14日，蛋鸡产蛋期禁用。

36. 海南霉素钠预混剂

【用途】用于鸡球虫病。

【注意】① 可在商品饲料和养殖过程中使用。

② 鸡使用海南霉素后的粪便切勿用作其他动物饲料，更不能污染水源。

③ 仅用于鸡，其他动物禁用。

【用法用量及休药期】海南霉素钠预混剂。以有效成分计。混饲，每吨饲料，鸡5~7.5克。休药期，鸡7日，蛋鸡产蛋期禁用。

37. 伊维菌素预混剂

【用途】对线虫、昆虫和螨均有驱杀活性，主要用于治疗家畜的胃肠道线虫病、牛皮蝇蛆、纹皮蝇蛆、羊鼻蝇蛆，羊痒螨和猪疥螨病。

【用法用量及休药期】伊维菌素预混剂。以有效成分计。混饲，每吨饲料,猪 2 克。连用 7 日。休药期,猪 5 日。

38. 阿苯达唑伊维菌素预混剂

【用途】用于驱除猪体内线虫、吸虫、绦虫及体外寄生虫。

【不良反应】本品主要成分阿苯达唑具有致畸胎作用。

【注意】母猪妊娠期前 45 日慎用。

【用法用量及休药期】阿苯达唑伊维菌素预混剂。以本品计。混饲,每吨饲料,猪 1 000 克。休药期,猪 28 日。

39. 环丙氨嗪预混剂

【用途】用于控制动物厩舍内蝇幼虫的繁殖。

【用法用量及休药期】环丙氨嗪预混剂。以有效成分计。混饲,每吨饲料,鸡 5 克。连用 4~6 周。休药期,鸡 5 日。

40. 癸氧喹酯预混剂

【用途】本品是广谱抗球虫药,对鸡柔嫩、毒害、波氏、巨型、堆型、和缓、变位、哈氏艾美耳球虫均有明显的作用,尤其对前四种球虫效果优于其他抗球虫药。

【用法用量及休药期】6%癸氧喹酯预混剂。以有效成分计。混饲,每吨饲料,肉鸡 27 克。连用 7~14 日。休药期,鸡 5 日,蛋鸡产蛋期禁用。

41. 地美硝唑预混剂

【用途】用于防治密螺旋体引起的猪痢疾,还可防治鸡的组织滴虫病及六鞭毛虫病。

【注意】① 不能与其他抗组织滴虫药联合使用。

② 鸡连续用药不得超过 10 日。

【不良反应】鸡对本品较为敏感,大剂量可引起平衡失调、肝肾功能损伤。

【用法用量及休药期】20%地美硝唑预混剂。以有效成分计。混饲,每吨饲料,猪 200~500 克,鸡 80~500 克。休药期,猪、鸡 28 日,蛋鸡产蛋期禁用。

第二节 其他药物预混剂

1. 亚硒酸钠维生素 E 预混剂

【用途】用于防治幼畜白肌病和雏鸡渗出性素质等。

【用法用量及休药期】亚硒酸钠维生素 E 预混剂。以本品计。混饲，每吨饲料，畜禽 500~1 000 克。休药期无须制定。

2. 二氢吡啶预混剂

【用途】用于改善牛、鸡繁殖性能。

【用法用量及休药期】5%二氢吡啶预混剂。以有效成分计。混饲，每吨饲料，牛 100~150 克，肉种鸡 150 克。休药期，牛、肉鸡 7 日，弃奶期 7 日。

附录一

动物诊疗病历管理规范

（农业农村部公告 第734号）

为规范动物诊疗病历管理，依据《中华人民共和国动物防疫法》《动物诊疗机构管理办法》《执业兽医和乡村兽医管理办法》等有关规定，制定本规范。

一、门（急）诊病历

1. 门（急）诊病历内容包括基本信息、病历记录、处方、检查报告单、影像学检查资料、病理资料、知情同意书等。动物诊疗机构可以根据诊疗活动需要增加相关内容。

2. 对个体动物进行诊疗的，基本信息包括动物主人姓名或者饲养单位名称、联系方式、病历号和动物种类、性别、体重、毛色、年（日）龄等内容。

对群体动物进行诊疗的，基本信息包括动物主人姓名或者饲养单位名称、联系方式、病历号和动物种类、患病动物数量、同群动物数量、年（日）龄等内容。

3. 病历记录包括就诊时间、主诉、现病史、既往史、检查结果、诊断及治疗意见、医嘱等。门（急）诊病历记录应当由接诊执业兽医师在动物就诊时完成并签名（盖章）确认。

4. 检查报告单包括基本信息、检查项目、检查结果、报告时间等内容。检查报告单应当由报告人员签名（盖章）确认。

5. 影像学检查资料包括通过X线、超声、CT、磁共振等检查形成的医学影像。

6. 病理资料包括病理学检查图片或者病理切片等资料。

7. 门（急）诊病历应当在患病动物就诊结束后 24 小时内归档保存。

二、住院病历

1. 住院病历内容包括基本信息、入院记录、病程记录、检查报告单、影像学检查资料、病理资料、知情同意书等。动物诊疗机构可以根据诊疗活动需要增加相关内容。

2. 入院记录包括入院时间、主诉、现病史、既往史、检查结果、入院诊断等内容。动物入院后，执业兽医师通过问诊、检查等方式获得有关资料，经归纳分析形成入院记录并签名（盖章）确认。

3. 入院记录完成后，由执业兽医师对动物病情和诊疗过程进行连续性病程记录并签名（盖章）确认。病程记录包括患病动物住院期间每日的病情变化情况、重要的检查结果、诊断意见、所采取的诊疗措施及效果、医嘱以及出院情况等内容。

4. 住院病历应当在患病动物出院后 3 日内归档保存。

5. 住院病历中基本信息、检查报告单、影像学检查资料、病理资料等内容要求与门（急）诊病历一致。

三、电子病历

1. 电子病历包括门（急）诊病历和住院病历。电子病历内容应当符合纸质门（急）诊病历和住院病历的要求。

2. 动物诊疗机构使用电子病历系统应当具备以下条件：
（1）有数据存储、身份认证等信息安全保障机制；
（2）有相关管理制度和操作规程；
（3）符合其他有关法律、法规、规章规定。

3. 电子病历系统应当能够完整准确保存病历内容以及操作时间、操作人员等信息，具备电子病历创建、修改、归档等操作的追溯功能，保证历次操作痕迹、操作时间和操作人员信息可查询、可追溯。

4. 电子病历系统应当对操作人员进行身份识别，为操作人员提供专有的身份标识和识别手段，并设置相应权限。操作人员对本人身份标识的使用负责。

5. 动物诊疗机构可以使用电子签名进行电子病历系统身份认证，可靠的电子签名与手写签名或者盖章具有同等法律效力。

6. 动物诊疗机构因存档等需要可以将电子病历打印后与纸质病历资料合并保存，也可以对纸质病历资料进行数字化采集后纳入电子病历系统管理，原件另行妥善保存。

7. 需要打印电子病历时，动物诊疗机构应当统一打印的纸张、字体、字号、排版格式等。

四、病历填写

1. 病历填写应当客观真实、及时准确、完整规范。

2. 病历填写应当使用中文，规范使用医学术语，通用的外文缩写和无正式中文译名的症状、体征、疾病名称等可以使用外文。

3. 病历中的日期和时间应当使用阿拉伯数字书写，采用24小时制记录。

4. 医嘱应当由接诊执业兽医师书写，内容应当准确、清楚，并注明下达时间。

5. 纸质病历填写出现错误时，应当在修改处签名或者盖章，并注明修改日期。

6. 病历归档后原则上不得修改，特殊情况下确需修改的，应当经动物诊疗机构负责人批准，并保留修改痕迹。

7. 病历样式可参考附件形式，动物诊疗机构也可根据本机构实际情况设计病历样式。

五、病历管理

1. 动物诊疗机构应当设置病历管理部门或者指定专人负责病历管理工作，建立健全病历管理制度。设置病历目录表，确定本机构病历资料排列顺序，做好病历分类归档。定期检查病历填写、保存等情况。

2. 动物诊疗机构应当使用载明机构名称的规范病历，为就诊动物建立病历号。

已建立电子病历的动物诊疗机构，可以将病历号与动物主人或者饲养单位信息相关联，使用病历号、动物主人信息或者饲养单位信息均能对病历进行检索。

3. 动物诊疗机构可以为动物主人或者饲养单位提供病历资料打印或者复制服务。打印或者复制的病历资料经动物主人或者饲养单位和动物诊疗机构双方确认无误后，加盖动物诊疗机构印章。

4. 除为患病动物提供诊疗服务的人员，以及经农业农村部门或者动物诊疗机构授权的单位或者人员外，其他任何单位或者个人不得擅自查阅病历。

其他单位或者个人因科研、教学等活动，确需查阅病历的，应当经动物诊疗机构负责人批准并办理相应手续后方可查阅。

5. 病历保存时间不得少于三年。保存期满后，经动物诊疗机构负责人批准并做好登记记录，方可销毁。

六、附则

本规范下列用语的含义：

1. 知情同意书，是指开展手术、麻醉等诊疗活动前，执业兽医师向动物主人或者饲养单位告知拟实施诊疗活动的相关情况，并由动物主人或者饲养单位签署是否同意该诊疗活动的文书。

2. 主诉，是指动物主人或者饲养单位对促使动物就诊的主要症状（或体征）及持续时间的描述。

3. 现病史，是指动物本次疾病的发生、演变、诊疗等方面的详细情况，应当按时间顺序书写。内容包括发病情况、主要症状特点及其发展变化情况、伴随症状、发病后诊疗经过及结果等。

4. 既往史，是指动物以往的健康和疾病情况。内容包括既往一般健康状况、疾病史、预防接种史、手术外伤史、驱虫史、食物或者药物过敏史等。

5. 检查结果，是指所做的与本次疾病相关的临床检查、实验室检测、影像学检查等各项检查检验结果，应当分类别按检查时间顺序记录。

6. 入院诊断，是指经执业兽医师根据患病动物入院时情况，综合分析所作出的诊断。

7. 医嘱，是指执业兽医师在动物诊疗活动中下达的医学指令，通常包括病情评估、用药指导、护理要点、注意事项、预后判断等。

8. 电子签名，是指《中华人民共和国电子签名法》第二条规定的数据电文中以电子形式所含、所附用于识别签名人身份并表明签名人认可其中内容的数据。

9. 可靠的电子签名，是指符合《中华人民共和国电子签名法》第十三条有关条件的电子签名。

附录二

兽医处方格式及应用规范

(农业农村部公告 第734号)

为规范兽医处方管理,依据《中华人民共和国动物防疫法》《执业兽医和乡村兽医管理办法》《动物诊疗机构管理办法》《兽用处方药和非处方药管理办法》等有关规定,制定本规范。

一、基本要求

1. 本规范所称兽医处方,是指执业兽医师在动物诊疗活动中开具的,作为动物用药凭证的文书。

2. 执业兽医师根据动物诊疗活动的需要,按照兽药批准的使用范围,遵循安全、有效、经济的原则开具兽医处方。

3. 执业兽医师在备案单位签名留样或者专用签章、电子签名备案后,方可开具处方。兽医处方经执业兽医师签名、盖章或者电子签名后有效。

4. 执业兽医师利用计算机开具、传递兽医处方时,应当同时打印出纸质处方,其格式与手写处方一致。

5. 有条件的动物诊疗机构可以使用电子签名进行电子处方的身份认证。可靠的电子签名与手写签名或者盖章具有同等的法律效力。

电子兽医处方上没有可靠的电子签名的,打印后需要经执业兽医师签名或者盖章方可有效。

本规范所称的可靠的电子签名是指符合《中华人民共和国电子签名法》规定的电子签名。

6. 兽医处方限于当次诊疗结果用药,开具当日有效。特殊情况下需延长处方有效期的，由开具兽医处方的执业兽医师注明有效期限，但有效期最长不得超过三天。

7. 除兽用麻醉药品、精神药品、毒性药品和放射性药品等特殊药品外，动物诊疗机构和执业兽医师不得限制动物主人或者饲养单位持处方到兽药经营企业购药。

二、处方笺格式

兽医处方笺规格和样式由农业农村部规定，从事动物诊疗活动的单位应当按照规定的规格和样式印制兽医处方笺或者设计电子处方笺。兽医处方笺规格如下：

1. 兽医处方笺一式三联，可以使用同一种颜色纸张，也可以使用三种不同颜色纸张。

2. 兽医处方笺分为两种规格，小规格为：长 210 毫米、宽 148 毫米；大规格为：长 296 毫米、宽 210 毫米。小规格为横版，大规格为竖版。

三、处方笺内容

兽医处方笺内容包括前记、正文、后记三部分，要符合以下标准：

1. 前记：对个体动物进行诊疗的，至少包括动物主人姓名或者饲养单位名称、病历号、开具日期和动物的种类、毛色、性别、体重、年（日）龄。对群体动物进行诊疗的，至少包括动物主人姓名或者饲养单位名称、病历号、开具日期和动物的种类、患病动物数量、同群动物数量、年（日）龄。

2. 正文：包括初步诊断情况和 Rp（拉丁文 Recipe "请取"的缩写）。Rp 应当分列兽药名称、规格、数量、用法、用量等内容；对于食品动物还应当注明休药期。

3. 后记：至少包括执业兽医师签名或者盖章、发药人签名或者盖章。

四、处方书写要求

兽医处方书写应当符合下列要求：

1. 动物基本信息、临床诊断情况应当填写清晰、完整，并与病历记载一致。

2. 字迹清楚，原则上不得涂改；如需修改，应当在修改处签名或者盖章，并注明修改日期。

3. 兽药名称应当以兽药的商品名或者国家标准载明的名称为准。兽药名称简写或者缩写应当符合国内通用写法，不得自行编制兽药缩写名或者使用代号。

4. 书写兽药规格、数量、用法、用量及休药期要准确规范。

5. 兽医处方中包含兽用化学药品、生物制品、中成药的，每种兽药应当另起一行。中药自拟方应当单独开具。

6. 兽用麻醉药品应当单独开具处方，每张处方用量不能超过一日量。

兽用精神药品、毒性药品应当单独开具处方。

7. 兽药剂量与数量用阿拉伯数字书写。剂量应当使用法定计量单位：质量以千克（kg）、克（g）、毫克（mg）、微克（μg）为单位；容量以升（L）、毫升（mL）为单位；有效量单位以国际单位（IU）、单位（U）为单位。

8. 片剂、丸剂、胶囊剂以及单剂量包装的散剂、颗粒剂分别以片、丸、粒、袋为单位；多剂量包装的散剂、颗粒剂以克或千克为单位；单剂量包装的溶液剂以支、瓶为单位，多剂量包装的溶液剂以毫升或 L 为单位；软膏及乳膏剂以支、盒为单位；单剂量包装的注射剂以支、瓶为单位，多剂量包装的注射剂以 mL 或 L、g 或 kg 为单位，应当注明含量；兽用中药自拟方应当以剂为单位。

9. 开具纸质处方后的空白处应当画一斜线，以示处方完毕。

电子处方最后一行应当标注"以下为空白"。

五、处方保存

1. 兽医处方开具后，第一联由从事动物诊疗活动的单位留存，第二联由药房或者兽药经营企业留存，第三联由动物主人或者饲养单位留存。

2. 兽医处方由处方开具、兽药核发单位妥善保存三年以上，兽用麻醉药品、精神药品、毒性药品处方保存五年以上。保存期满后，经所在单位主要负责人批准、登记备案，方可销毁。

附录三

允许作治疗用，但不得在动物性食品中检出的兽药

（农业农村部、国家卫生健康委员会和国家市场监督管理总局公告2019年第114号）

1. 苯丙酸诺龙
2. 苯甲酸雌二醇
3. 丙酸睾酮
4. 潮霉素
5. 地美硝唑
6. 地西泮（安定）
7. 甲硝唑
8. 氯丙嗪
9. 赛拉嗪

附录四

食品动物中禁止使用的药品及其他化合物清单

(农业农村部公告第250号、第2292号、第2583号、第2638号)

序号	药品及其他化合物名称
1	酒石酸锑钾
2	β兴奋剂类及其盐、酯
3	汞制剂:氯化亚汞(甘汞)、醋酸汞、硝酸亚汞、吡啶基醋酸汞
4	毒杀芬(氯化烯)
5	卡巴氧及其盐、酯
6	呋喃丹(克百威)
7	氯霉素及其盐、酯
8	杀虫脒(克死螨)
9	洛美沙星、培氟沙星、氧氟沙星、诺氟沙星原料药的各种盐、酯及各种制剂
10	氨苯砜
11	硝基呋喃类:呋喃西林、呋喃妥因、呋喃它酮、呋喃唑酮、呋喃苯烯酸钠
12	林丹
13	孔雀石绿
14	类固醇激素:醋酸美仑孕酮、甲睾酮、群勃龙(去甲雄三烯醇酮)、玉米赤霉醇
15	甲喹酮(安眠酮)
16	硝呋烯腙
17	五氯酚酸钠
18	硝基咪唑类:洛硝哒唑、替硝唑
19	硝基酚钠
20	己二烯雌酚、己烯雌酚、己烷雌酚及其盐和酯
21	锥虫胂胺
22	万古霉素
23	非泼罗尼及相关制剂
24	喹乙醇、氨苯砷酸、洛克沙胂

附录五

禁止在饲料和动物饮水中使用的药物品种目录

(农业农村部公告第176号，*标记药物为农业农村部公告第1519号)

序号	药品及其他化合物名称
	肾上腺素受体激动剂
1	盐酸克伦特罗
2	沙丁胺醇
3	硫酸沙丁胺醇
4	莱克多巴胺（FDA已批准，中国未批准）
5	盐酸多巴胺
6	西马特罗（FDA未批准）
7	硫酸特布他林
8	苯乙醇胺*
9	班布特罗*
10	盐酸齐帕特罗*
11	盐酸氯丙那林*
12	马布特罗*
13	西布特罗*
14	溴布特罗*
15	酒石酸阿福特罗*
16	富马酸福莫特罗*
	性激素
17	己烯雌酚
18	雌二醇
19	戊酸雌二醇
20	苯甲酸雌二醇

(续表)

序号	药品及其他化合物名称
21	氯烯雌醚
22	炔诺醇
23	炔诺醚
24	醋酸氯地孕酮
25	左炔诺孕酮
26	炔诺酮
27	绒毛膜促性腺激素（绒促性素）
28	促卵泡生长激素（尿促性素主要含卵泡刺激素 FSHT 和黄体生成素 LH）
	蛋白同化激素
29	碘化酪蛋白
30	苯丙酸诺龙及苯丙酸诺龙注射液
	精神药品
31	（盐酸）氯丙嗪
32	盐酸异丙嗪
33	安定（地西泮）
34	苯巴比妥
35	苯巴比妥钠
36	巴比妥
37	异戊巴比妥
38	异戊巴比妥钠
39	利血平
40	艾司唑仑
41	甲丙氨酯
42	咪达唑仑
43	硝西泮
44	奥沙西泮
45	匹莫林
46	三唑仑
47	唑吡坦
48	其他国家管制的精神药品
	抗高血压药
49	盐酸可乐定
	抗组胺药
50	盐酸赛庚啶
	各种抗生素滤渣

参考文献

刘占民,李丽,2012.新编动物药理学［M］.北京:中国农业科学技术出版社.

余祖功,2024.兽药合理应用与联用手册［M］.2版.北京:化学工业出版社.

曾振灵,2021.兽医临床用药指南［M］.北京:中国农业出版社.

曾振灵,2024.兽药手册［M］.3版.北京:化学工业出版社.

中国兽药典委员会,2020.中华人民共和国兽药典(2020年版)(一部,二部,三部)［M］.北京:中国农业出版社.

参考文献

邓代兵, 下翔. 2012. 浆砌石与混凝土[M]. 北京: 中国水利水电出版社.

李永兵. 2024. 水工金属结构与启闭机手册[M]. 2版. 北京: 化学工业出版社.

吕恩元. 2021. 智能配电网新技术[M]. 北京: 中国电力出版社.

吕恩元. 2024. 自动化技术[M]. 3版. 北京: 化学工业出版社.

中国标准化委员会. 2020. 中华人民共和国标准汇编(2020年版)（一部三册, 平装）[M]. 北京: 中国标准出版社.